防雷工程专业技术人员从业资格考试参考用书

雷电与防护专业知识问答

肖稳安　李　霞　马忠安　陈红兵　**等编**

U0305866

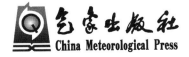

气象出版社
China Meteorological Press

内容简介

本书收集了雷电形成的物理机制、雷电流的波形特征、雷电的危害,以及雷电与防护工作中经常遇到的雷电防护、防雷装置检测、雷电监测和预警、雷电灾害调查鉴定、雷电灾害风险评估、防雷减灾管理等方面的问题,进行归纳整理,采用知识问答的形式,给出了简明扼要的解答。内容丰富,条理清楚,具有较强的实用性。可作为防雷专业技术人员从业资格考试参考用书,也可供从事雷电与防护工作的业务人员使用及相关专业学生学习和参考。

图书在版编目(CIP)数据

雷电与防护专业知识问答/肖稳安等编. —北京:
气象出版社,2015.6
ISBN 978-7-5029-6139-8

Ⅰ.①雷… Ⅱ.①肖… Ⅲ.①防雷-问答解答
Ⅳ.①P427.32-44

中国版本图书馆 CIP 数据核字(2015)第 099488 号

出版发行:气象出版社

地　　　址:北京市海淀区中关村南大街 46 号	邮政编码:100081
总 编 室:010-68407112	发 行 部:010-68406961
网　　　址:http://www.qxcbs.com	E-mail: qxcbs@cma.gov.cn
责任编辑:黄红丽	终　　审:黄润恒
封面设计:博雅思企划	责任技编:赵相宁
印　　刷:北京京科印刷有限公司	
开　　本:710 mm×1000 mm　1/16	印　张:18
字　　数:360 千字	
版　　次:2015 年 6 月第 1 版	印　次:2015 年 6 月第 1 次印刷
定　　价:48.00 元	

编　委　会

主　　编：肖稳安

编　　委：李　霞　马忠安　陈红兵　易秀成
　　　　　朱贵刚　叶小义　林　萍

前　言

　　雷电是发生在大气中的一种强烈的放电现象,雷电的放电电压高,电流幅度大,电流变化快,放电过程时间短。伴随雷电放电时产生的强大冲击波、剧变的电磁场、强烈的电磁辐射、炽热的高温,对人类赖以生存的自然资源和创造的物质文明构成了巨大的威胁。随着现代化进程的加快,特别是信息产业的迅猛发展,自动控制、通信和计算机等微电子设备在各行业内外日益增加的广泛应用,尤其是计算机等微电子设备对雷电产生的强大电磁脉冲(LEMP)非常敏感,雷电对电力、广播电视、航空航天、邮电通信、国防建设、交通运输、石油化工、电子工业等行业产生严重危害,有极大的破坏性。

　　雷电威胁着人的生命,毁坏着人们居住的房屋建筑,损坏着现代化的电子仪器设备。防雷减灾,保护人民的生命财产安全必然成为构建、发展、巩固和谐社会、实现中国梦的重要内容,受到各级政府的高度重视。1999 年 10 月 31 日,第九届全国人大常委会第二次会议审议通过的《中华人民共和国气象法》中明确提出:各级气象主管机构应当加强对雷电灾害防御工作的组织管理,并会同有关部门指导对可能遭受雷击的建筑物、构筑物和其他设施安装的雷电灾害防护装置的检测工作。这是防雷减灾工作的重要依据和保障。在该法的指导下,防雷事业发展很快。近二十年来,人们通过对自然雷电的观测和引雷实验研究,对雷电的形成机理、雷电流的波形特征、雷电的危害形式和过程、雷电灾害风险有了更进一步的深入了解,提高了雷电灾害风险评估、雷电监测和预警、工程雷电防护、防雷装置检测等方面的技术水平,强化了防雷减灾的管理。人们对雷击过程、雷电电磁波的性质和雷电电磁感应耦合干扰过程的认识,接闪、屏蔽、等电位连接、接地、电涌保护器保护等多种防护技术的形成,是建立在雷电物理学、灾害学、建筑结构学、电工学、电磁学等多个学科专业知识的基础之上。因此,防雷减灾是多学科、多行业相互协调、相互联系的一项系统工程,具有一定的复杂性。为了使防雷减灾工作者尽快掌握雷电防护技术,本书参照近期颁布的相关防雷规范和标准,对作者先前编写的《防雷专业技术知识问答》进行了修改,增加了新收集的内容,重新编写了这本《雷电与防护专业知识问答》。提供给雷电与防护工程设计、施工、检测考核的从业人员和在校雷电防护科学与技术专业的大学本、专科学生以及从事雷电与防护的科研人员、业务人员学习参考。

　　参加本书编写的有肖稳安、李霞、马忠安、陈红兵、易秀成、朱贵刚、叶小义、林萍。

　　由于作者的专业知识水平有限,书中的错误在所难免,恳请读者给予批评指正。

　　在本书编写过程中,得到了南京信息工程大学王振会、银燕、张其林教授的帮助和指导,得到了气象出版社、杭州易龙电气技术有限公司、南京宁德防雷新技术有限公司、南京宽永电子系统有限公司的大力支持,在此深表谢意。

作　者

2015 年 4 月 8 日

目　　录

第二部分　雷电防护技术

一、接闪器技术 ………………… （36）

第三部分　雷电防护技术的应用

一、建筑物外部的雷电防护…… (156)

第一部分　雷电的形成与危害

一、雷电的形成

1. 什么是雷暴？什么是雷电？雷暴和雷电的关系是什么？

暴：(storm)人们习惯把剧烈的天气现象称作"暴"。如端午暴、重阳暴等。

雷：(thunder)指闪电通道中的空气急剧膨胀产生的冲击退化而成的声波，表现为伴随闪电现象发生的隆隆响声。

闪电：(flash 或 lightning flash)带有不同符号电荷的云体、云块或云地之间的电场强度超过大气可被击穿的电位(3000～10000 V/cm)时，在它们之间发生伴有强烈闪光的放电现象。

在气象学中，雷暴(thunderstorm)是指由于强积雨云引起的伴有雷电活动和阵性降水的局地风暴，在地面观测中仅指伴有雷鸣和闪电的天气现象。

雷暴有一般雷暴与强雷暴之分。通常把只伴有阵雨的雷暴称为一般雷暴，而把伴有龙卷、强风(或下击暴流)、大雹块、暴洪、雷击等灾害性天气现象之一的雷暴叫作强雷暴。一般雷暴和强雷暴都是对流旺盛的天气系统，所以常将它们通称为对流性风暴，它们所产生的天气现象则叫作对流性天气。

雷电是雷暴天气的重要组成部分，是雷暴天气的一种表现。雷电就是人们常说的闪电，俗称雷电，是自然大气中超强、超长放电现象。对地闪电的峰值电流一般为几万安培(安)，亦可超过 10 万安。闪电放电一般长几千米，也可见到长数十千米，甚至有 400 km 长的云放电。闪电放电是一种瞬时放电过程，整个过程持续一般不到 1 s。闪电放电的可见部分(云外)一般呈现多分叉的现象，有明显的发光闪烁性，其出现时间与地点具有随机性。

2. 雷暴分哪几类？

根据雷暴云体形成数目和强度可以将雷暴分成单体雷暴、多单体雷暴以及超级单体雷暴三种。

(1)单体雷暴

由一个积雨云单体构成的雷暴,称为单体雷暴,其强度弱,范围小,只有5~10 km,生命只有几十分钟,它可以分为形成、成熟和消亡三个阶段。

①形成阶段:从初生的积云发展为浓积云,一般要 10~15 min,云内有一致上升气流。

②成熟阶段:云内上升运动加强,从浓积云到积雨云,这一阶段可以持续15~30 min。

③消亡阶段:上升气流减弱直至消失,气层由不稳定变为稳定,密实的积雨云体开始消散,分裂为小块,并慢慢消失。

(2)多单体雷暴:这种雷暴是由一连串不同发展阶段的雷雨云单体组成,每一云单体都经历形成、成熟和消亡三个阶段。在气象卫星观测的增强红外云图上可以见到多个冷云中心,有时还可以看到几个雷暴单体的合并过程。

(3)超单体雷暴:是指强度大、持续时间长,能造成更为强烈的灾害性天气的超级大单体雷雨云,有着高度组织化和十分稳定的内部环流,它与风的垂直切变有密切关系,它一般发生于下面条件下:

①发生在强不稳定的大气中;

②云内有强烈的上升运动,上升速度多达 10 m/s 以上;

③环境风随高度升高而顺转;

④有强的环境风的垂直切变。

按雷暴形成时不同的大气条件和地形条件,一般将雷暴分为热雷暴、锋面雷暴和地形雷暴三大类。锋面雷暴本身又可分为暖锋雷暴和冷锋雷暴两种。此外,也有人把冬季发生的雷暴划为一类,称为冬季雷暴。

局地热雷暴:多发生在暖季,在几乎是静止的和均一的热气团内发生。因下层空气受热或上层空气受冷发生强烈的上下对流作用而形成的雷暴,往往决定于局部的地表、地形、温、湿等条件。如夏季的大陆,常常有这样的雷暴,它出现在闷热、无风和晴朗夏天的午后。又如,在山岭地区,当暖空气经过山坡被强迫上升时,在山地迎风的一面空气沿山坡上升,到一定高度变冷而形成雷雨云,但到了山脉背风的那一面,空气沿山坡下沉,温度升高,雷雨消散或减弱,特别是在滨海的山岳地带,近海的一面山坡上便常易有雷雨发生;在水陆交界、城乡交界等地方,虽然都受到太阳辐射加热的作用,但增温快慢不同,因此,在这种界面处多有雷暴发生。

锋面雷暴:当两个冷、暖性质不同的大的气团相遇时,冷空气总是流向暖空气下面,暖而湿的空气被抬升起来,雷暴常在冷、暖气团交汇界面(锋面)上发展起来。锋面雷暴分暖锋雷暴和冷锋雷暴。

此外,在大气中还会出现所谓旱天雷,也叫干雷暴。这种雷暴发生时只落下几滴雨,甚至没有雨,却伴随着强烈大风和闪电,所以干雷暴的破坏力特别强大。

3. 雷暴天气的气象要素有哪些特征表现?

(1)风:雷暴降水前后,风向、风速会发生明显变化。

(2)气压:雷暴前气压一般是下降的,雷暴降水出现时气压急速上升,雷暴过后又急剧下降。

(3)温度:雷暴前气温不断上升,一旦出现雷暴降水,气温就猛烈下降。

(4)湿度:雷暴前地面相对湿度有微升,但当雷暴阵风与降水出现后,相对湿度迅速增加到接近 100%。

(5)降水:雷暴过境,降水迅速增多。

(6)云与雷电现象:一般在雷暴出现前,可以观测到堡状和絮状高积云,进而发展成积雨云,出现电闪雷鸣。

4. 雷暴在大气中是如何移动的?

雷暴在大气中移动可以分为三种不同的类型。

(1)沿环境平均风方向移动:雷雨云在其发展的整个生命期内受环境气流的影响,沿环境平均风方向移动。在北半球雷暴常沿以平均风速 75%～85%的速度移向平均风右侧的 20°～30°方向。

(2)传播:雷雨云在发展过程中,在云体前部边界不断形成新的雷暴单体,而后部云体逐渐消散,使人们产生云体似乎在整体移动的感觉。这种云体新陈代谢的现象叫作雷暴的传播。

(3)特定地形影响雷暴的移动:在预报雷暴移动时,还要考虑江、河、湖、海及山脉等地理条件的影响。白天沿河岸移动,很少过河(湖)。锋面雷暴可越过河,但要减弱(夜间相反)。受山脉阻挡时会顺山脉移动,有时在山区打转并从山口"夺路而出"。

5. 常用表征雷暴时间变化特征的参数有哪些?

雷暴的产生与地理位置、地质条件、季节和气象因素有关,因此,表征雷暴时间变化特征的参数有雷暴时、雷暴日、雷暴季、雷暴年等时间分布规律的参数。

6. 什么是雷暴日?

(1)雷暴日:指该天发生雷暴的日子,即在一天内,只要听到雷声一次或一次以上就算一个雷暴日,而不论该天雷暴发生的次数和持续时间。雷暴日的统计通常分月雷暴日、季雷暴日和年雷暴日等。

月雷暴日是指一个月内雷暴的天数,单位:天。它反映的是一月内雷暴活动日的多少;季雷暴日是一个季度内雷暴天数,单位:天;年雷暴日是一年中的雷暴天数,单位:天。它能可靠地反映全年雷暴的活动。但所有雷暴日都不能反映一天中雷暴发生多少次或雷暴持续时间。

(2)平均雷暴日:分平均月雷暴日、平均季雷暴日和平均年雷暴日。

平均月雷暴日指月雷暴日的多年平均结果,单位:天;它进一步反映全年各个月份雷暴活动日数的多年平均情况。平均季雷暴日是指季雷暴日的多年平均结果,单位:天。平均年雷暴日是指年雷暴日的多年平均结果,单位:天。它反映一个地区雷暴活动日的多年平均情况,更接近实际,在雷暴气候统计中和雷电防护中常被使用。

我国各地年平均雷暴日的大小与当地所处的纬度以及距海洋的远近有关。关于地区雷暴日等级划分,国家还没有制定出一个统一的标准,不少行业根据需要,制定出本行业标准,例如在《建筑物电子信息系统防雷技术规范(GB 50343—2012)》中,雷暴日划分的标准为:年平均雷暴日在 25 天以下的地区划为少雷区;年平均雷暴日大于 25 天,不超过 40 天的地区划为中雷区;年平均雷暴日大于 40 天,不超过 90 天的地区划为多雷区;年平均雷暴日超过 90 天的划为高雷区。表1-1 是《建筑物电子信息系统防雷技术规范(GB 50343—2012)》中给出的我国省会和计划单列城市的年平均雷暴日。

表 1-1　我国省会和计划单列城市的年平均雷暴日

地名	雷暴日数(d/a)	地名	雷暴日数(d/a)	地名	雷暴日数(d/a)	地名	雷暴日数(d/a)
北京	35.2	哈尔滨	33.4	长沙	47.6	西宁	29.6
天津	28.4	南京	29.3	广州	73.1	银川	16.5
上海	23.7	杭州	34.0	南宁	78.1	乌鲁木齐	5.9
重庆	38.5	合肥	25.8	成都	32.5	海口	93.8
石家庄	30.2	福州	49.3	贵阳	49.0	大连	20.3
太原	32.5	南昌	53.3	昆明	61.8	青岛	19.6
呼和浩特	34.3	济南	24.2	拉萨	70.4	宁波	33.1
沈阳	25.9	郑州	20.6	西安	13.7	厦门	36.5
长春	33.9	武汉	29.7	兰州	21.1		

⚡ 7. 什么是雷暴时?

为了区分不同地区每个雷暴日内雷暴活动持续时间和差别,用雷暴时作为计算单位。

　　(1)雷暴时:即在一个小时内只要听到一次或一次以上的雷声就算一个雷暴小时,我国大部分地区一个雷暴日大约为 3 个雷暴时。雷暴时分日雷暴时、月雷暴时、季雷暴时和年雷暴时。

　　日雷暴时指一日内发生雷暴的时数,单位:时;月雷暴时是指一月中发生的雷暴的时数,单位:时;季雷暴时是一季内发生的雷暴的时数,单位:时;年雷暴时是一年中发生的雷暴的时数,单位:时。

　　(2)平均雷暴时:分平均日雷暴时、平均月雷暴时、平均季雷暴时、平均年雷暴时。

　　平均日雷暴时指一日中雷暴时的多年平均结果,单位:时;平均月雷暴时指月雷暴时的多年平均结果,单位:时,它比月雷暴时更可靠地反映了全月雷暴活动多少的多年平均情况;平均季雷暴时指季雷暴时的多年平均结果,单位:时;平均年雷暴时指年雷暴时的多年平均结果,单位:时。

　　(3)逐时年雷暴时:分逐时年雷暴时和平均逐时年雷暴时。

　　逐时年雷暴时指一天中某一小时内在全年中的雷暴时数,单位:时;根据一天 24 小时逐时年雷暴时的观测资料统计得到,可表征全年雷暴活动的日变化。平均逐时年雷暴时是指逐时年雷暴时的多年平均结果,单位:时;根据一天 24 小时平均逐时年雷暴时的观测资料计得到,可表征全年雷暴活动的日变化的多年平均结果。

⚡ 8. 什么是雷暴月?

　　(1)雷暴月:雷暴月指月中发生过雷暴,而不论该月发生过多少天的雷暴;年雷暴月是一年中雷暴月数,单位为月。

　　(2)平均雷暴月:指年雷暴月的多年平均结果,单位为月;它概略地反映了全年雷暴活动月份多少的多年平均情况。

⚡ 9. 什么是雷暴季节?

　　(1)雷暴季节:指一年中雷暴所发生月份构成的时段,而不论在这些月份中雷电发生的天数。如某地某年雷暴发生于 4、6、7、8、9 月,则雷暴季节为 4 月、6—9 月。而不能为 4—9 月,因为 5 月没有雷暴出现。雷暴季节表示的是一年中雷暴活动发生的月份。它粗略地反映全年雷暴活动的分布情况。

　　(2)平均雷暴季节:指雷暴季节的多年平均结果,近似为平均初雷暴所在月份至平均终雷暴所在的月份。平均雷暴季节能反映雷暴活动的年分布的多年平均情况。

⚡ 10. 什么是雷暴持续时期?

(1)雷暴持续时期:指一年中初雷日期与终雷日期之间的天数,单位为天。雷暴持续期表示一年中可能发生雷暴的持续天数,而不表示一年中雷暴可能发生多少天。所以有的地方在不同年份有相近的雷暴持续期,但一年中雷暴发生的天数差异较大。

(2)平均雷暴持续时期:雷暴持续期的多年平均结果,单位为天。平均雷暴持续期表示一年中可能发生雷暴的平均持续天数,它反映雷暴活动的多年平均结果。

除以上表示外,还可以取平均月雷暴时与平均月雷暴日之比、平均季雷暴时与平均季雷暴日之比、平均年雷暴时与平均年雷暴日之比等作为雷暴活动的参量。

⚡ 11. 我国平均年雷暴时的总特征是什么?

(1)东经105°以东地区的平均年雷暴时随纬度减小而递增,但长江以北地区这一变化趋势不太明显,而长江以南地区较为明显。

(2)东南沿海地区的平均年雷暴时低于同纬度的离海岸稍远的地区,而小岛屿的平均年雷暴时又低于同纬度的沿海岸地区。江河、湖泊、河谷平原和河谷盆地的平均年雷暴时低于同纬度的其他地区。

(3)新疆、甘肃和内蒙古的广大沙漠地区,气候干燥,平均年雷暴时较低,一般不超过 25 h,是我国雷暴时最少的地区。

(4)地势高、地形复杂的山地区域,平均雷暴时常高于同纬度其他地区,如青藏高原比同纬度其他地区要高 50～100 h。

(5)平均年雷暴时的地理分布与平均年雷暴日的地理分布规律基本类似,不同之处是平均年雷暴时的纬度差异不如年平均雷暴日明显。

⚡ 12. 我国平均雷暴持续时期和平均雷暴季节的特点是什么?

(1)东经105°以东地区的平均雷暴持续时期和平均雷暴季节随纬度减小而递增,但长江以北地区这一特征则不太明显。

(2)东南沿海地区的平均雷暴持续时期和平均雷暴季节小于同纬度离海岸较远的地区,而小岛屿的平均雷暴持续时期和平均雷暴季节又小于沿海岸地区。这与年平均雷暴日相似。

(3)新疆、甘肃、内蒙古的广大沙漠地区和柴达木盆地,气候干燥,平均雷暴持续时期和平均雷暴季节较短。

(4)地势高、地形复杂的青藏高原和云贵高原地区,平均雷暴持续时期和平均雷暴季节往往高于同纬度其他地区。

（5）平均雷暴持续时期与平均年雷暴日、平均年雷暴时的分布特征在一些地区有许多相似之处，但在另一些地区则差异较明显。

⚡ 13. 平均季雷暴日的季节分布特征是什么？

我国平均季雷暴日随季节和地理而变，春季平均季雷暴日偏低，夏季平均雷暴日较高，秋季平均雷暴日低于春季，冬季大部分地区无雷暴日，这说明春季雷暴活动较弱，夏季雷暴活动最集中，秋季的雷暴活动显著减弱，冬季无雷暴活动。

⚡ 14. 全球平均年雷暴日的地理分布有哪些特征？

1956 年世界气象组织首次公布的全球雷暴日分布显示：全球平均年雷暴日的地理分布特征与大气环流、海陆分布、地形和地貌、冷暖洋流以及局地条件等因素有关。具有三个特征：

①平均年雷暴日有随纬度增加而递减的分布趋势；

②大陆上的平均年雷暴日普遍大于同纬度海洋地区；

③大陆上潮湿地区的平均年雷暴日一般大于同纬度干旱地区。

⚡ 15. 在日常生活中人们观察到的哪些现象说明了大气中存在着电场？

人们在日常生活中常可以在教堂的尖顶上、渔船的桅杆上或高压电线上观察到淡紫色光笼罩，听到嗞嗞声，嗅到臭氧及氧化氮的味道，显然，这些现象是在金属物体表面顶尖处发生的放电现象，这说明大气中存在很不均匀的电场，在那些金属物体表面曲率半径最小的位置大气电场较强，发生了电晕放电，表现出大气中存在着电场。

⚡ 16. 大气电场是怎样产生的？

实际测量给出，各地地面大气电场强度是因时因地而异的。由此可以知道，大气电场并不唯一决定于地球的带电（地球是一个变化于某负电荷稳定值的带电体），还与空间电荷分布有关，实际情况非常复杂。人们通过长期考察之后，知道大气中总是含有大量气体正、负离子，使大气具有微弱导电性。这些带电粒子的生成、运动和不同带电离子的分离和聚集使大气显电性，产生大气电场、电流。

⚡ 17. 大气中带电离子是怎样生成的？

大气是由多层物理性能不同的部分构成的，按高度可以划分为：散逸层、热层(电离层)、中间层、平流层和对流层。雷电现象主要考虑发生在十几千米以下的对流层。因此,低层大气带电离子的形成是人们关注的对象。

概括起来,大气带电离子的形成是由于地壳中放射性物质辐射的射线,大气中放射性物质辐射的射线和来自地球外空的宇宙射线作用于大气分子,使大气分子电离而产生了大气带电离子。此外,还有太阳辐射中波长小于 1000 Å[①] 的紫外线、闪电、火山爆发、森林火灾、尘暴和雪暴等现象产生的离子。此外,还有人类活动,如火箭发射、飞机飞行、工厂生产等产生的局部范围的带电离子。以上所有能使大气分子电离的物质统称为电离源。

孙景群先生在《大气电学手册》一书中陈述:在土壤中放射性元素辐射的诸射线中,γ 射线由于贯穿本领强,因而是大气电离的主要电离源,其作用高度范围可达几百米,α 和 β 射线因贯穿本领较弱而对大气电离的贡献较小。在大气中放射性元素辐射的诸射线中,α 射线由于辐射强度较强,因而是大气电离的主要电离源,其作用的高度范围取决于放射性元素随高度的分布,一般可达 2～3 km,β 和 γ 射线因辐射强度较弱而对大气电离的贡献较小。宇宙射线(宇宙射线主要是由能量为 10^{8}～10^{20} eV 的高能质子所组成,它可以穿透大气,不仅能使大气电离,而且与大气分子碰撞产生中子和介子等高能粒子,构成次宇宙射线)的强度具有随高度递增的分布规律,因此,对陆地而言,2～3 km 高度以上大气的电离主要取决于宇宙射线,而 4～5 km 高度以上大气的电离则几乎完全取决于宇宙射线。对于海洋而言,由于海水和大气中的放射性元素含量极低,因此,海洋上空大气电离仅取决于宇宙射线。

⚡ 18. 什么是大气电离率?

电离源使大气电离的能力可用大气电离率来表征,其定义为:单位体积和单位时间内大气分子被电离为正、负离子对的数目,单位为离子对/(cm³ · s),它的大小取决于电离源的强度和大气的密度。

⚡ 19. 什么是大气体电荷密度?

一定体积大气携带正电荷或净负电荷,称为大气体电荷。通常用大气体电荷密度描述大气电荷状况,单位为电荷数/单位体积。如果体积为 τ 的大气中携带总的正电荷为 Q_+、总的负电荷为 Q_-,则大气体电荷密度可按下式计算:

$$\rho = \frac{Q_+ + Q_-}{\tau}$$

---

① 　1 Å=1×10^{-10} m,下同。

⚡ 20. 什么是晴天大气电流？

晴天大气电流可由不同性质的晴天大气电流分量组成,主要有晴天大气传导电流、晴天大气对流电流和晴天大气扩散电流。所谓晴天大气传导电流是大气离子在晴天大气电场作用下产生运动而形成的大气电流。晴天大气对流电流则是由于晴天大气体电荷随气流移动而形成的大气电流。晴天大气扩散电流是晴天大气体电荷因湍流扩散输送而形成的大气电流。

晴天大气电流的大小和方向可以用晴天大气电流密度向量 J 来表示,单位 $A \cdot cm^{-2}$。晴天大气电流密度可以表示为：

$$J = j_c + j_w + j_t$$

式中：j_c 为晴天大气传导电流密度；j_w 为晴天大气对流电流密度；j_t 为晴天大气扩散电流密度。

⚡ 21. 晴天大气电场的方向是如何指向的？

观测表明,晴天大气中始终存在方向垂直向下的大气电场,这意味着大气相对于大地带有正电荷,而大地带的是负电荷。大气电场垂直向下为正,与坐标轴 z 方向正好相反,而垂直向上为负。描述大气电场最常用的物理量,一个是电场强度 E,另一个是电势 V,二者的关系为：

$$E(x,y,z) = -\nabla V(x,y,z)$$

晴天大气电场也可用图 1.1 的电力线表示。

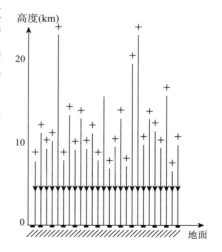

图 1.1　晴天大气电场的电力线

⚡ 22. 什么是晴天大气等电位面？

测出大气电场中电位相同的点,把这些点用一个面连接起来,这样的一个几何曲面就称为等位面。导体表面恒为等势面,所以地面有起伏,空中有导体物时,平行的平面等势面就发生弯曲。若 n 是大气中某一点大气等电位面的法向矢量,且由低电位指向高电位,则该点的电场表示为：

$$E = -\frac{\partial V}{\partial n} n$$

大气电位分布密集的地方,电场较强。

23. 晴天大气电场等电位面与地表面之间存在怎样的关系？

分为两种情况。

（1）平坦地表：晴天大气等电位面为平行于地面的平面，单位法向矢量 **n** 垂直向上，与坐标 z 轴重合，因此，晴天大气电场只存在垂直分量，而其水平分量都为 0，这时有：

$$E = E_z = -\frac{\partial V}{\partial z}$$

（2）地表呈起伏或不平坦时，晴天大气等电位面因地表起伏而变为一曲面，如图 1.2 所示。地面的法线方向 **n** 不再与 z 轴重合，等电位面与地表曲面近乎平行。因此，晴天大气电场不仅有垂直电场，而且有水平分量 E_x、E_y。但是，当观测点离地物的距离大于其垂直高度的 3 倍（电线杆）或 5 倍（山丘）时，地形对大气等势面的影响就可忽略。

图 1.2　晴天大气电场的等势面

 24. 晴天大气电场随高度有哪些变化？

（1）晴天大气电场随高度单调递减，其数值始终为正，从地面到 2～3 km 高度的范围内，大气电场随高度分布的经验关系为：

$$E(z) = E_0 e^{-az}$$

式中：E_0 是地面晴天大气电场，单位为 V/m，a 为系数，不同地区的 a 不同。

（2）晴天大气电场随高度单调递减，其数值低层为正，至某一高度层以上，数值为零或负。大气电场改变符号的高度为 3～4 km。

（3）晴天大气电场随高度单调递增，其值为正，在 500～700 m 高度范围内，晴天大气电场达最大值，然后随高度单调递减。

（4）晴天大气电场随高度变化较小，其值为正。

 25. 晴天大气电场日变化有哪些表现？

（1）大陆简单型：表现为单峰、单谷，即一天中出现一次极大和极小值。峰值出现在下午至傍晚（地方时 13—19 时），谷值出现于早晨（地方时 02—06 时）。一般远离大城市的乡村为这一类型。

（2）大陆复杂型：这类大气电场具有明显的双峰双谷，即一天中出现两次极大和极小值。变化规律决定于地方时，第一峰值出现于地方时上午 07—10 时，第二峰值出现于地方时 18—21 时，第一谷值出现于地方时 02—06 时，第二谷值出现于地方时 13—16 时。大城市和工业区等气溶胶浓度大的地区电场表现为这一类型。

（3）海洋极地型：具有单峰单谷型,峰值出现于地方时18—21时,谷值出现于02—06 时。一年内变化很小,广阔的极地海洋和冰雪覆盖区电场变化就是这种类型。

⚡ 26. 什么是晴天大气电导率？

定义为大气离子在单位电场作用下产生运动而形成的电流密度值,单位为 $\Omega^{-1} \cdot cm^{-1}$。因此,大气电导率取决于大气离子电荷、大气离子浓度和大气离子迁移率。大气电导率包括大气正极性电导率 λ_1 和大气负极性电导率 λ_2。

大气电导率的表示式为:

$$\lambda = \lambda_1 + \lambda_2$$

或者写为

$$\lambda = e(n_1 k_1 + n_2 k_2 + N_1 K_1 + N_2 K_2)$$

式中: N_1、N_2 分别为正、负重离子的浓度,K_1、K_2 分别为大气正、负重离子的迁移率。

在大气中轻离子的迁移率比大气中重离子的迁移率约大 2 个数量级,大气轻离子浓度又比大气重离子浓度小一个数量级左右,因此,大气的电导率主要取决于大气轻离子,据估计,大气轻离子的电导率对总的电导率有 95% 的贡献。

⚡ 27. 雷雨云是怎么形成的？

人们通常把发生闪电的云称为雷雨云,其实有几种云都与闪电有关,如层积云、雨层云、积云、积雨云,其中最重要的则是积雨云,一般专业书中讲的雷雨云就是指积雨云。积雨云是一种在强烈垂直对流过程中形成的云。由于地面吸收太阳辐射的热量远大于空气层,所以白天地面温度升高较多,夏日这种升温更为明显,所以近地面大气的温度由于热传导和热辐射也跟着升高,气体温度升高必然膨胀,密度减小,压强也随着降低,根据力学原理,它就要上升,上方的空气层密度相对说来较大,会下沉。热气流在上升过程中膨胀降压,同时与高空低温空气进行热交换,于是上升气团中的水汽凝结而出现小水滴,就形成了云。在强对流过程中,云中的小水滴进一步降温,变成过冷水滴、冰晶或雪花,并随高度逐渐增多。在冻结高度(0℃),由于过冷水大量冻结而释放潜热,使云顶突然向上发展,达到对流层顶附近后向水平方向铺展,形成云砧,它是积雨云的显著特征。这是在局地热力作用下形成的雷雨云。大气中更多更强的雷雨云是在大气低对流层的暖湿空气与对流层中上层的干冷空气作相互运动时,大气层结变得很不稳定,当有中尺度启动机制作用时,暖湿空气被强烈抬升凝结形成积雨云。

在积雨云形成过程中,受大气电场、重力、对流以及温差、碰撞感应、破碎等起电效应的同时作用,正负电荷分别在云的不同部位积聚,就形成了带电的积雨云,即雷雨云。

28. **积雨云是如何带电的?**

在大气科学研究的范畴内,雷雨云包括多种类别的云,但最重要的是积雨云,因为它是最多见的雷电灾害发生的大气环境背景。一些专业书上也只研讨积雨云。许多对雷电现象有兴趣的人们,经过长期耐心细致的观察和实验研究,提出了多种积雨云起电机制并给出了积雨云中电结构典型分布特征。

概括起来,积雨云起电学说包括碰撞感应起电学说、温差起电学说和破碎起电学说、对流起电学说等。

29. **什么是积雨云的碰撞感应起电?**

感应起电:发展旺盛的积雨云中有大量的降水粒子和云粒子,由于降水粒子远大于云粒子,大的降水粒子向下运动,云粒子相对向上运动。因为大气电场垂直向下,受到外电场的作用而极化,则大的降水粒子上半部极化为负电,下半部极化为正电。当大的降水粒子与云粒子发生碰撞接触时,产生电量交换,即降水粒子正电荷吸附带负电荷的云粒子,排斥带正电荷的云粒子,最后导致降水粒子带负电,云粒子带正电,通过重力分离机制,荷正电荷的云粒子向云的上部运动,荷负电荷的降水粒子向云的下部运动,从而形成云中上部为正下部为负的电荷中心(见图 1.3)。

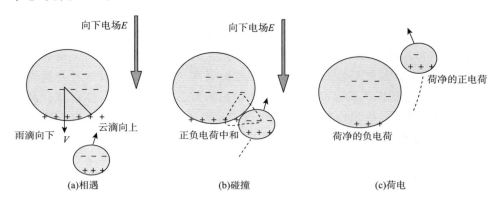

图 1.3　雨滴与云滴碰撞感应起电

显然,这一积雨云起电的学说,定性解释积雨云起电过程令人满意,但定量估算出电场强度的时间变化 dE/dt 数值还有困难,例如推算出电场增大到 $500\ \mathrm{V}\cdot\mathrm{cm}^{-1}$ 需要时间超过 12 min,还未达到产生闪电的程度。所以这一学说只可以说明积雨云的起始阶段。

后来考虑到下沉的降水粒子不一定是液态,可以是冰晶、霰粒等大粒子,下沉时极化带电,上升气流携带的中性粒子与它相碰撞,当接触时间大于电荷传递所需弛豫时间（$10^{-2} \sim 10^{-1}$ s）时,弹离的粒子将带走极化粒子下部的部分正电荷。经这样修改后的碰撞感应起电,如图 1.4 所示。

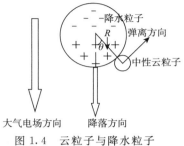

图 1.4　云粒子与降水粒子碰撞弹离的起电机制

把各种粒子碰撞都考虑之后,将各种估计参数代入大气电场的增长率 dE/dt 的理论公式,可估算出当大气电场达 10^4 V/cm 时,云中荷电区水平范围为 2 km 时,电荷总电量应为 33 C。修改后的感应起电学说被认为是积雨云起电机制之一。

⚡ 30. 什么是弛豫时间？

大气的电状态出现变化时,经过一段时间使大气电状态达到新的稳定,这一过程所需时间可以用弛豫时间 τ 表示,定义为大气电学量衰减到 $1/e$ 时所需要的时间。可表示为：

$$\tau = \varepsilon / \lambda$$

式中：τ 为弛豫时间；ε 为大气介电常数；λ 为大气电导率。

⚡ 31. 什么是积雨云的温差起电？

冰的热电效应：夏季,在积雨云顶部的卷云处经常可观测到有电晕现象,人们推想这可能与该处的冰晶和温度有关联。经过经验与理论探索,确知冰有热电效应,其物理机制如图 1.5 所示。在冰块中总是存在 H^+ 和 OH^- 两种离子,离子的浓度随温度的升高而增大,当冰的不同部分温度有差异时,温度高的部分离子浓度大,这就必然出现带电离子的扩散作用,左端的冰温度高,则正氢离子 H^+ 和负氢氧根离子 OH^- 均向右方扩散,扩散速度与离子的大小重量有关,较轻的正氢离子 H^+ 先期到达右端,这就导致冰块右端带正电。随着也就出现内部的静电场,它的方向指向左,这一电场的作用阻止氢离子的继续扩散,最后达到动态平衡。在宏观上显示出冰块为一电偶极化带电,它与两边的温度差成正比,这种现象就是冰的热电效应。

积雨云的温差起电：积雨云的起电与冰的热电效应相关联,通过以下两种方式使积雨云带电：

①积雨云中有大量冰晶、霰粒、过冷水滴,在对流气流的携带下碰撞、摩擦,局部增温,由于温度差别而产生热电效应,有离子迁移,当分离时,各带上异号电荷,在重力和气流的双重作用下,互相分离,使积雨云中出现正、负电的复杂分布。

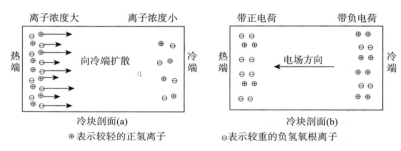

图 1.5　冰的温差起电学说

②过冷液滴与霰接触,过冷液体一旦有了固态的冻结核,就会发生相变,由液态变为固态,即冰,它将包在作为冻结核的霰粒上,同时放出潜热,过冷液滴内部因潜热而膨胀,造成已冻结的外层冰壳的破裂而产生冰屑,由于热电效应,这些冰屑是带正电的,它们较小而轻,易被上升气流携至云的上部,所以积雨云的上部积聚起大量的正电荷。当然这里并不排除同时还会有感应起电的物理机制。

根据温差起电理论,推算大气电场从初始的晴天大气电场值增长到 10^4 V/cm值所需时间 $t_0 = 500$ s,即在降水出现后 10 min,积雨云带电。

⚡ 32. 什么是积雨云的破碎起电?

观测表明,在积雨云的云底部总是集聚着相当数量的大雨滴,且当大雨滴半径超过毫米级出现在上升气流很强的地方时,下降的大水滴在下落过程中受到上升气流的作用变得扁平,下表面会被气流吹得凹进去,成为一个不断扩大的以液体圆环为外边界的环状大口袋或水泡,当口袋破裂时产生许多小水滴,如果外电场 E 指向是自上而下,则大雨滴上部破碎成荷负电的小水滴,下半部破碎成荷正电的较大水滴。于是在云中正、负的重力分离过程中带负电的小水滴随上升气流到达云的上部,而带正电的较大水滴因重力沉降而聚集于 0 ℃层以下的云底附近,使云底荷正电(见图 1.6)。

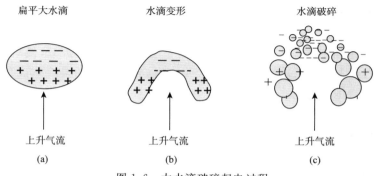

图 1.6　大水滴破碎起电过程

破碎起电情况比较复杂,它与水滴的化学成分、气流、水滴温度、电场强度及水滴破裂形式有关,其起电量很不稳定。实验表明,雨滴破碎强烈时,所形成的电量较多,反之形成的电量较少。例如,一个半径为 4 mm 的纯水滴在强烈破裂时,生成的电荷为 1.8×10^{-12} C/g,这说明这样的过程,雨滴能达到的带电量并不多,大约比实际观测量至少小 2 个数量级。

若考虑到云中雨滴下沉时已存在晴天大气电场,水滴在大气电场中极化,水滴内沿电场方向的上半部带正电,下半部带负电,在破碎后大小水滴所获得的电量就大多了,而且积雨云中的大气电场又会随着体电荷的生成而逐渐增大,使雨滴感应带电的电量也同步增大。根据这一理论补充而推算出来的积雨云的总带电量与实际测值的平均比较接近。

⚡ 33. 什么是积雨云的对流起电?

在热带地区和暖性积雨云中,没有冰晶化过程,以上几种起电过程无法解释积雨云中的强电场结构。Grenet 和 Vonnegut 分别于 1947 年和 1953 年提出暖云对流起电机制。在这种机制中(图 1.7),云的对流运动反抗着电场施加的力,输送把云底以下低层大气净正离子电荷带到云内直至云的上部,并在云的上部集聚形成正电荷中心。在正中心形成的电场作用下,形成向上的传导电流,云顶以上还有电离层的负离子向下移动到云顶,因此云顶以上荷负电离子,它们随着对流云体周围下沉气流沿着云体侧面下降到云体下部,在云的下部形成负电荷中心,使地面产生尖端放电,形成大量正离子,这些正离子又随对流上升气流到达云体上部,进一步加强了云上部的正电荷中心,同时又吸引上方电离层的负离子。

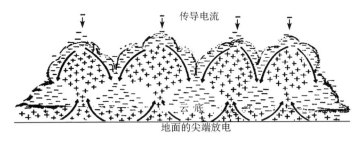

图 1.7　对流起电过程

此过程所需的正、负电荷,都取自云外。约为 1 A 的传导电流(已知其由云上的洁净高层大气流入)将小的负离子携带到云的上表面,在那里它们附着到云粒子上。于是,对流环流造成了云表面上浅薄的负空间电荷密集层,它好像一个盛放云中电荷的口袋。在云下方的地面上,通过尖端放电,如约以 1 A 电流释放的正离子被上升气流带入云中,在那里它们附着在云粒子上,集聚而成为云中上部的带电区。这个具有正反馈的过程是自加强的。因而,为了在云发展的初期,使这种过程能够开始,则需要有以电场或空间电荷的形式存在起电。这种初始起电有几种可能来源,诸如晴天电场、起电的海水溅沫、吹尘、带电的降水和附近已经起电的云等。

⚡ **34. 雷电是怎样形成的?**

雷电产生于带电的积雨云中,当正负电荷分别在同一云体的不同部位聚积或在不同的云团中荷不同的电荷时,在云的不同部位聚积的正负电荷之间或在荷不同的电荷的云团之间就会形成大气电场,当这一大气电场强度达到可以击穿空气的强度(一般为 3000~10000 V/cm)时,在同一云体的正负荷电区之间或在荷不同的电荷的不同云团之间就会发生空气击穿放电,称云中闪电或云际闪电。

当带电的云层移动接近地面或地面建筑物时,由于静电感应的原因,使地面或建(构)筑物表面产生异性电荷,当云层与地面或建(构)筑物表面之间的电场达到可以击穿空气的强度时,开始游离放电,称之为先导放电。云对地的先导放电是云向地面跳跃式逐渐发展的,当到达距离地面(地面上的建筑物,架空输电线等)50 m 左右时,便会产生由地面向云层的逆导主放电。在主放电阶段里,由于异性电荷的剧烈中和,会出现很大的雷电流(一般为几十至几百千安),并随之发生强烈的闪电和巨响,形成雷电,称云地闪电,简称云地闪。

⚡ **35. 闪电和雷声同时发生,为什么人们总是先看到闪电,后听到雷声?为什么雷声的持续时间比闪电长?**

光在空气中差不多每秒钟要走 30 万 km,用这样的速度,1 秒钟可以围绕地球的赤道跑 7 圈半。声音在空气中每秒钟约走 340 m,差不多只有光速的九十万分之一。说明光在空气中的传播速度要比声音的传播速度快得多。

光从闪电发生地传到地面的时间,一般不过几十万分之一秒,而声音跑同样的距离就需要较长的时间。有时候只看见闪电听不见雷鸣,这是由于放电云层离我们太远,或是发出的声音不够响的缘故。因为声音在空气里传播的时候,它的能量是越来越小的,到最后就听不到声音了。

既然天空中发生一次闪电,就有一次雷声,可有时候人们看到的闪电只一闪而过,而听到的雷声是隆隆不绝的,响好久才停。这是因为空中的闪电一般是很长的,有的线形闪电长达 2~3 km,甚至 10 km 左右。由于闪电各部分与人的距离不同,所以雷声传到人耳边的时间就有先有后了。另一方面,闪电往往不是发生一次就停下来,常常在一刹那间连续地闪几次,那么当第一次放电的雷声还没有结束,又传来了第二、第三次放电的雷声,先后的雷声混合在一起,就成了隆隆不断的雷声。

另外,当雷声遇到地面、建筑物、高山或天空的云层时,都会发生反射,产生回声。

这些回声传到人的耳朵里的时间也是不一致的,因此也就形成了隆隆的雷声。有时候由于几种原因凑到一起,隆隆不绝的雷声甚至可以连续响到 1 min 左右才停下来。

⚡ 36. 当一荷负电荷的雷雨云通过测站时大气电场会发生什么变化？

当一荷负电荷的雷雨云通过测站时电场会发生反转变化,在荷负电荷雷雨云到达之前,地面电场为向下的正电场,当雷雨云通过时,地面电场则改变为向上的电场。

⚡ 37. 一次地闪有哪些发展过程？

一次地闪发展过程分为首次雷击和后续雷击。首次雷击又包含初始击穿过程、梯级先导过程、连接先导过程和回击过程;后续雷击包含箭式(直窜或随后)先导过程和二次回击过程。

(1)首次雷击

①闪电的初始击穿过程:通常起始击穿的初期,在积雨云的下部有一负电荷中心,与其底部的正电荷中心附近局部地区的大气电场强度达到 $3 \times 10^3 \sim 10^4$ V·cm^{-1} 时,则该云层大气会初始击穿,负电荷中和掉正电荷,这时从云下部到云底部全部为负电荷区。

②梯级先导过程:随大气电场进一步加强,进入起始击穿的后期,这时电子与空气分子发生碰撞,产生轻度的电离,而形成负电荷向下发展的流光,表现为一条暗淡的光柱像梯级一样逐级伸向地面,这称之为梯级先导(图 1.8c)。在每一梯级的顶端发出较亮的光。梯级先导在大气体电荷随机分布的大气中蜿蜒曲折地进行,并产生许多向下发展的分支。

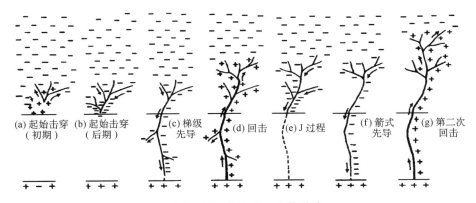

(a)起始击穿　(b)起始击穿　(c)梯级　(d)回击　(e)J过程　(f)箭式　(g)第二次
（初期）　　（后期）　　先导　　　　　　　　　　　先导　　　回击

图 1.8　闪电放电过程电荷活动

梯级先导向下发展的过程是一电离过程,在电离过程中生成成对的正、负离子,其正离子被由云中向下输送的负电荷不断中和,从而形成一充满负电荷(对负地闪)为主的通道,称为电离通道或闪电通道,简称为通道。闪电通道由主通道和分叉通道组成。在闪电放电过程中主通道起重要作用。

③连接先导过程：当具有负电位的梯级先导到达地面附近,离地约 5～50 m 时,可形成很强的地面大气电场,使地面正电荷向上运动,并产生从地面向上发展的正流光,这就是连接先导。连接先导大多发生于地面凸起物处。

④回击过程：当梯级先导与连接先导会合,形成一束明亮的光柱,沿着梯级先导所形成的电离通道由地面高速冲向云中,这称为回击。回击具有较强的放电电流,因而发出耀眼的光亮。地闪所中和的云中的负电荷,绝大部分在先导放电时贮存在先导主通道及其分支中,在回击传播过程中便不断中和掉贮存在先导主通道和分支中的负电荷。

（2）后续雷击

①箭式（直窜或随后）先导过程：紧接着第一闪击之后,约经过几十毫秒的时间间隔,形成第二闪击。这时又有一条平均长为 50 m 的暗淡光柱,沿着第一闪击的路径由云中直驰地面,这种流光称箭式先导。箭式先导是沿着预先电离了的路径通过的。它没有梯级先导的梯级结构。

②二次回击过程：当箭式先导到达地面附近时,地面又产生向上发展的流光与其会合,即产生向上的回击,以一股明亮的光柱沿着箭式先导的路径由地面高速驰向云中。由箭式先导到二次回击这一完整的放电过程称为第二闪击。第二闪击的基本特征与第一闪击是相同的。

⚡ 38. 大气中的闪电有哪些分类？危害最大的是哪一类？

（1）根据闪电部位分类：分成云闪和地闪两大类。其中,云闪是指不与大地和地物发生接触的闪电,它包括云内闪电、云际闪电和云空闪电。地闪是指云内荷电中心与大地和地物之间的放电过程,亦指与大地和地物发生接触的闪电。前者对飞行器危害大,后者对建（构）筑物、电子电气设备和人、畜危害甚大,是雷电防护最重要的部分。

（2）根据闪电的形状又可分为线状闪电、带状闪电、球状闪电和链珠状闪电。线状闪电可在云内、云与云间、云与地面间产生,其中云内、云与云间闪电占大部分,而云与地面间的闪电仅占六分之一,但其对人类危害最大。

图 1.9 是各种形状闪电的照片。

　线状闪电　　　　片状闪电　　　　带状闪电　　　　链珠状闪电　　　　球状闪电

图 1.9　闪电照片

⚡ **39. 闪电的表现形式有哪些?**

根据雷雨云放电电荷极性、先导极性和有无回击等情况来划分,可以大致把雷电放电分为 8 种类型(图 1.10)。

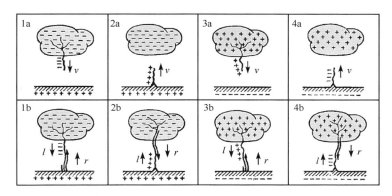

图 1.10　闪电的类型(l—先导,r—回击,v—发展方向)

(1)1a 类型:放电始于雷雨云荷负电荷,负电荷集中区向下发展的下行负先导,这常发生于地面上没有高的突出结构体的开阔地带。由于下行先导不落地,无回击发生,放电只能在空中或雷雨云内进行,可在地中形成位移电流。

(2)1b 类型:放电的负下行先导落地,产生向上发展的回击,回击使先导和雷雨云中的部分电荷泄入大地,雷电流方向为负。称为向下负先导的负地闪。这种类型的放电可重复发生。

(3)2a 类型:放电始于地面上高耸的高结构体,如发射塔和高层建筑物顶端,然后出现向雷雨云发展的上行先导。

(4)2b 类型:放电的开始阶段与 2a 类型相同,但随后发生了回击,放电产生的雷电流为负。称为向上正先导的负地闪。

(5)3a 类型:放电与 1a 类型类似,只是雷雨云内荷正电荷集中区发生放电,下行正先导不落地,放电只能在雷雨云内或空中进行,并可在地中形成位移电流。

(6)3b 类型:放电的下行正先导落地,产生向上回击,泄放掉雷雨云内的部分电荷,所产生的雷电流为正。称为向下正先导的正地闪。

(7)4a 类型:放电由雷雨云内的正电荷引起,上行负先导始于地面上高耸的高结构体顶端,流入地中的电流为正。

(8)4b 类型:放电与 4a 类型相似,但上行负先导在 4~25 ms 后就会紧跟着产生一个极其强烈的回击,所产生的雷电流为正。称为向上正先导的正地闪。

⚡ 40. 什么是球形雷？球形雷有哪些特征？

球状闪电简称球形雷、球闪。

球形雷是一种彩色的火焰状球体,通常表现为 $100\sim300$ mm 直径的橙色或红色球体,有时可能是蓝色、绿色、黄色或紫色,最大的直径也有达到 1000 mm 的;球形雷存在的时间为百分之几秒到几分钟,通常为 $3\sim5$ s,辐射功率小于 200 W。

球形雷自天空降落时,声音较小,有时无声,有时发出咝咝的声音,只有在飘落和跳跃的过程当中遇到物体或电器设备时才会发出震耳的爆炸声。在爆炸中产生臭氧、二氧化氮或硫黄的气味。物体在爆炸中被损坏。

球形雷自天空垂直下降后,有时在距地面 1 m 左右的高度,沿水平方向以每秒 $1\sim2$ m 的速度上下跳跃;有时球形雷在距地面 $0.5\sim1$ m 的高处滚动,或突然升起 $2\sim3$ m,因此,民间常称之为"滚地雷"。球形雷常常沿着建筑物的孔洞或未关闭的门窗进入室内,或沿垂直的建筑竖井滚进楼房,大部分遇带电体消失。

⚡ 41. 什么是黑色闪电？

伟大的文学家高尔基在著名的散文诗《海燕》里写道:"海燕,像黑色的闪电,在高傲地飞翔……"很多读者对其中"黑色的闪电"不太理解,因为人们心目中的闪电是一种空气放电现象,一般都伴有耀眼的光芒,很多人认为不发光的闪电是不存在的,更不可能有黑色的闪电。

然而,科学家通过长期观察和研究证实,黑色闪电是存在的。1974 年 6 月 23 日,天文学家 B·契尔诺夫就曾在扎巴洛日城看到一次黑色闪电:一开始是强烈的球状闪电,紧接着,后面就飞过一团黑色的东西,这东西看上去像雾状的凝结物。分析表明,黑色闪电是由分子气溶胶聚集物产生出来的,这些聚集物产生于太阳、宇宙光、云电场、条状闪电以及其他物理化学因素在大气中的长期作用。这些聚集物是发热的带电物质,容易爆炸或转变为球状闪电。

观察表明,黑色闪电一般不易出现在近地层,但倘若出现了,则较容易落在树、椅杆、房屋及金属附近,一般呈瘤状或泥团状,看上去像一团脏东西。由于黑色闪电的外形、颜色和位置容易被人忽视,而它本身却载有大量的能量,因而它是"闪电族"中危险性和危害性都较大的一种。黑色闪电体积较小,雷达难以捕捉,而它对金属又比较"青睐",因而被飞行员称为"空中暗雷"。当黑色闪电距地面较近时,又容易被人误认为是一只鸟或是其他什么东西,倘若用物击打触及,则会立即发生爆炸。由于黑色闪电"灵活多变",一般的防雷设施(接闪杆、接闪线、接闪网等)对黑色闪电不起作用。若遇到黑色闪电,千万不要接近它,应当避而远之。

⚡ **42. 常见的雷电流波形是什么形状? 有哪些特点?**

雷电流大致呈现单极性的脉冲波形,正雷击产生的雷电流对应正极性脉冲波形,而负雷击产生的雷电流则对应负极性脉冲波形。人们通常侧重关注正、负雷的首次雷击和负雷的后续雷击等雷电流波形。雷电流波形,无论是首次正、负雷击还是后续雷击的雷电流,它们都是在一段很短或较短的时间内上升到很高的值,然后再由高值缓慢地下降,呈现出拱形脉冲形状。就这几个雷电流波形的上升部分来看,后续负雷击的雷电流上升很快,首次负雷击次之,首次正雷击最慢。就各雷电流波形的下降部分来看,后续负雷击雷电流下降快于首次负雷击,而首次负雷击又快于首次正雷击。

⚡ **43. 表示雷电流波形的参数有哪些? 各参数是如何定义的?**

雷电流波形参数,用波头时间、半幅值时间、雷电流的波头陡度、雷电流的幅值和电荷量表示。

(1)波头时间

雷电流的波头时间定义为过雷电流的波形上升段 10% 和 90% 两点的直线与横坐标相交的点 D 到该直线与通过雷电流最大值(100%)的横坐标的平行线的交点向横坐标的垂线的交点 E 之间的时间(图 1.11)。通常人们都把在雷电流波形上从起始点上升到最大幅值所需要的时间记为雷电流的波头时间,实际上就是上升段的时间,以微秒为单位,记为 τ_f。

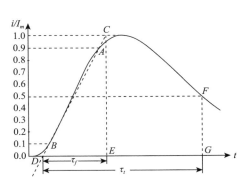

图 1.11　波头和波长时间的定义方法

(2)半幅值时间

雷电流的半幅值时间则是指波形上从起始点上升到幅值后再下降到半幅值所需要的时间,图中 $D \sim G$ 之间的时间,也以微秒为单位,记为 τ_t。

对于一个雷电流波形,当其波头时间、半幅值时间给定后,可将该波形简单地记为 τ_f / τ_t。人们常提到的 10/350 μs 波形,是指波头时间 10 μs,半幅值时间 350 μs 的雷电波。8/20 μs 波形,是指波头时间 8 μs,半幅值时间 20 μs 的雷电波。

(3)雷电流的幅值

雷电流幅值指的是雷电流波形上出现的最大值,记为 I_m。在防雷设计中,一般是采用累积曲线或相应的经验公式来确定这一随机量。

（4）雷电流的波头陡度

由波头时间和幅值所决定的雷电流上升段变化率常称为雷电流的波头陡度，由波头时间和雷电流幅值求出的陡度有时也称为波头平均陡度，记为 $\bar{\alpha}$。

$$\bar{\alpha} = \frac{I_m}{\tau_f}$$

雷电流的波头陡度对于雷电过电压和电磁干扰水平有直接影响，在防雷设计中，也是一个常用的参数。例如，我国电力系统中常用 2.6 μs 的波头时间，如果雷电流幅值取为30 kA，则相应的波头平均陡度为 11.54 kA/μs。

（5）总电荷

总电荷是指雷电波具有的电荷量，雷电流提供的总电荷可按以下积分来计算，单位为库仑（C）。

$$Q = \int_0^\infty i(t)\,dt$$

对于建筑物防雷设计来说，一般是将雷击分为首次雷击和后续雷击两种情况，并规定相应的波形参数，见表 1-2、1-3。

应当指出，关于雷电流波形参数——幅值、波头和波长时间，已经累积了各种实测数据，虽然基本规律大致接近，但具体数值却有差别，存在一定的分散性。其原因主要来自两个方面：一是雷电放电本身的随机性受到各地气象、地形和地质等自然条件的诸多因素影响；二是测量手段和测量技术水平不同。

表 1-2　首次雷击的雷电流波形参数

波形参数	建筑物防雷类别		
	第一类	第二类	第三类
电流幅值 I_m(kA)	200	150	100
波头时间 τ_f(μs)	10	10	10
波长（半幅值）时间 τ_t(μs)	350	350	350
总电荷 Q(C)	100	75	50

表 1-3　后续雷击的雷电流波形参数

波形参数	建筑物防雷类别		
	第一类	第二类	第三类
电流幅值 I_m(kA)	50	37.5	25
波头时间 τ_f(μs)	0.25	0.25	0.25
波长（半幅值）时间 τ_t(μs)	100	100	100

⚡ **44.** 什么是自然雷电的多脉冲现象？雷电多脉冲有哪些特点？

随着科学技术的快速发展，雷电探测手段的提高，人们不仅探测到雷电流呈单极性的脉冲波形,还观测到雷电还有多脉冲现象,即不管是上行雷或下行雷,也不管是正极性或负极性雷闪都可能出现多脉冲波,尤以负极性下行雷为甚。专用术语为"多脉冲或多重雷击(multiple strokes)"。基于不完整的记录。闪击的平均脉冲数通常是 3—5 个,闪击内部脉冲的间隔几何平均数约 60 ms。

　　雷点多脉冲波有三个特点:(1)脉冲的个数多,其波形的包络线呈驼峰形;(2)脉冲之间的时间隔规律有两个值(50—60 ms,400 ms);(3)放电过程时间长度可长达约 1 s。

⚡ 45. 地球大气中发生的闪电强度概率分布有什么特征?

　　图 1.12 是根据国内外大量观测统计得到的在地球大气中发生雷闪时雷电流的概率分布。在地球大气中发生的雷闪电流强度主要集中在几千安到 120～130 kA之间,闪电电流强度大于 180 kA 以上的雷闪是很少的。电流强度 10～80 kA的闪电发生频率最高,其概率接近 25％,所以大气中的雷电是一小概率事件。

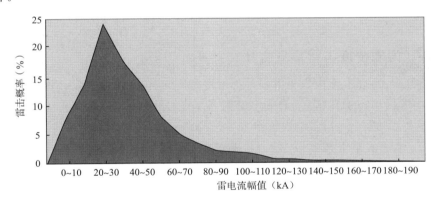

图 1.12　地球大气中发生雷闪时雷电流的概率分布

⚡ 46. 什么是地面落雷密度?

　　对于雷电放电来说,云与云之间的放电次数多于云对地放电次数,而上述雷暴日或雷暴时对于这一事实没有加以区分。从防雷角度分析,地闪发生的频数是确定地闪对人类和建筑物影响的最重要的参数。

　　雷雨云对地放电的频繁程度,用地面落雷密度 N_g 来表示。其定义是每个雷电日每平方千米上的平均落雷次数,又称闪电频数。它的气候统计值包括平均总闪电密度和平均地闪密度,它们分别定义为一年中地表单位面积上空所出现的各类闪电数和地闪数的多年平均值。因此,需要对一定面积范围内的平均总闪电密度和平均地闪密度进行长期观测,得到足够的资料进行分析统计。总的闪电密度为地闪和云闪密度之和,单位为次·km^{-2}·s^{-1}或次·km^{-2}·a^{-1},对一个区域研究,所取面积 1000 km^2。在雷暴活动期间,各地的闪电密度相差很大。观测表明,当雷暴发展到后期,云闪要比地闪出现的闪电密度高;而总闪电密度增加时,地闪对总的闪电数的比就减小。例如,总闪电数为 0~10 次/min,若地闪发生率占90%,总闪电数增加到 70 次/min 以上时,地闪发生率可能减小到 9%。

我国过电压保护规程取地面落雷密度为 $N_g = 0.015$ 次/(km^2·a)。近年来,我国一些单位采用雷电定位系统测量表明,在大多数情况下,N_g 的数值为0.09~0.1 次/(km^2·a)。实际上 N_g 值与年平均雷电日数 T_d 有关。通常,当T_d 增大时,N_g 也随之增大,由于我国幅员辽阔,T_d 的变化很大,很难取统一的一个值。因此,一些学者认为采用国际大电网会议第 33 研究委员会于 1980 年推荐的计算公式较为合理,该公式为:

$$N_g = 0.0237 T_d^{1.3}$$

我国建筑物防雷规范 GB 50057—2010 使用的 N_g 接近这一数值,式中系数取 0.024。在近年出版的新规范中调整为:

$$N_g = 0.01 T_d$$

⚡ 47. 闪电密度与雷暴日有什么关系?

如前所述,许多工作表明雷暴日与闪电密度间有一定的关系。20 世纪 70 年代,有学者提出雷暴日 T_d 与总闪电密度 N_{tm} 的关系为:

$$N_{tm} = (a T_d + a^2 T_d^4)^{1/2}$$

式中:T_d 表示的是雷暴日,a 是系数,等于 3×10^{-2}。

20 世纪 80 年代,有学者提出关系式:

$$N_{tm} = 0.06 T_m^{1.5}$$

式中:T_m 是月雷暴日。

表 1-4 给出了其他一些学者得出的地闪密度与雷暴日间的关系。

表 1-4　闪电密度与雷暴日之间的经验关系(T 为雷暴日)

国家	地闪密度	学者	国家	地闪密度	学者
印度	$0.1T$	Aiya	美国	$0.1T$	Anderson
罗得西亚	$0.14T$	Anderson Jenner	美国	$0.15T$	Brown and Whitehead
瑞典	$0.004T^2$	Müller-Hillebr	苏联	$0.036T^{1.3}$	Kolokolov and Pavlova
英国	aT^b	And Stringfellow		$0.1T^{1.3}$	Kolokolov and Pavlova
	$a=(2.6\pm0.2)\times10^{-3}$		全球(温带气候)	$0.19T$	Brooks
	$b=1.9\pm0.1$		全球(温带气候)	$0.15T$	Golde
美国(北部)	$0.11T$	Horn 和 Ramsey	全球(热带气候)	$0.13T$	Brooks
美国(南部)	$0.17T$	Horn 和 Ramsey	全球	$0.25T$	Pierce

⚡ **48. 闪电持续时间与雷暴日有什么关系？**

闪电引起输电线的故障与雷暴的持续时间较为密切。20 世纪 80 年代,有学者根据苏联台站 9 年的观测资料研究得到年雷暴时与雷暴日的关系:

$$T_h = 0.76\ T^{1.3}$$

式中:T_h 是雷暴时数。

⚡ **49. 雷电与日常生活所用的电是一回事吗？**

美国科学家富兰克林早在 1749 年就通过实验证明了"雷电就是自然界的电",所以雷电流也是电流,它具有电流的一切效应。但是,雷电与我们日常生活所用的电有所不同。雷电的放电时间短,一般约为 $50 \sim 100\ \mu s$;冲击电流大,其电流可高达几万到几十万安;冲击电压高,强大的电流产生的交变磁场,其感应电压可高达万伏;释放热能大,瞬间能使局部空气温度升高至数千摄氏度以上;产生冲击电压大,空气的压强可高达几十个大气压。

因此,雷电的危害性很大,常常造成人畜伤亡,建筑物损坏甚至引发火灾、爆炸,大量电子设备毁坏等灾害。

⚡ **50. 闪电为什么会产生爆炸式的冲击波？**

在雷雨云对地放电过程中的回击阶段,放电通道中既有强烈的空气游离,又有强烈的异性电荷中和,通道中瞬时温度非常高,它的巨大的瞬时功率也很高,这使得通道周围的空气急剧膨胀,以超声波速度向四周扩散,从而产生爆炸式的冲击波。当冲击波波阵面的超压($P_s - P_0$)达到 380 hPa 时,就可使厚约 20 cm 的墙壁遭到破坏,而在发生强闪电时,闪电回击通道附近几厘米至几米范围,初始时的波阵面超压可达到 10^4 hPa。同时,通道外围附近的冷空气被严重压缩,在冲击波波前到达的地方,空气的密度、气压和温度都会突然增大,产生剧烈振动,这种冲击波与爆炸时产生的冲击波是类似的,可以使其附近的建筑物、人、畜受到破坏或伤害。

⚡ **51. 闪电时雷声是怎样产生的？**

发生闪电时,闪电通道周围的空气急剧膨胀,产生的冲击波以超声波速度向四周扩散,向外传播的速度远大于声速,但在空气中很快就会衰减,转化为声波,于是人们就能够听到雷鸣声。冲击波的强度与回击时雷电流的大小有关,其破坏作用与波阵面气压和环境大气压有关。

⚡52. 雷电的威力有多大？

雷电电流平均约为 20 kA（甚至更大），雷电电压大约是 10^{10} V，一次雷电的时间大约为万分之一秒，平均一次雷电发出的功率达 200 亿千瓦。

我国建造的世界上最大的水力发电站——三峡水电站，装机总容量为 1820 万千瓦，只有一次雷电功率的千分之一。

当然，雷电的电功率虽然很大，但由于放电时间短，所以闪电电流的电功并不算大，一次约为 5555 度，可供 560 个 100 W 的灯泡用 100 小时。全世界每秒就有 100 次以上的雷电现象，一年里雷电释放的总电能量约为 17.5 亿千度。

二、雷电的危害

⚡53. 雷电的危害形式有几种？

雷电的危害形式主要有直击雷、侧击雷、闪电电涌侵入、闪电感应（包括静电感应和电磁感应）和地电位反击等。

⚡54. 雷电能产生哪些破坏作用？

雷电的破坏作用有热效应、机械效应、电磁效应、静电感应效应、电磁辐射效应、雷电反击、冲击波效应等。雷电发生时，其强大的电流、炽热的高温、猛烈的冲击波、剧变的电磁场，以及强烈的电磁辐射等物理效应，给人类社会带来极大的危害，造成人员伤亡、起火爆炸等严重损失。雷电灾害波及面广，人类社会活动、农业、林业、牧业、建筑、电力、通信、航空航天、交通运输、石油化工、金融证券等各行各业，几乎无所不及。

⚡55. 什么是雷电的热效应？雷电的热效应有哪些破坏作用？

在雷雨云对地放电时，强大的雷电流从雷击点注入被击物体，由于雷电流幅值高达数十至数百千安，其热效应可以在雷击点局部范围内产生高达 6000～10000℃，甚至更高的温度，能够使金属熔化，树木、草堆被引燃；当雷电波侵入建筑物内低压供配电线路时，可以将线路熔断。这些由雷电流的巨大能量使被击物体燃烧或金属材料熔化的现象都属于典型的雷电流的热效应破坏作用，如果防护不当，就会造成灾害。

⚡ **56. 闪电熔岩是如何形成的？**

闪电熔岩是一种新的岩石，它的出现纯属自然现象。闪电熔岩也称雷击（化）石，是瞬间高温对击中部位如泥土或沙等物体有序熔化、气化，又遇暴雨瞬间冷却产生的。当"落地雷"击中沙丘或砂岩露头，瞬间产生数千摄氏度的高温，将其中的相对良导体石英等进行有序地熔化、气化，有的被熔蚀，雨水又对其进行快速淬火冷却，从而形成玻璃质与新生矿物的混合体，这种混合体就是闪电熔岩。其形状取决于土壤中雷电通道的形状，多是条状，长度可达数米甚至数十米（利比亚沙漠中曾挖掘出 35 m 长的闪电熔岩），颜色由形成的泥土和沙决定，有黑色、绿色和白色等。其内部光滑，可能有小气泡，外部多数为粗糙的沙粒。

据有关专家介绍，闪电熔岩非常罕见，比陨石还少见。原因是其产生条件极为苛刻：首先，必须有"落地雷"产生，特别是有高压线的地方；其次，要有合适成分的土壤，一般土壤中的二氧化硅含量在 50% 以上，氧化铝的含量在 20% 左右；此外，还要有湿润的环境，当砂岩被熔化后，雨水、雪水等可起到淬火和瞬间冷却的作用，这样才能形成闪电熔岩。2010 年 1 月和 5 月，河北省邯郸市肥乡县元固乡中油胡寨村和大名县西未庄乡武庄村的麦田里曾发现闪电熔岩。闪电熔岩的形成是雷电热效应的结果。

⚡ **57. 什么是雷电的机械效应？雷电的机械效应有哪些破坏作用？**

在发生雷击时，雷电的机械效应所产生的破坏作用表现为两种形式：①雷电流流过金属物体时产生的电动力；②雷电流注入树木或建筑构件时在它们内部产生的内压力。

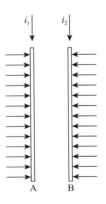

图 1.13　两根平行导体之间的电动力作用

由电磁学可知，载流导体周围的空间存在着磁场，在磁场中的载流导体又会受到电磁力的作用。如图 1.13 所示，两根载有相同方向雷电流的长直导体，导体 A 上的电流在其周围空间产生磁场，导体 B 在这一磁场中将受到一个电磁力的作用，其方向垂直指向导体 A。同理，载流导体 A 也受到一个电磁力的作用，方向垂直指向导体 B。两根平行载流导体之间就存在着电磁力的相互作用，这种作用力称为电动力。在这种电动力的作用下，两根导体之间将相互吸引，有靠拢的趋势。同理，如果 i_1 与 i_2 反向，则两根导体在电动力的作用下就会相互排斥，有分离的趋势。因此，在雷电流的作用下，载流导体有可能会变形，甚至会被折断。按安培定律，两根长直平行载流导体之间的电动力计算公式：

$$F = 1.02 \times \frac{2 i_1 i_2}{d} \times 10^{-8}$$

式中：i_1、i_2 为两根平行导体上的电流，kA；d 为导体之间的距离，m；F 为单位长度导体的电动力，kg/m。

由此可以推论，凡含有拐弯部分的载流导体或金属构件，其拐弯部分都将受到电动力的作用，拐弯处的夹角越小，受到的电动力就越大。所以当拐弯夹角为锐角时，所受到的电动力相对较大，而当拐弯处的夹角为钝角时，所受到的电动力相对较小。因此，在防雷施工中，布设成平行、锐角或绕直角的避雷引下线会受到雷电的机械效应的损坏。

在被击物体内部产生内压力是雷电流机械效应破坏作用的另一种表现形式。由于雷电流幅值很高，作用时间又很短，当雷击于树木或建筑构件时，在它们的内部将瞬时地产生大量热量。在短时间内热量来不及散发出去，以致使这些内部的水分被大量蒸发成水蒸气，并迅速膨胀，产生巨大的内压力。这种内压力是一种爆炸力，能够使被击树木劈裂和使建筑构件崩塌。

雷雨云对地放电时，强大的雷电流的机械效应表现为击毁杆塔和建筑物，劈裂电力线路的电杆和横担等。

⚡58. 什么是雷电的电磁效应？雷电的电磁效应有哪些破坏作用？

雷电流具有很大的幅值和波头上升陡度，能在所流过的路径周围产生很强的暂态脉冲磁场，这种快速变化的脉冲磁场交链导体回路时，能在回路中感应出电动势，产生过电压和过电流。过电压的伏值一般可达几十万伏，会使连接的电气设备绝缘发生闪络或击穿，损坏电子设备，甚至引起火灾和爆炸，造成人身伤亡。

⚡59. 什么是雷击电磁脉冲？

雷击电磁脉冲是一种干扰源。指雷电流经电阻、电感、电容耦合产生的效应，包括闪电电涌和辐射电磁场，绝大多数是通过连接导体的干扰。如：雷电流或部分雷电流被雷击击中的装置的电位升高以及电磁辐射干扰。

⚡60. 什么是闪电感应和闪电电涌侵入？

闪电发生时，在附近导体上产生的静电感应和电磁感应，它可能使金属部件之间产生电火花，这就是人们常说的闪电感应。当架空导线上感应产生过电压波后，过电压波向导线两侧传播，当它沿线路进入建筑物内时，将会对建筑物内的信息系统和电气设备造成损坏。这种沿线路进入建筑物内的感应过电压波常称为闪电电涌侵入。

⚡ 61. 什么是雷电的静电感应效应？雷电的静电感应效应有哪些破坏作用？

在各种金属屋顶或架空线路上,会因为其上空的带电雷雨云层的存在产生静电感应,带上与云层相反的电荷,称为静电感应效应。当先导到达地面,雷雨云主放电时,先导通道中的电荷与金属屋顶或架空线路上的异号电荷迅速中和,如果发生在金属屋顶上,在金属屋顶上未被中和的电荷形成对地的高电位,如果没有通路泄放金属屋顶上的电荷,金属屋顶上与屋内的人或金属设备之间就会发生击穿放电,危害人的生命和损坏设备,如有使金属屋顶上静电感应的电荷泄放的通路,但泄放通路不畅,电阻值过大,电流通过接触不良处时就会产生火花放电,点燃易燃易爆物体,发生火灾。如果发生在架空线路上,未被中和的电荷失去束缚就可自由运动,形成过电压波,会沿架空导线两侧传播,当它沿线路进入建筑物内时,将会对建筑物内的信息系统和电气设备造成损坏。

⚡ 62. 什么是电磁辐射效应？电磁辐射效应有哪些破坏作用？

雷电流具有很大的幅值和波头上升陡度,能在所流过的路径周围产生很强的暂态脉冲磁场。根据电磁感应定律,这种脉冲磁场在大气中向外辐射传递,即电磁辐射效应。电磁辐射如果进入电子设备所在空间,其电磁辐射强度超过电子设备的承受能力时,能造成电子设备的损坏。

⚡ 63. 什么是雷电反击？雷电反击会产生哪些破坏作用？

由电路原理可知,电流流过有电阻与电感串联支路时,将会在分支导体的电感、电阻和接地电阻上产生压降,使防雷装置中各个部位的对地电位都有不同程度的升高。由于雷电流持续时间很短,这种电位升高现象所持续的时间也很短,所以称为暂态电位升高。

由于雷电流的幅值很大,所以雷电流流过接地装置及与接地装置相连接的电气设备外壳、杆塔及架构等处时,沿途产生的电压降(暂态高电位)可能达到数十万伏至数百万伏。它与周围金属体之间发生空气间隙击穿,这种现象称为雷电反击。

在发生反击后,被反击的金属体带上高电位,它又有可能继续对其周围的其他金属体反击,从而可能引发多个金属体之间的一系列反击,导致严重的设备损坏和人员伤亡。

⚡ 64. 什么是对地闪击？雷击、接闪与遭雷击是不是一回事？

对地闪击是指雷雨云与大地(含地上的突出物)之间的一次或多次放电,一次闪击可能有多个雷击点(闪击击在大地或其上突出物的那一点)。

雷击是对地闪击中的一次放电。接闪是指建(构)筑物和雷电的主动接触,不造成损失。任何建(构)筑都有可能接闪,只是建(构)筑物越高就越容易接闪。而遭雷击则是建(构)筑物被雷击中,会造成损失。

所以,建(构)筑接闪不一定遭雷击,而遭雷击一定有接闪。

65. 求解独立接闪杆顶端的电压降。

某易燃易爆场所,安装有一支独立接闪杆,高 22 m,其中杆长 2 m,引下线长20 m。已知接闪杆和引下线的单位长度电感分别为$0.8\ \mu\mathrm{H/m}$和$1.5\ \mu\mathrm{H/m}$,接地装置冲击接地电阻为 3 Ω,首次雷击电流为 10 kA,独立接闪杆顶端的电压降是多少?

解:$L_1 = 0.8\ \mu\mathrm{H/m}$,$L_2 = 1.5\ \mu\mathrm{H/m}$,$l_1 = 2\ \mathrm{m}$,$l_2 = 20\ \mathrm{m}$,$R_i = 3\ \Omega$,$I = 10\ \mathrm{kA}$,
$\mathrm{d}i/\mathrm{d}t = 1\ \mathrm{kA/\mu s}$

$$
\begin{aligned}
U &= IR_i + L_1 l_1 \mathrm{d}i/\mathrm{d}t + L_2 l_2 \mathrm{d}i/\mathrm{d}t \\
&= 10 \times 3 + 0.8 \times 2 \times 1 + 1.5 \times 20 \times 1 \\
&= 30 + 1.6 + 30 \\
&= 61.6 (\mathrm{kV})
\end{aligned}
$$

答:独立接闪杆顶端的电压降为 61.6(kV)。

66. 求解人手接触树干后的接触电压。

有人站在一棵孤立的大树下,手扶树干避雨(图 1.14),这时正好发生雷击,大树被雷电击中,雷电流为 40 kA,人手接触点离地1.5 m,树干的电阻为500 Ω,单位长度电感为 2 μH/m,人手接触树干后的接触电压是多少?

解:设手接触点的电位为 U,由于树干有电阻和电感,因此对地的电位,也即接触电压由两部分组成,电阻压降 U_R 和树干的电感电压 U_L

$$
U = U_R + U_L = iR + L_0 h \mathrm{d}i/\mathrm{d}t
$$

已知:$i = 40\ \mathrm{kA}$,$R = 500\ \Omega$,$L_0 = 2\ \mu\mathrm{H/m}$,$h = 1.5\ \mathrm{m}$,$\mathrm{d}i/\mathrm{d}t = 4\ \mathrm{kA/\mu s}$。

代入上式,

$$
\begin{aligned}
U &= 40\ \mathrm{kA} \times 500\ \Omega + 2\ \mu\mathrm{H/m} \times 1.5\ \mathrm{m} \times 4\ \mathrm{kA/\mu s} \\
&= 20000\ \mathrm{kV} + 12\ \mathrm{kV} \\
&= 20012\ \mathrm{kV}
\end{aligned}
$$

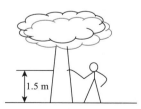

图 1.14　人站在一棵孤立的大树下,手扶树干避雨

答:人手接触树干后接触电压 U 为 20012 kV。

⚡ 67. 雷电袭击人体的形式有哪些?

(1)直接雷击:所谓直接雷击是指雷闪直接击中受害者,这种情况受害者至少在开始时身体上通过全部雷电电流,而且最大可能是雷电流从头部输入,经躯干,由脚底进入大地。这种情况是受害者受害最严重的情况。所以直接雷击致死的事例不少,但是,被直接雷击后有短暂昏迷,呼吸和心脏跳动未发生停止的报道也有,所以当雷击致假死(停止呼吸、心脏停止跳动,但身上未出现紫蓝色斑块或斑点)时不应放弃或停止抢救。

(2)接触雷击:接触雷击是指雷击其他物体时,与雷击物体接触的人受到的雷击,接触雷击往往使受害者短时麻痹,有时也会昏迷甚至死亡,但总的来讲,它比直接雷击受害要轻。但接触雷击发生的概率比直接雷击高得多。

(3)旁侧闪络:旁侧闪络和上面讲的接触雷击都是雷电没有直接击中受害人,而是击中受害人附近的物体,由于被雷击物带高电位,而向它附近的人闪击放电。有时由于较远地方的物体受雷击,能通过金属线输送高电位,或感应产生高电位与附近的人发生旁侧闪络造成人员伤亡。

(4)跨步电压:在发生雷击时,雷电流流经接地体散入大地,由于土壤散流电阻的存在,经接地体散入大地的雷电流,将在周围土壤中产生压降,压降的大小随着距雷电流入地点距离的增加而减小,使雷电流入地点附近地面上不同点之间出现电位差。如果人站在这块具有不均匀电位分布的地面上,则在人的两只脚之间就存在着一定的电位差,这种电位差与电流强度、土壤电阻率分布、跨步长短有关,同样的土壤情况下,电流强度越大,步长越大,这种电位差越高。在工程上,常将人跨一步的步长取为 0.8 m,并把这一距离两端的电位差称为跨步电压。当跨步电压大到超过人的承受能力时,便足以使人受到电击甚至死亡。

⚡ 68. 遭雷击后的人身是否带电?

人被雷击中后,会对人体造成三种致命伤害:

一是伤害神经和心脏。强大的雷电脉冲电流通过心脏时,受害者会出现血管痉挛、心搏停止,严重时心脏会停止跳动;雷电电流伤害大脑神经中枢时,也会使受害者停止呼吸。

二是烧伤。强大的雷电流通过人的肌体时会造成电灼伤、肌肉闪电性麻痹甚至烧焦。

三是雷电冲击波造成的内伤。这种伤害是迟发性的,可能表面看着没什么事,其实已经有颅骨骨折和内脏损伤,就算自我感觉没事,也最好去医院做下检查,确认是否有内脏、骨骼损伤。

雷击还可能使伤者的衣服着火。但是,遭雷击后的人身上不带电,可以及时进行现场抢救。如果伤者衣服着火,马上让他躺下,使火焰不致烧及面部。也可往伤者身上泼水,或者用厚外衣、毯子把伤者裹住以扑灭火焰。

⚡ 69. 有时遭雷击死亡的人身上为什么没有任何痕迹?

人遭受雷击后,多数时候会在人身上留下灼伤、烧伤等痕迹,但有时人遭雷击后造成死亡,身上却找不到任何雷击的痕迹,原因是雷电次声波致人死亡。

自然界里,声波的频率范围十分宽广,人的耳朵只能听到频率在 20～20000 Hz(赫兹)之间的声波,频率低于 20 Hz 的声波称为次声波。次声波是一种每秒钟振动数很少,人耳听不到的声波。但这样的振动频率,刚好和人体器官的固有频率很相近(人体各器官的固有频率为 3～17 Hz,头部的固有频率为 8～12 Hz,腹部内脏的固有频率为 4～6 Hz)。次声波作用于人体时,次声频率刚好与人体内脏的振动频率相似或相同,就会引起人体内脏的"共振",使人产生头晕、烦躁、耳鸣、恶心等症状。特别是当人的腹腔、胸腔等固有的振动频率与外来次声频率一致时,更易引起人体内脏的共振,使人体内脏受损甚至丧命。

1948 年,一艘名叫"乌兰格梅达奇"的荷兰货船在通过马六甲海峡时,突遇海上风暴,船上的无线电报务员一面拍发 SOS 信号,一面断断续续地报告:"船长及全体船员已经死去……我也快死了。"救生人员赶到时发现:所有船员都僵死在自己的岗位上,在他们的尸体上找不到一点儿伤痕,但是,每个死者的脸上都残留着恐惧的表情。船员们是怎么死的? 船上没有任何打斗、燃烧等的痕迹,法医的解剖报告也表明,死者生前个个都很健壮,身上找不到任何伤痕。后来,经多年研究和试验,大多数科学家认为,这起海难事件的罪魁祸首,就是海上风暴产生的次声波。

新华网重庆频道曾报道,2007 年 4 月 1 日晚,重庆垫江至忠县高速公路 13 标段边坡施工队伍的工人,在工棚内遭遇雷击,5 人死亡,5 人受伤。事后,气象专家调查得出结论——事故属于天空直击雷激波效应导致,雷击次声波正是主要元凶。

⚡ 70. 人类社会进入电子信息时代后,雷灾出现了哪些新特点?

雷电是众多大气现象中的一种,自然界这种强大的放电能够直接击在建筑物或防雷装置上或从建筑物的侧、旁击在建筑物上,危害地面上的建筑物等物体和人、畜的生命;但雷电产生的强大电磁脉冲(LEMP),具有极大的破坏性。随着现代化进程的加快,特别是信息产业的迅猛发展,自动控制、通信和计算机网络等微电子设备和电子系统在各种行业内外得到日益增加的广泛应用,雷击事故带来的损失和影响也越来越大,尤其是在经济发达国家和地区,雷击造成的电子设备直接经济损失达雷电灾害总损失的 80% 以上。概括起来,有以下特点:

（1）受灾面大大扩大。从电力、建筑这两个传统领域扩展到几乎所有行业，尤其是与高新技术关系最密切的领域，如航天航空、国防、邮电通信、计算机、电子工业、石油化工、金融证券等。

（2）从二维空间入侵变为三维空间入侵。从二维空间的闪电直击和过电压波沿线传输变为三维空间闪电的脉冲电磁场，无孔不入地造成灾害，因而防雷工程已从防直击雷、感应雷进入防雷电电磁脉冲（LEMP）。前面是指雷电的受灾行业面扩大了，这儿指雷电灾害的空间范围扩大了。

（3）雷灾的经济损失和危害程度大大增加了。它袭击的对象本身的直接经济损失有时并不太大，而由此产生的间接经济损失和影响就难以估计。例如1999 年 8 月 27 日凌晨 2 时，某寻呼台遭受雷击，导致该台中断寻呼数小时，其直接损失是有限的，但间接损失将大大超过直接损失。

产生上述特点的根本原因，也就是关键性的特点是雷灾的主要对象已集中在微电子器件设备上。

⚡ 71. 全球及我国的雷电灾害情况如何？

在 20 世纪末，联合国组织的国际减灾十年活动中，雷电灾害被列为对人类生活影响最严重的十大自然灾害之一。美国将雷电列为排名第二的天气杀手，根据美国国家海洋和大气管理局（NOAA）天气局的统计，雷电比飓风和龙卷风造成的人员伤亡还要多，美国平均每年因雷电灾害致死 73 人，伤 300 多人。我国是雷电灾害频繁发生的地区，根据中国气象局雷电防护管理办公室 1998—2001 各年的《全国雷电灾害典型实例汇编》统计，每年发生的雷电灾害有近万次，造成的人员伤亡有 1000～2000 人，直接经济损失达几十亿到上百亿人民币。

据有关部门估计，全世界平均每分钟发生雷暴 2000 次，全球每年因雷击造成的人员伤亡超过 1 万人，所导致的火灾、爆炸等时有发生。

⚡ 72. 世界"雷都"在哪里？

低纬度地区是雷雨的多发地，如印度尼西亚、非洲中部、墨西哥南部、巴拿马、巴西中部等地。世界雷雨最多的地方是印度尼西亚的茂物市，一年中有 322 天电光闪闪、雷声隆隆，有时一天中要下几场雨，一年中要下 1400 多场雷雨。因此，茂物市有世界"雷都"之称。茂物市位于爪哇岛西部，坐落在海拔 260 m 的山间盆地之中。它的南面紧靠高原，并耸立着好几座海拔 2000 m 至 3000 m 的火山。来自爪哇岛的湿热气团，到茂物时便无法通过，只得顺着高山上升，起伏的山岭热量分布均匀，空气很容易上下对流，形成积雨云而下雷雨。茂物市常常上午天气晴朗，近中午空中积雨云开始发展，午后即雷电交加，大雨倾盆；雨后，空气清新，全市沐浴在骄阳之下。我国雷雨多发区分布在南方潮湿的地区。雷雨最多的地方是云南的西双版纳和海南岛,其中海口每年有 118 天,景洪有 122 天,琼中有 123 天,儋州市有 124 天,勐腊有 128 天。

⚡ 73. 雷击的主要对象有哪些?

(1)旷野孤立的或高于 20 m 的建筑物和构筑物,如凉亭、大树等。

(2)金属屋面、砖木结构的建筑物和构筑物。

(3)河边、湖边、土山顶部的建筑物和构筑物。

(4)低洼地区、地下水出口处、特别潮湿处、山坡与稻田水面交界处、地下有导电矿藏处或土壤电阻率较小处的建筑物和构筑物。

(5)山谷风口处的建筑物和构筑物。

(6)城市里的烟囱及地面上有较高尖顶的建筑物或铁塔。

⚡ 74. 同一区域容易遭受雷击的地点有哪些特点?

(1)土壤电阻率较小的地方,如有金属矿床的地区、河岸、地下水出口处、湖沼、低洼地区和地下水位高的地方;

(2)山坡与水面接壤处;

(3)具有不同电阻率土壤的交界地段。

⚡ 75. 易受雷击的建(构)筑物有哪些?

(1)高耸突出的建筑物,如水塔、电视塔、高楼等;排出导电尘埃、废气热气柱的厂房、管道等;

(2)内部有大量金属设备的厂房;

(3)地下水位高或有金属矿床等地区的建(构)筑物;

(4)在孤立、突出、旷野的建(构)筑物;

(5)铁路集中的枢纽、铁路终端和高架输电线等拐角处及金属管线集中的交叉地点;

(6)收音机天线、电视机天线和屋顶上的各种金属突出物,如旗杆等。

⚡ 76. 雷电是否也有有益于人类的方面? 能给人类带来哪些好处?

虽然全球每年有不少人、畜在雷击下丧生,一些建筑物、设备被毁坏,然而,雷电也有其益于人类之处。

(1)在生命起源的早期过程中,雷电曾扮演过重要角色,具有不可磨灭的功勋。生命起源的化学演化说认为,早期的地球冷却后,火山喷发出的大量气体,如氢、氮、甲烷、氨、一氧化碳、二氧化碳和水汽等,在紫外线、宇宙空间辐射以及早期地球上雷电的作用下,原始大气中生成了一些前所未有的有机化合物,并由雨水带进海洋。含有有机物的海水在亿万年的进化中逐渐合成了蛋白质、核酸等复杂的高分子物质,最后,具有自我复制和繁殖能力的原始生命体终于产生了。早在 1952 年,这一理论就已被美国科学家通过实验证实。

(2)在人类进化史上,正是雷击森林起火,启发了人类学会用火。森林中被火烧死的动物躯体,远比活剥生吞来得有滋味,富于营养。这使远古人学会了吃熟食,促进了人体的发育及大脑的发展。雷电带来的火使人类在进化史上跨进了一大步。

(3)在农业上,雷电具有多方面功劳:雷雨在生长季节会给农作物带来充足雨水。雷电会使空气中的氧和氮电离并化合成一氧化氮和二氧化氮,它们被雨水溶解,落地后与土壤中的矿物质化合成易被植物吸收的氮肥。人们发现,在常受雷电打击的高压电线附近土壤中氮肥充足,作物生长茂盛,这正是闪电在空中高温制肥的功效。有人估计,每年因雷电落到地面的氮素约有 4 亿吨。雷电还可引起地面和高空之间的电位差,这个电位差越大,植物光合作用和呼吸作用就越强烈。据研究,雷雨后 1～2 d 内植物的生长和新陈代谢特别旺盛。如果在作物的生长期内有 5～6 次雷电,农作物成熟期将提前一周左右。

(4)雷电可以净化大气环境。雷电产生时,强烈的光化学作用会使空气中的一部分氧气发生化学反应,生出具有杀菌作用的臭氧。因此,一场雷雨过后,空气中弥漫着少量臭氧,加之雷雨时空气中灰尘被冲刷,令人感到格外清新舒适。另外,伴随雷雨而上升的气流,可将停滞于对流层下面的污染大气带到 10 km 以上的高空,起到扩散的作用。

(5)雷电中储存着巨大的可利用的能量,它一次放电能量就达 1～10 亿焦耳。美国某工程物理研究所研究证明,直接引用雷电中的大脉冲电流可产生冲击力,夯实松软的大面积基地;还可借助其放电产生的达数十万大气压的冲击功,进行相应的土木工程和各种放电加工应用。根据高频感应加热原理,利用雷电产生的高温,使岩石内的水分膨胀,从而可破碎岩石,达到爆破开采之目的。日本借助雷电进行矿山大面积爆破开采的实验已获得了成功。有人认为:人类可以仿照大自然产生电能的原理,提供与天空中产生电闪雷鸣所必需的同样的条件在地面或地下建造这种类型设置,按人的意志获取廉价的能源。

(6)可以通过"人工引雷",产生的强大电磁辐射,诱发种子基因变异,应用于人工育种技术,则可大大低于太空育种的成本。

第二部分　雷电防护技术

一、接闪器技术

⚡ 77. 什么是防雷装置？

防雷装置是指用于减少闪击击于建筑物上或建筑物附近造成的物质性损害和人身伤亡的装置，由外部防雷装置和内部防雷装置组成。

外部防雷装置由接闪器、引下线和接地装置组成。而接闪器由拦截闪击的接闪杆、接闪带、接闪线、接闪网以及金属屋面、金属构件等组成；引下线是用于将雷电流从接闪器传导至接地装置的导体；接地装置是接地体和接地线的总和，用于传导雷电流并将其流散入大地。

内部防雷装置由防雷等电位连接（如安装电涌保护器等）和与外部防雷装置的间隔距离（如综合布线等）组成。

⚡ 78. 什么是接闪器？防雷工程中常用的接闪器有哪些？

用于拦截雷电流的金属导体就是人们说的接闪器。常用的接闪器有接闪杆、接闪带、接闪线、接闪网。有时候也用建筑物顶部的大型金属构架作接闪器使用，这些可用作接闪器的非专用的金属导体又称为自然接闪器。

在防雷工程常根据需要可使用一种接闪器，如：有的防雷建筑物常需要安装独立接闪杆，也可是两种接闪器的组合，如接闪杆与接闪带或接闪针与接闪网的组合等。

⚡ 79. 什么是接闪杆？接闪杆为什么能接闪？

接闪杆是 2011 年 10 月 1 日施行的《建筑物防雷设计规范》（GB 50057—2010）对传统避雷针的新定义。接闪杆、接闪带、接闪线和接闪网传统俗称避雷针、避雷带、避雷线和避雷网。《中国大百科全书》给出了避雷针（接闪杆）的定义："截留闪电并将其电流导入地下以保护建筑物不受闪电击毁的金属棒（通常是铜)"。接闪杆实际上是用于"雷电拦截"。

　　接闪杆的针状接闪器是直接承受雷电的部分,如图
2.1 所示,当带电的雷雨云出现在地面上空时,由于静电
感应作用,大地及接闪杆上将出现与雷雨云电荷极性相
反的电荷。先导向下的发展是随机取向的,并不受地面
物体上接闪杆存在的影响。但当阶梯级先导向下发展到
邻近地面,在接闪杆的顶端处电场将发生畸变,出现局部
集中的高电场区,如图中曲线示出的等电位线,使接闪杆
的顶端处的电场强度明显高于其他地方,这就为先导向
接闪杆发展创造了十分有利的条件,因此就能容易地将
先导吸引到接闪杆上,使雷击点出现在接闪杆的顶端,而
不致出现在其下面的物体上。

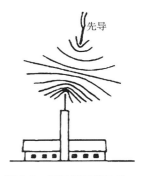

图 2.1　接闪杆顶端处的电场畸变

⚡ **80. 接闪杆是哪位科学家、什么时候、怎样发明的?**

　　传统俗称的避雷针(接闪杆)公认的是美国杰出科学家富兰克林发明的,他
认为闪电是一种放电现象。为了证明这一点,他在 1752 年 7 月的一个雷雨天,
冒着被雷击的危险,将一个系着长长金属导线的风筝放飞进雷雨云中,在金属线
末端拴了一串银钥匙,如图 2.2 所示。当雷电发生时,富兰克林将手接近钥匙,
钥匙上迸出一串电火花,手上还有麻木感。幸亏这次传下来的闪电比较弱,富兰
克林没有受伤。

　　在成功地进行了捕捉雷电的风筝实验之后,富
兰克林在研究闪电与人工摩擦产生的电的一致性
时,他就从两者的类比做出过这样的推测:既然人工
产生的电能被尖端吸收,那么闪电也能被尖端吸收。
他由此设计了风筝实验,而风筝实验的成功反过来
又证实了他的推测。他由此设想,若能在高物上安
置一种尖端装置,就有可能把雷电引入地下。富兰
克林把一根数米长的细铁棒固定在高大建筑物的顶
端,在铁棒与建筑物之间用绝缘体隔开,然后用一根
导线与铁棒底端连接,再将导线引入地下,富兰克林
把这种避雷装置称为避雷针(接闪杆)。经过试用,
果然能起避雷的作用。避雷针(接闪杆)的发明是早
期电学研究中的第一个有重大应用价值的技术成果。

图 2.2　富兰克林风筝实验

81. 现代防雷技术有哪些措施？

现代防雷技术包括外部防雷和内部防雷。外部防雷是指在建筑物的外部实施防雷措施，在建筑物外面拦截雷电，使人、畜和建筑物不受雷击，得到保护。内部防雷是指在各种可能传输和感应雷电的途径上实施防雷措施，拦截雷电对建筑物内电子设备和电气系统的损害，保护人和电气设备。

现代防雷技术措施简单地可归结为 ABCDGS 六个字母，中文意思是"躲"（Avoid）、"等电位连接"（Bonding）、"传导"（Conducting）、"分流"（Dividing）、"接地"（Grounding）和"屏蔽"（Shielding）。

（1）在现代防雷工程技术上采用"躲"的措施，是一条非常重要的经济有效的措施。还有另一种"躲"是积极的。这就是在建筑选址、规划时考虑防雷，躲开多雷区或易落雷的地点，这样做可以减少防雷的费用，免于日后陷入困境。

（2）等电位连接，从物理学讲，就是把分开的诸金属物体直接用连接导体或经电涌保护器连接到防雷装置上以减小雷电流引发的电位差，保证分开的诸金属物体电位相等。完善的等电位连接，也可以消除因地电位骤然升高而产生的"反击"现象，这在微波站天线塔遭到雷击后是常常遇到的。

（3）传导的作用是把闪电的巨大能量引导到大地耗散掉，当然也可以研究其他方法来吸收、耗散它的能量，使它不能对被保护的对象产生破坏作用。

（4）分流的作用是把沿导线传入的过电压波在避雷器处经避雷器分流入地，也就是类似于把雷电流的所有入侵通道拦截了，而且不只一级拦截，可以多级拦截。

（5）接地是闪电能量的泄放入地，虽然接地措施在防雷措施中是基础，如果没有它，等电位连接、传导、分流三个防雷措施就不可能达到预期的效果，接地是否妥当，是防雷技术上特别受重视的环节，各种防雷规范都对接地措施做出了明确的规定。它又是防雷工程的重点和难点，防雷装置安全检测的主要工作就是围绕它进行的。

（6）屏蔽就是用金属网、箔、管等导体把需要保护的对象包裹起来，从物理意义上讲，就是拦截闪电的脉冲电磁场从空间入侵的通道，力求"无隙可钻"。

各种屏蔽都必须妥善接地，所以措施"BCDGS"五者是一个有机联系的整体防雷体系，全面实施才能达到万无一失的效果。

82. 接闪器的材料规格有哪些要求？

接闪杆采用热镀锌圆钢或钢管制成时，杆长 1 m 以下时，圆钢直径不应小于12 mm，钢管直径不应小于 20 mm；杆长 1～2 m 时，圆钢直径不应小于 16 mm，钢管直径不应小于 25 mm。独立烟囱顶上的接闪杆，圆钢直径不应小于 20 mm，钢管直径不应小于 40 mm。当独立烟囱上采用热镀锌接闪环时，其圆钢直径不应小于 12 mm；扁钢截面不应小于 100 mm²，其厚度不应小于 4 mm。

架空接闪线和接闪网宜采用截面不小于 50 mm² 热镀锌钢绞线或铜绞线。

⚡83. 建筑物的哪些部件可用作自然接闪器？

与建筑物相关的以下部件可用作自然接闪器。

（1）覆盖于需要防雷空间的金属板。金属板应满足下列要求：

各金属板间有可靠的电气通路连接；当需要防止金属板被雷电击穿（穿孔或热斑）时，金属板厚度不小于表 2-1 给出的数值；当不需要防止金属板被雷电击穿或引燃金属板下方的易燃物时，金属板的厚度不小于 0.5 mm；金属板无绝缘物覆盖层；金属板上或上方的非金属物材料可以被排除于需防雷空间之外。

（2）当非金属屋顶可以被排除于需防雷空间之外时，其下方的屋顶结构的金属部件（如桁架、相互连接的钢筋网等）。

（3）建筑物的排水管、装饰物、栏杆等金属部件，当其截面不小于对应标准接闪器部件所规定的截面。

（4）厚度不小于 2.5 mm 的金属管、金属罐，且雷击击穿时不会发生危险或其他不可接受的情况。

（5）厚度不小于表 2-1 所给出厚度 δ 值的金属管、金属罐，且雷击点内表面温度升高不构成危险。

表 2-1　用作接闪器的金属罐或金属管的最小厚度

材料	厚度 δ(mm)
钢铁	4
铜	5
铝	7

⚡84. 在建筑物上安装接闪杆、线、带、网等接闪器为什么能使建筑物免遭雷击？

接闪线、带、网等接闪器与接闪杆的引雷原理是相同的，当雷雨云出现在附近时，以其自身的结构特征，使大气电场发生畸变，在其附近电场强度明显高于其他地方，吸引放电先导，使雷击中自身，而不致使下面的建筑物遭受雷击，从而保护其下面的建筑物。但由于接闪线、带、网等接闪器的结构特征使大气电场畸变的效果不如接闪杆，所以引雷效果也不如接闪杆。

⚡ **85. 为什么雷电能击倒大树却击不倒接闪杆？**

雷电是一种大气中的放电现象,雷击瞬间可产生强大的雷电流,当强大的雷电流作用在物体上时,会产生电效应、热效应和机械效应。导致雷电能击倒大树,却击不倒接闪杆,其原因是:

由于树木内含有大量水分,巨大的雷电电流通过时,树干的电阻较大,雷电电流会在极短时间转换成大量热能,树木的温度急剧上升,烧毁树木;或极短时间转换成的大量热能使其缝隙中的水分瞬间汽化剧烈膨胀,急剧蒸发为大量气体,形成强大的内压,造成树木被击倒或炸成碎片,如图 2.3 所示。接闪杆是金属结构,导电性能好,可将强大的雷电流传导入大地泄散,不会在金属接闪杆中聚集,使接闪杆发生爆炸,但大电

图 2.3　雷击倒大树示意图

流在垂直导体上也会产生机械应力,所以防雷标准规定了接闪杆的几何尺寸。

⚡ **86. 什么是接闪杆的保护范围？目前国内外用什么方法计算接闪杆的保护范围？**

接闪杆和接闪线等接闪器对其周围物体的保护范围,常以它们可能防护直接雷击的空间区域来表示,在此空间区域内被保护物体遭受直接雷击的概率非常小。确定接闪器的保护范围,对于经济可靠地进行建筑物的防雷设计至关重要。

我国 GBJ 57—83 标准,使用了 30°、45°、60°的圆锥体,按此方法,接闪杆越高,则其覆盖的保护范围就越大。事实上却并不是这样,许多高耸的铁塔或建筑物上的接闪杆不但无法按圆锥体实现保护,往往自身的中部和下部会遭遇雷击。在巴黎的埃菲尔铁塔的中部还架设了向外水平伸出的接闪杆,以防备侧面袭来或绕过铁塔顶部接闪杆的"绕击雷"。

从 20 世纪 80 年代起,经过讨论和研究,世界上大多数国家均已采用滚球法计算接闪杆的保护范围。但个别国家仍还在沿用 45°、60°保护角方法。

⚡ **87. 什么是滚球法？**

滚球法是用一个半径为 h_r 的球体,沿着需要防直击雷的接闪器和物体滚动,球体触及到接闪器(包括被利用作为接闪器的金属物)、物体和地面(包括与大地接触并能承受雷击的金属物)的位置是不能保护的空间,不触及的位置是能得到接闪器保护的空间。

⚡88. 什么叫雷击距？它与滚球法的关系是什么？

在雷雨云对地放电时,下行先导自雷雨云向地面发展,在先导头部到达距被击物体的临界定向距离之前,它的下行发展是不受地面物体影响。当下行先导最先到达地面上某一物体的临界定向范围时,它才定向地向这个物体发展,并使之遭受雷击,这种临界定向距离称为雷击距,如图 2.4 中的 d_s,有时也称为定向距离。

根据 R. H. Golde《雷电》给出的经验公式：

$$d_s = bI_m^c$$

式中：d_s 为雷击距（m）；I_m 为雷电流幅值（kA）；b、c 为常数,由实测数据拟合确定。

当 $b=10,c=0.65$ 时,上述公式就是滚球法基于的雷闪数学模型（电气—几何模型）。滚球半径 h_r 应等于雷击距 d_s,它的基本思想就是：放电下行先导的发展起初是不确定的,直到先导头部电压足以击穿它与地面目标间的间隔时,也即先导与地面目标的距离等于雷击距时,才受到地面影响而开始定向,那么距离大于雷击距的目标物是不会被雷击到的。

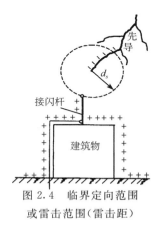

图 2.4　临界定向范围或雷击范围（雷击距）

⚡89. 单支接闪杆的保护范围如何计算？

计算单支接闪杆的保护范围可用作图法也可用几何方法计算。

当单支接闪杆的高度不大于滚球半径 h_r 时用作图法确定接闪杆保护范围的方法如图 2.5 所示,其具体步骤如下：

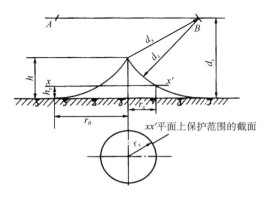

xx'平面上保护范围的截面

图 2.5　用作图法确定单支接闪杆的保护范围

① 距地面 hr 处作一平行于地面的平行线；

② 以接闪杆的杆尖为圆心，d_s 为半径画圆弧，该圆弧线交于平行线的 A、B 两点；

③ 分别以 A、B 为圆心，d_s 为半径画圆弧，这两条圆弧线上与接闪杆尖点相交，下与地面相切。再将圆弧与地面所围面以接闪杆为轴旋转 $180°$，所得圆弧曲面圆锥体即为接闪杆的保护范围。

在地面上的保护半 r_0，在 d_s 高度的保护半径是 r_x。

用几何方法计算方法如图 2.6，其具体步骤如下：

作辅助图 2.4，

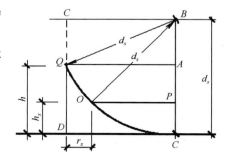

$$r_0 = QA$$
$$= \sqrt{d_s^2 - (d_s - h)^2}$$
$$= \sqrt{h(2d_s - h)}$$

同理可求得

图 2.6　用几何方法计算单支接闪杆的保护范围

$$h_x = \sqrt{h(2d_s - h)} - \sqrt{h_x(2d_s - h_x)}$$

当单支接闪杆的高度大于滚球半径 d_s 时，在接闪杆上取高度等于滚球半径 d_s 的一点代替单支接闪杆杆尖作为圆心。其余的做法同单支接闪杆的高度不大于滚球半径 d_s 时的情况。

⚡ 90. 论证设计的接闪杆能否提供对库房的完全直击雷保护。

有一栋平顶库房长 12 m、宽 5 m、高 5 m，属二类防雷建筑，设想安装一支 10 m 高的接闪杆提供直接雷击保护，接闪杆设在距库房中心轴线上，距离库房宽边 3 m，这支接闪杆能否提供对库房完全直击雷保护？

答：如图 2.7 所示为库房在 5 m 高度上的平面示意图，在直角三角形 ABC 中，

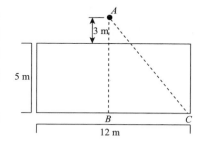

$$AC = (AB^2 + BC^2)^{1/2}$$
$$= (8^2 + 6^2)^{1/2}$$
$$= 10(m)$$

图 2.7　在 5 m 高度上的平面示意图

库房为二类防雷建筑，根据 GB 50057—2010《建筑物防雷设计规范》，滚球半径 $d_s = 45$ m，接闪杆在 5 m 高度上的保护半径为

$$r_5 = \sqrt{h(2d_s - h)} - \sqrt{h_5(2d_s - h_5)}$$

$$= \sqrt{10(2 \times 45 - 10)} - \sqrt{5(2 \times 45 - 5)}$$
$$= 800^{1/2} - 425^{1/2}$$
$$= 28.3 - 20.6$$
$$= 7.7(\text{m}) < AC = 10 \text{ m}$$

接闪杆不能对库房提供完全直击雷保护。

⚡ 91. 求解为使卫星天线在其保护范围之内需要架设接闪杆的高度。

某证券公司办公大楼天面上有接闪带和网络保护,但有四个卫星收发天线,不在保护范围内,需加独立接闪杆保护,接闪杆位置距最远的接收天线为 10 m,卫星天线高 4 m,问需要架设多高的接闪杆,才能够使卫星天线在其保护范围之内?

解:因为证券公司属于第三类建筑物,因此 $d_s = 60$ m,又 $h_x = 4$ m,$r = 10$ m

由公式 $r_x = \sqrt{h(2d_s - h)} - \sqrt{h_x(2d_s - h_x)}$

$$10 = \sqrt{h(2 \times 60 - h)} - \sqrt{4(2 \times 60 - 4)}$$

即 $\quad h^2 - 120h + 994.77 = 0$

$$h = 120 - 102$$
$$= 9 \text{ (m)}$$

所以应架设大于 9m 高的接闪杆才能够使卫星天线在其保护范围之内。

⚡ 92. 计算并作图确定接闪杆的位置。

计算并作图确定一支高度为 16 m 的独立接闪杆,应该架设在距离一座高度为 4.1 m,长度为 7 m,宽度为 3 m 的第一类防雷建筑物的什么位置,才能保护这座第一类防雷建筑物?

解:$L = 7$ m,$W = 3$ m,$h_x = 4.1$ m,$h = 16$ m,$d_s = 30$ m

$$r_x = \sqrt{h(2d_s - h)} - \sqrt{h_x(2d_s - h_x)}$$
$$= \sqrt{16(2 \times 30 - 16)} - \sqrt{4.1(2 \times 30 - 4.1)}$$
$$= 26.53 - 15.14 = 11.4 (\text{m})$$

$AB = 11.4$ m

$AB^2 = AC^2 + BC^2$

$AC^2 = AB^2 - BC^2$

$\quad\quad = 11.4^2 - 3.5^{2\nabla}$

$\quad\quad = 129.96 - 12.25$

$\quad\quad = 117.71$

$AC = 10.85$

$AD = AC - DC = 10.85 - 3 = 7.85 (\text{m})$

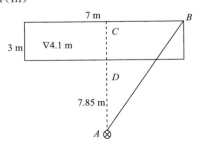

图 2.8 接闪杆安装位置示意图

应架设在建筑物中轴线上距建筑物 3～7.85 m 以内的地方(图 2.8),才能保护这座第一类防雷建筑物。

⚡ 93. 论证设置的环形接闪带能否保护卫星天线。

有一高 7 m 的二层建筑物,楼顶有环形接闪带,在一侧地面有一个圆形卫星天线,天线距地面高 4 m,直径 3 m,中心距大楼 5 m。环形接闪带能否保护天线,如不能,提出最经济的保护方案。

解:依题意作示意图(如图 2.9),接闪带相当于接闪线,任意一点相当于一支杆的作用,且不考虑圆形卫星天线面的凹凸,接闪带高 $h=7$ m,$h_x=4$ m,$h_r=45$ m,保护高度 $r_x \geqslant 5+1.5 = 6.5$ m,才能保护卫星天线。

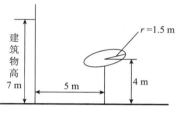

图 2.9　接闪杆设计示意图

$$r_x = \sqrt{h(2h_r-h)} - \sqrt{h_x(2h_r-h_x)}$$
$$= \sqrt{7(90-7)} - \sqrt{4(90-4)}$$
$$= \sqrt{581} - \sqrt{344}$$
$$= 24.10 - 18.55$$
$$= 5.55(\text{m})$$

故在 7 m 高的楼顶设置的环形接闪带不能保护卫星天线。需要在楼顶靠近卫星天线一侧补装一支接闪杆保护卫星天线。假设该建筑物是第二类防雷建筑物,$d_s=45$ m。

$$r_x = \sqrt{h(90-h)} - 18.5$$
$$h^2 - 90h + 625 = 0$$
$$h = \frac{90 \pm \sqrt{90^2 - 4 \times 625}}{2} = \frac{90 \pm \sqrt{5600}}{2} = \frac{90 \pm 74.8}{2}$$

取负号 $h = \dfrac{90-74.8}{2} = 7.6(\text{m})$

说明 $h \geqslant 7.6$ m 才能保护卫星天线,现建筑物高 7 m,所以建筑物上安装高度 $\geqslant 0.6$ m 的接闪杆才能保护卫星天线,一般安装高 1 m 的接闪杆。

⚡ 94. 双支等高接闪杆的保护范围如何计算?

双支等高接闪杆的保护范围,在接闪杆高度 h 小于或等于 d_s 的情况下,当两支接闪杆的距离 D 大于或等于 $2\sqrt{h(2d_s-h)}$ 时,应各按单支接闪杆的方法确定;当 D 小于 $2\sqrt{h(2d_s-h)}$ 时,应按下列方法确定:

（1）$AEBC$ 外侧的保护范围，按照单支接闪杆的方法确定，见图 2.10。

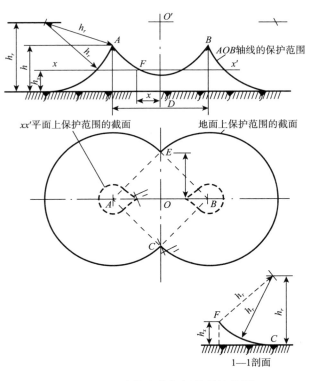

图 2.10　双支等高接闪杆的保护范围

L—地面上保护范围的截面；M—xx' 平面上保护范围的截面；N—AOB 轴线的保护范围

（2）C、E 点位于两杆间的垂直平分线上。在地面每侧的最小保护宽度 b_0 按下式计算：

$$b_0 = CO = EO = \sqrt{h(2d_s - h) - (\frac{D}{2})^2}$$

（3）在 AOB 轴线上，距中心线任一距离 x 处，其在保护范围上边线上的保护高度 h_x 按下式确定：

$$h_x = d_s - \sqrt{(d_s - h)^2 + (\frac{D}{2})^2 - x^2}$$

该保护范围上边线是以中心线距地面的 h_r 一点 O' 为圆心，以 $\sqrt{(d_s - h)^2 + (\frac{D}{2})^2}$ 为半径所作的圆弧 AB。

（4）两杆间 $AEBC$ 内的保护范围，ACO 部分的保护范围按以下方法确定：在任一保护高度 h_x 和 C 点所处的垂直平面上，以 h_x 作为假想接闪杆，按单支接闪杆的方法逐点确定。确定 BCO、AEO、BEO 部分的保护范围的方法与 ACO 部分的相同。

(5)确定 xx' 平面上保护范围截面的方法。以单支接闪杆的保护半径 r_x 为半径,以 A、B 为圆心作弧线与四边形 $AEBC$ 相交;以单支接闪杆的 (r_0-r_x) 为半径,以 E、C 为圆心作弧线与上述弧线相接。见图 2.10 中的粗虚线。

⚡ 95. 判断雷击时双支接闪杆能否保护库房。

如图 2.11 所示,有一座坡屋顶的旧建筑物,长 40 m,宽 8 m,脊高5.5 m,檐高 3.5 m,计划改桶装贮漆库房或非桶装贮漆库房,采用双支接闪杆保护,接闪杆装在屋脊上,两杆之间的间距 $D=30$ m,杆高 5 m。测量接地电阻符合防雷标准。在以上两种情况下,雷击时双支接闪杆能否保护库房?

解 1:用作桶装贮漆库房时,为 2 区爆炸危险环境,确定该建筑为第二类防雷建筑物,按双支等高接闪杆的保护范围计算,两接闪杆之间的间距为 $D=30$ m,接闪杆高度为 10.5 m。

$$r_0=\sqrt{h(2h_r-h)}=\sqrt{10.5\times(2\times45-10.5)}=28.89(m)$$

在两接闪杆间的垂直平分线上,其上边线的保护高度:

$$h_x=h_r-\sqrt{(h_r-h)^2+\left(\frac{D}{2}\right)^2-x^2}=45-\sqrt{(45-10.5)^2+\left(\frac{30}{2}\right)^2-0^2}$$
$$=7.38(m)>5.5(m)$$

满足要求。

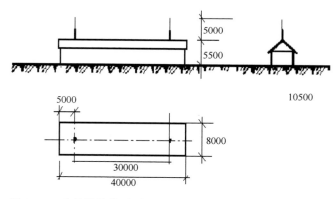

图 2.11　建筑结构俯瞰、剖面及接闪杆安装位置图(单位:mm)

在山墙的屋脊部位 $h_x=5.5$ m 时,

$$r_x=\sqrt{10.5\times(2\times45-10.5)}-\sqrt{5.5\times(2\times45-5.5)}=7.33(m)>5.0(m)$$

满足要求。

在接闪杆的垂直平分线位置,屋檐的 $h_x=3.5$ m,虚拟接闪杆的高度为7.38 m时,

$$r_x=\sqrt{7.38\times(2\times45-7.38)}-\sqrt{3.5\times(2\times45-3.5)}=7.29(m)>4.0(m)$$

满足要求。

结论一:经审核,用作桶装贮漆库房时,安装双支等高接闪杆可满足防雷要求。

解 2:用作非桶装贮漆库房时,为 2 区爆炸危险环境,确定该建筑为第一类防雷建筑物。按双支等高接闪杆的保护范围计算,两接闪杆之间的间距为 $D=30$ m,杆高度为 10.5 m。

在两避雷针间的垂直平分线上,其上边线的保护高度计算

$$h_x = h_r - \sqrt{(h_r-h)^2 + \left(\frac{D}{2}\right)^2 - x^2} = 30 - \sqrt{(30-10.5)^2 + \left(\frac{30}{2}\right)^2 - 0^2}$$
$$= 5.398(\text{m}) < 5.5(\text{m})$$

不满足要求。

在山墙的屋脊部位 $h_x = 5.5$ m 时,

$$r_x = \sqrt{10.5 \times (2 \times 30 - 10.5)} - \sqrt{5.5 \times (2 \times 30 - 5.5)} = 5.49(\text{m}) > 5.0(\text{m})$$

满足要求。

在接闪杆的垂直平分线位置,屋檐的 $h_x = 3.5$ m,虚拟接闪杆的高度为 5.398 m 时,

$$r_x = \sqrt{5.398 \times (2 \times 30 - 5.398)} - \sqrt{3.5 \times (2 \times 30 - 3.5)} = 3.11(\text{m}) < 4.0(\text{m})$$

不满足要求。

结论二:经审核,用作非桶装贮漆库房时,安装双支等高接闪杆不满足防雷要求。需要重新设计。对于具有爆炸危险环境的建筑物应安装独立接闪杆保护,该题考虑用作非桶装贮漆库房时,应另设独立接闪杆保护。

⚡ 96. 判断接闪杆能否保护房屋,并画出平面保护图。

有一长 60 m,宽 10 m,脊高 5.9 m,檐高 3.4 m 的混合结构房屋安装了如图 2.12 所示位置高 12.3 m 的双支接闪杆,该接闪杆能否保护这一房屋? 并画出平面保护图。

解:根据规范可认定该建筑物为第三类防雷建筑物,$h_r = 60$ m,接闪杆距建筑物山墙端部 5 m,房屋的脊、檐是最突出的部位,只要接闪杆能够保护脊、檐,就对整个房屋起保护作用。

计算地面保护半径:

$$\sqrt{h(2h_r-h)} = \sqrt{12.3 \times (2 \times 60 - 12.3)} = 36.39(\text{m})$$

两杆之间的距离:

$$D = \sqrt{18^2 + 50^2} = 53.14(\text{m}) < 2 \times 36.39(\text{m})$$

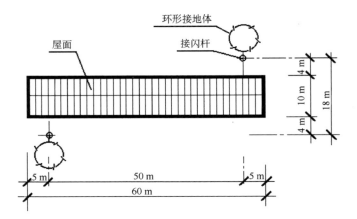

图 2.12　建筑物平面及接闪杆安装位置图

$h_1 = 3.4$ m 时的保护半径：

$$r_1 = 36.39 - \sqrt{3.4 \times (2 \times 60 - 3.4)} = 36.39 - 19.91 = 16.48 \text{(m)}$$

作图画出 $r_1 = 16.48$ m 保护范围；

在 $h_2 = 5.9$ m 高度的保护半径：

$$r_2 = 36.39 - \sqrt{5.9 \times (2 \times 60 - 5.9)} = 36.39 - 25.95 = 10.44 \text{(m)}$$

作图画出两杆在该高度 $r_2 = 10.44$ m 的保护范围，如图 2.13 所示。

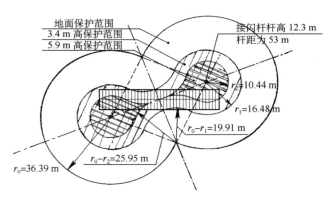

图 2.13　平面保护图

结论：(1)5.9 m 高度上的中段屋脊 27.57>10.44 m，不在保护范围内；

　　　　(2)3.4 m 高度上的中段屋檐 28.65>16.48 m，不在保护范围内；

　　　　(3)修改方案是：①加高接闪杆；②改用接闪线。

二、等电位连接技术

⚡ 97. 什么是等电位？

等电位即等电势。在一个带电线路中如果选定两个测试点,测得它们之间没有电压即没有电势差,则认为这两个测试点是等电势的,它们之间是没有阻值的。

⚡ 98. 什么是等电位连接？

将具有相同对地电位的各个可导电部分做电气连接,就叫等电位连接(EB)。等电位连接(也叫联结)的定义强调有可能带电伤人或物的导电体被连接并和大地电位相等的连接。《建筑物电子信息系统防雷技术规范》GB 50343—2012 对等电位连接的定义是"设备和装置外露可导电的电位基本相等的电气连接。"美国国家电气法规对等电位连接的定义是"将各金属体做永久的连接以形成导电通路,它应保证电气的连续导通性并将预期可能加于其上的电流安全导走。"

等电位连接有总等电位连接(MEB)、局部等电位连接(LEB)和辅助等电位连接(SEB)。

⚡ 99. 什么是防雷等电位连接？

当雷电击于建筑物的防雷装置时,雷电流在防雷接地装置上会产生暂态电位抬高,防雷装置中各部位暂态电位的升高可能会形成相对其周围金属物危险的电位差,发生反击,损坏设备。在许多情况下,为了节省室内空间,电子系统中各个设备的布置往往是相当紧凑的,设备之间难以隔开足够的距离。当一个设备遭到雷电反击时,又有可能向它附近的设备继续反击,使得设备的损坏连锁式反应。为了避免这种有危害的电位差的产生,需要采取等电位连接措施来均衡电压。将各防雷区的金属和系统以及在一个防雷区内部的金属物和系统,在界面处做等电位连接,建立一个三维的连接网络,即为防雷等电位连接。《建筑物防雷设计规范》(GB 50057—2010)对防雷等电位连接的定义是"将分开的诸金属物体直接用连接导体或电涌保护器连接到防雷装置上以减小雷电流引发的电位差。"(见图 2.14)。

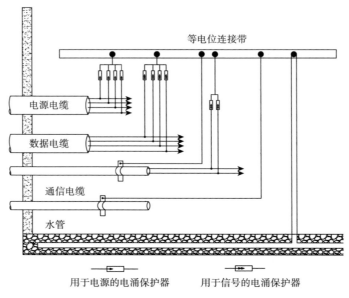

图 2.14　等电位连接图

⚡ 100. 等电位连接在雷电防护中有什么作用？

等电位连接是用金属导体或电涌保护器将分开的装置和诸导电物体连接起来，减小雷电流在它们之间产生的电位差，避免各防雷区的金属和系统以及在一个防雷区内部的金属物和系统之间发生雷电反击。等电位连接是防雷保护的基本安全技术。采用等电位连接，不但使建筑物和其内部设备的防雷能力大大提高，而且由于采用了等电位连接对建筑物接地电阻的要求可以放宽，使建设投资可以减少，降低施工难度，尤其是对在干旱、沙漠和山地土壤电阻率高的地区建设更为重要，已为国际上许多国家所采用。当然，作为基本防雷措施之一，等电位连接还需要与屏蔽、接地等保护措施配合使用，才能收到良好的雷电防护效果。

⚡ 101. 等电位连接有哪些方法？

所有进入建筑物的外来导电物均应在 LPZ0$_B$ 与 LPZ1，LPZ1 与 LPZ2，LPZ2 与 LPZ3 区的界面处做等电位连接。

当外来导电物体——电力线、信号线在不同地点进入建筑物时，需要设若干等电位连接带，应就近将它们连接到环形接地体、内部环形导体或类似的钢筋上，并接通接地体（含基础接地体）。

环形接地体和内部环形接地体应连接到钢筋或金属立面等其他屏蔽体上，宜每隔 5 m 连接一次；新建建筑应在一些合适的地方预埋等电位连接预留件。

一信息系统的各金属组件(如各种箱体、壳件、机架)与建筑物的公用接地系统的等电位连接应采用以下三种基本形式的等电位连接网络之一,即 M 型、S 型结构和 M、S 型组合的等电位连接网络。

下面通过一个具体的例子说明在雷电防护中采用等电位连接的必要性。如图 2.15 所示,当雷击于防雷装置时,有部分雷电流经引下线流入大地,在此过程中,由于 AB 段引下线电感和接地电阻的存在,使得 A 点的暂态电位升高,此时附近接地的电子设备金属外壳尚处于近似零电位,当 A、C 之间的暂态电位差超过此处空气间隙的绝缘耐受强度时,引下线与设备之间就会出现放电击穿(图 2.15a),即设备受到雷电反击。如果预先在引下线与设备的金属外壳之间用导体连接起来(图 2.15b),则在雷击时引下线的 B 点将与设备的金属外壳之间保持等电位,这样在两者之间就不会出现放电击穿,起到保护设备的作用。可见,采用等电位连接是降低各设备间电位差的有效措施之一。

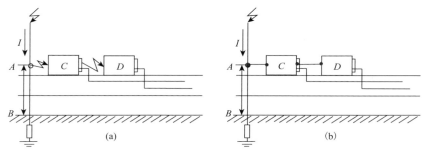

(a)   (b)

图 2.15 等电位连接举例

⚡ 102. 什么是 S 型结构的等电位连接网络?

S 型等电位连接网络,又称单点等电位连接或星状连接。S 型等电位连接是将系统中的所有金属组件通过唯一的一个接地基准点 ERP(ERP 是一系统的等电位连接网络与共用接地系统之间唯一的连接点)组合到共用接地系统中去。

当采用 S 型等电位连接网络时,该信息系统的所有金属组件,除等电位连接点外,应与共用接地系统(共用接地系统是一建筑物接至接地装置的所有互相连接的金属装置,包括外部防雷装置,并且是一个低电感的网形接地系统)的各组件有大于 10 kV、1.2/50 μs 的绝缘,见图 2.16 左半部。

⚡ 103. 什么是 M 型结构的等电位连接网络?

M 型等电位连接网络,又称多点等电位连接或网状连接。M 型等电位连接网络应将系统中的所有金属组件通过多点组合到共用接地系统中去。该信息系统的各金属组件不应与共用接地系统各组件绝缘,见图 2.16 右半部。

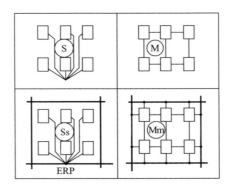

图 2.16　等电位连接方法
—— 建筑物的共用接地系统
—— 等电位连接网
☐　设备
·　等电位连接网络与共用接地系统的连接
ERP　接地基准点

104. S 型结构的等电位连接网络适合在哪些系统中使用？

S 型等电位连接网络通常用于相对较小、限定于局部的系统,所有设施管线和电缆宜从一点进入该信息系统。如一个楼层上的系统,甚至一个楼层的某一个部分系统。

105. M 型结构的等电位连接网络适合在哪些系统中使用？

M 型结构的等电位连接网络通常用于延伸较大和开环的系统,而且在设备之间敷设许多线路和电缆,服务性设施和电缆从几个点进入该信息系统。M 型网络用于各种高频也能得到一个低阻抗网络。这种网络所具有的多重短路环路对磁场将起到衰减环路的作用,从而在信息系统的邻近区使初始磁场减弱。

106. 什么是组合型结构的等电位连接网络？

组合型结构的等电位连接网络如图 2.17 所示,它是指在复杂系统中把 S 型等电位连接网络与 M 型等电位连接网络或 S 型与 M 型组合起来使用的方法。

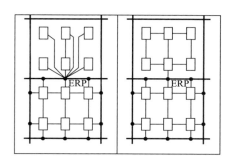

图 2.17　组合型结构的等电位连接

——　建筑物的共用接地系统
——　等电位连接网
□　设备
•　等电位连接网络与共用接地系统的连接
ERP　接地基准点

107. 什么是总等电位连接(MEB)?

在《低压配电设计规范》(GB 50054—2011)的规范中,规定总等电位连接是把总保护导体、电气装置总接地导体、总接地端子排、建筑物内的水管、燃气管、采暖和空调管道等各种金属干管和可接用的建筑物金属结构部分,在进入建筑物处接向总等电位连接端子。总等电位连接(MEB)是降低建筑物内间接接触电击的接触电压和不同金属部件间的电位差,并消除自建筑物外经电气线路和各种金属管道引入的危险故障电压的危害。

108. 什么是等电位连接带?

将金属装置、外来导电物、电力线路、电信线路及其他线路连于其上以能与防雷装置做等电位连接的金属带。

109. 什么是等电位连接导体?

将分开的诸导电性物体连接到防雷装置的导体。

110. 什么是等电位连接网络?

将建筑物和建筑物内系统(带电导体除外)的所有导电性物体互相连接组成的一个网。

⚡ 111. 什么是局部等电位连接(LEB)？

局部等电位连接是指在局部范围内,把多个辅助等电位连接通过局部等电位连接端子相互连通。在防雷等电位连接中,局部等电位连接指在 LPZ1 和 LPZ2 区交界处的连接。

⚡ 112. 什么是辅助总等电位连接(SEB)？

辅助等电位连接将两导电部分用导线直接做等电位连接,使故障接触电压降至接触电压限值以下称之为辅助等电位连接。

⚡ 113. 什么是暂态等电位连接？

在一些特殊场合,各金属体之间不允许做永久性的常规等电位连接,只有在它们之间出现短暂的高电位差时才能进行暂时的等电位连接,而在暂态高电位差消失后,彼此之间又需恢复不连接的开断隔离状态,这就是暂态等电位连接。暂态等电位连接可以设置在信号线或电源线进入建筑物的入口处,如图 2.18 所示。

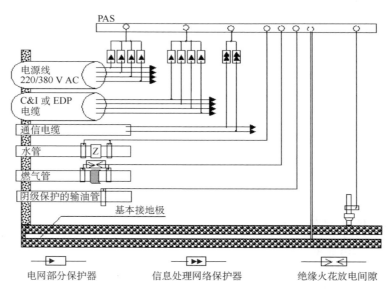

图 2.18　建筑物入口处信号线与电源线的暂态等电位连接

⚡ 114. 建筑物内的强电系统与弱电系统如何进行等电位连接？

将建筑物内的强电系统与弱电系统共用一个接地网是易于实现的,但在正常运行时,强电设备产生的干扰(如大功率可控硅通断产生的谐波干扰)可能会通过共同的接地网传播到弱电设备中去。为此,有些微电子系统(如计算机系统)出于抗干扰的考虑,常要求与强电系统接地网分开,另做单独微电子系统的接地,特别是微电子电路的逻辑接地要求距离强电系统接地网 20 m 以外的地方。这种分开接地方式固然可以隔断从共同接地网路径传播的干扰,但对防雷保护来说是不利的,因为在雷击时,这两个分离的接地体之间将出现暂态高电位差,危害微电子设备的安全可靠运行。为了防止这一危害,可以在微电子系统接地线的入口处用一个放电间隙与强电系统的接地网连接起来,实现暂态接地,如图 2.19 所示。在正常运行时,放电间隙断开,两个接地体分开,有利于阻断强电系统干扰通过接地系统传播到弱电系统。在发生雷击时,放电间隙击穿导通,将两个接地体连接起来,使各自的电位大致升高到相等的水平,不会出现高的暂态电位差,从而可避免微电子设备受到高电位差的危害。

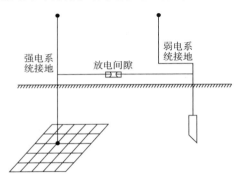

图 2.19 强电系统与弱电系统的等电位连接

⚡115. 如何进行防雷区的等电位连接?

将需要防雷保护的空间划分为不同的防雷区(LPZ0$_A$、LPZ0$_B$、LPZ1、LPZ2…LPZ$_n$),以规定各部分空间不同的雷击脉冲磁场强度的严重程度和指明各区交界处的等电位连接点的位置。各区以在其交界处的雷击电磁环境有明显改变作为不同防雷区的特征。如墙壁、地板或天花板可作为不同防雷区的界面。但一个防雷区的区界面不一定要有实物界面,如 LPZ0$_A$ 和 LPZ0$_B$ 区。通常,防雷区的维数越高,其电磁场强度越小。

所有进入建筑物的外来导电物均应在 LPZ0$_A$ 或 LPZ0$_B$ 与 LPZ1 区的界面处做等电位连接。当外来导电物、电气和电子系统的线路在不同地点进入建筑物时,宜设若干等电位连接带,并应将其就近连到环形接地体、内部环形导体或在电气上贯通并连通到接地体或基础接地体的钢筋上。环形接地体和内部环形导体应连接到钢筋或金属立面等其他屏蔽构件上,宜每隔 5 m 连接一次。

穿过各后续防雷区界面的所有导电物、电气和电子系统的线路均应在界面处做等电位连接。宜采用一局部等电位连接带做等电位连接,各种屏蔽结构或设备外壳等其他局部金属物也连到该连接带上。

⚡116. 在煤气管道进入建筑物的入口处怎样进行等电位连接?

在煤气管道进入建筑物的入口处,需要接一段绝缘管,将户内和户外的两部分管道绝缘开。但是,在雷击时,这段绝缘管两端可能会出现高的暂态电位差,从而可能会在管内产生火花,并导致爆炸。出于防止这种危险的需要,应在这段绝缘管的两端跨接一个放电间隙,如图 2.20 所示,在平时放电间隙断开,绝缘管起电气隔离户内、外管道的作用,在遇到雷电暂态电位差时,放电间隙首先击穿短路,绝缘管两端实现暂态等电位,这就可以避免因暂态高电位差引起的爆炸事故。

图 2.20 煤气管上绝缘片两端的等电位连接

三、屏蔽保护技术

⚡117. 什么是屏蔽?

微电子设备对电磁干扰很敏感,对雷电暂态电涌过电压的耐受能力很差。在发生雷击时,由雷电流产生的雷电暂态过电压沿各种线路、金属管道直接进入建筑物内电子信息系统,雷电流产生的脉冲电磁场还会从空中直接辐射进入建筑物内电子信息系统,为了保护电子信息系统免受雷电暂态过电压和雷电脉冲电场的侵害,需要用金属板或金属网络把电子信息系统包围起来,拦截和衰减施加电子信息系统上的雷电脉冲,保护电子信息系统不被雷电损坏,这就是人们常说的屏蔽。不言而喻,在现代防雷工程中,切实落实好屏蔽是十分必要的。

⚡118. 常见的屏蔽有哪些?

常见的屏蔽可分为电屏蔽、磁屏蔽和电磁屏蔽三种。

⚡119. 什么是电屏蔽?

电屏蔽实际上是由良导体制成的屏蔽体拦截或衰减施加在电子信息系统上的暂态过电压和雷电脉冲电场,减弱干扰场源与被干扰物体之间电场感应效果,阻止外界电场的电力线进入屏蔽体内部,如图 2.21 所示。相对于电子信息系统中的电子设备和线路来说,由雷电产生的电场就是一种强度很高的外界电场。在雷雨云对地放电过程中,雷电下行先导通道实际上是一个很强的干扰场源,如图 2.22 所示,先导通道中的电荷(多为负电荷)所产生的电场对地面的金属体具有电场感应作用,被干扰的物体常有架空线路,通信线路及较大的金属构件等。对于图 2.21a 来说,虽然外界电场电力线不进入屏蔽体内,但外界电场的引入改变了屏蔽体内部原先所带的电位,这会影响到屏蔽体内部电子电路的正常工作。为了使得在引入外界电场前后维持屏蔽体电位不变,需要把屏蔽体接地,让屏蔽体始终保持地电位,如图 2.21b 所示,从而发挥有效的屏蔽作用。

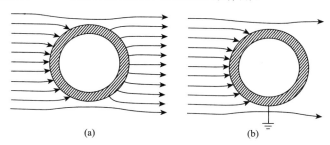

图 2.21　电屏蔽体原理示意图

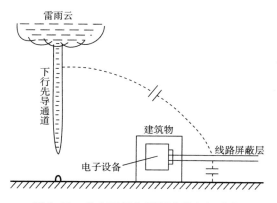

图 2.22　雷电下行先导通道的电场感应

⚡ 120. 什么是磁屏蔽?

　　磁屏蔽可分为低频磁场屏蔽和高频磁场屏蔽两种类型,低频磁场屏蔽体往往是一件比较困难的事情,这是因为低频磁场的屏蔽主要是依靠高磁导率材料所具有的低磁阻对干扰磁场的分路作用,而低频下的涡流屏蔽作用是很小的。图 2.23 所示为一个由高磁导率材料(硅钢片或玻璃合金等)制成的屏蔽体,该屏蔽体放在均匀低频干扰磁场中,由于屏蔽体铁磁材料的磁导率很高,屏蔽体壁的磁阻很小,而其周围空气路径的磁阻却很大,因此,大部分低频干扰磁场的磁力线会沿屏蔽体通过,穿入屏蔽体内腔空气路径的磁力线很少,从而使得放置于屏蔽体内腔的物体(如电子设备)得到屏蔽保护,显然,屏蔽体材料的磁导率越高,或屏蔽体壁层越厚,磁分路的作用就越显著,对低频磁场干扰的屏蔽效果就越好。

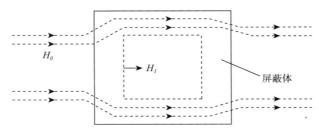

H_0　　　　　　H_1　　　　　　屏蔽体

图 2.23　低频磁场屏蔽

　　高频磁场的屏蔽对于电子信息系统的雷电防护来说具有重要意义,由于雷电流的等值频率较高,它所产生的脉冲磁场会对电子设备和微电子器件造成颇为严重的磁感应危害,导致元件和设备的损坏,因此需要对这种高频的雷电脉冲磁场进行有效的屏蔽。高频磁场的屏蔽是采用低电阻的良导体材料,如铅和铝等,其屏蔽原理是利用磁感应效应,让高频干扰磁场在屏蔽体表面感应出涡流,涡流又产生反磁场来抵消干扰磁场,以达到屏蔽的目的。按电磁感应定律,闭合回路中感应出的电动势正比于穿过该回路磁场的时间变化率,对高频磁场而言,其时间变化率是很高的,感应作用也是很强的。由于磁感应电动势所产生的感应电流又将产生磁场,按楞次定律,该磁场方向与原干扰磁场的方向相反,如图 2.24 所示。当高频干扰磁场 B_0 穿过金属屏蔽体时,在屏蔽体中感应出电动势,并在屏蔽体中产生涡流,涡流环电流产生的磁场 B 与干扰磁场 B_0 方向相反,对 B_0 产生抵消作用。同时,B 在屏蔽体的侧面与 B_0 方向一致,使 B_0 得到增强,这就意味

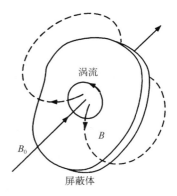

涡流　　　B

B_0　　　屏蔽体

图 2.24　高频干扰磁场屏蔽体中产生涡流效应

着对屏蔽体来说,磁场只能从其侧面绕行而过,难以从其正面通过。如果将良导体做成屏蔽盒,则外界干扰磁场将受到屏蔽盒的涡流磁场排斥和抵消而难以进入盒内,从而实现对盒内电子设备的屏蔽保护。

⚡ 121. 什么是电磁屏蔽?

电磁屏蔽是用屏蔽体来削弱和抑制高频电磁场,即同时对电场和磁场进行阻尼和衰减的一种技术措施。电磁屏蔽体常用导电材料或其他能有效阻挡电磁波的材料制成,且被良好接地,其屏蔽效果与电磁波的性质和所采用材料的特性密切相关。

⚡ 122. 电磁屏蔽的效果如何度量?

电磁屏蔽的效果可用屏蔽效能加以定量描述。屏蔽效能的定义是:无屏蔽体时空间某点的电场强度 E_0(或磁场强度 H_0)与有屏蔽体时该点的电场强度 E_1(或磁场强度 H_1)之比:

$$SE = \frac{E_0}{E_1} = \frac{H_0}{H_1}$$

式中 SE 为屏蔽效能。

在式中屏蔽效能的量值范围很大,采用这种倍数来表示常不甚方便,在计算时也显得比较麻烦,为此在工程上均采用分贝(dB)来计量,以分贝作单位的屏蔽效能为:

$$SE = 20 \lg \frac{E_0}{E_1} = 20 \lg \frac{H_0}{H_1}$$

⚡ 123. 为什么电磁屏蔽能通过屏蔽层对电磁波的反射、折射和吸收来削弱和抑制高频电磁场?

对屏蔽效能的分析,常采用传输线理论,因为电磁波在金属屏蔽体中的传播过程与在传播线上的传播过程相似,分析比较简便。因此,运用传输线理论分析金属板的屏蔽效能,现考虑一厚度为 d 的金属板,当电磁波入射到金属板的第一个表面时,电磁波将发生折、反射,一部分电磁波被金属板反射回去,剩余部分电磁波折射透过金属板的第一个表面进入金属体内,在金属体中衰减传输,经过距离 d 后到达金属板的第二个表面,在第二个表面上将再次发生折、反射,又有部分电磁波被反射回到金属体内,剩余部分电磁波透过金属板的第二个表面进入金属板的另一侧。在金属板的第二个表面被反射回来的那部分电磁波在金属板中反向衰减传输,经过距离 d 后到达金属板的第一个表面,继续发生折、反射,这一过程将反复循环。在这一过程中,电磁波刚达到金属板第一个表面时被其反射回去的能量损耗称为反射损耗,从金属板第一个表面透进金属板内的折射波在其中传输时的衰减损耗称为吸收损耗。电磁波在金属板的两个表面之间产生的多次反射所引起的能量损耗称为多次反射损耗。综合考虑这些损耗后,金属板以倍数表示的电磁屏蔽效能可估算为:

$$SE = A \times R \times M$$

式中,A 为吸收损耗(倍);R 为反射损耗(倍);M 为多次反射损耗的修正项。如果将上式中各量均用分贝(dB)来表示,则可写为:

$$SE = A + R + M$$

通常,吸收损耗正比于金属板的厚度 d,且随频率和电导率与磁导率的增大而增大。反射损耗 R 不仅与金属材料本身的特性(电导率与磁导率)有关,而且还与金属板所处的位置有关。在计算反射损耗时,先应根据电磁波频率及干扰场源与金属板之间的距离来确定所处区域,视近区和远区两种情况分别进行计算。在金属板吸收损耗较大($A > 150$ dB)的情况下,多次反射损耗修正项 M 可以略计,因为吸收损耗较大意味着金属板较厚或频率较高,因此电磁波在金属板内经一次传输到达金属板第二个表面时已衰减得很小,再反射回金属板第一个表面的能量将更小,多次反射后电磁波将衰减得微乎其微,以致可不必考虑。但是,当金属板较薄或频率较低时,吸收能量很小,多次反射使屏蔽效能下降的影响就必须要考虑。这里仅就金属板的电磁屏蔽效能做了一个定性的分析。

⚡124. 在现代防雷工程设计中采用的屏蔽方法有哪些?

在现代防雷工程设计中常用的屏蔽方法有建筑物屏蔽、设备屏蔽和线路屏蔽三种屏蔽方法。

⚡125. 什么是建筑物屏蔽?

现代高层建筑物多采用钢筋混凝土结构,其板、柱、梁和基础内有大量的钢筋,将它们连接起来,如图 2.25 所示,在整体上构成一个法拉第笼式的网状屏蔽体,用作雷电防护,就是接闪网。同时,对采用钢结构的建筑物,将建筑结构中各钢件相互连接起来,也可以形成笼式接闪网,如图 2.26 所示。这种接闪网除了具有其他的防雷用途外,还可以用于屏蔽目的。虽然它们在网格结构上是稀疏的,但可以对建筑物外部入射的雷电脉冲电磁场进行初次抑制,使电磁场在透过它们后受到一定程度的衰减,这将有利于减轻对建筑物内电子信息系统屏蔽措施的压力。

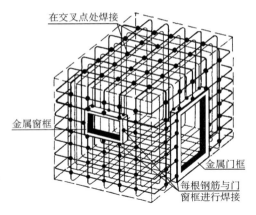

图 2.25　建筑物笼式接闪网

图 2.26　由建筑物钢结构形成的笼式接闪网

⚡ 126. 金属材料构成的接闪网的屏蔽效果与哪些因素有关?

对外部雷电脉冲电磁场所能发挥的有限屏蔽作用与其自身网孔尺寸有很大关系,也与雷电脉冲电磁场的频率分量有关。在雷电脉冲电磁场频率范围10 Hz～1 MHz 内,接闪网网孔尺寸与磁屏蔽效能的关系见表 2-2 和图 2.27,在该图中,接闪网格的网孔被认为是方形的,其边长 W,钢筋直径为 d。很容易看到,接闪网的网孔尺寸越小,磁屏蔽的效能越好;由相同金属材料做成的、屏蔽网孔尺寸大小相同的屏蔽体,其屏蔽效能是随雷电脉冲频率的增加而提高的。

表 2-2　屏蔽材料和网孔尺寸

曲线	钢筋	
	直径 d(mm)	网孔尺寸 W(cm)
1	2	1.2
2	12	10
3	'18	20
4	25	40

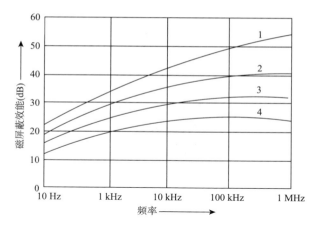

图 2.27　网孔尺寸与磁屏蔽效能的关系

⚡ **127. 为什么要计算格栅状屏蔽体内外的雷击磁场强度？**

　　把现代建筑物的钢筋混凝土中板、柱、梁和基础内的大量钢筋连接起来,构成一个法拉第笼式的格栅状屏蔽体,能够减少施加电子信息系统上的雷击电磁强度。雷击发生时,计算建筑物构成的网状屏蔽体内、外雷击磁场强度,可为建筑物内外的防雷设计提供定量数据,设计科学、合理的防雷措施,因此,计算格栅状屏蔽体内外的雷击磁场强度在建筑物内外的防雷措施的实施中特别重要。

⚡ **128. 格栅状屏蔽体外的雷击磁场强度如何计算？**

　　当建筑物外某一位置落雷时,为了工程估算的简单性,可采用安培环路定律来估算雷击点附近的磁场强度,如图 2.28 所示,按安培环路定律,有:

$$H_0 = \frac{I}{2\pi r}$$

式中:I 为雷电流幅值;r 为计算场点到雷击点距离。　　图 2.28　估算落雷点附近磁场

⚡ **129. 格栅状屏蔽体内的雷击磁场强度如何计算？**

　　当存在建筑物接闪网屏蔽时,如图 2.29 所示,接闪网屏蔽体内部磁场(也即经过网格屏蔽衰减后磁场)可按下式来确定:

$$H_1 = H_0 / 10^{\frac{SF}{20}}$$

式中:H_1 为格栅状屏蔽体内的雷击磁场强度;磁屏蔽效能 SF 按表 2-3 取值。

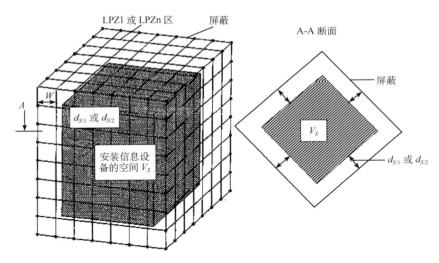

图 2.29　建筑物笼式接闪网内部屏蔽空间域

表 2-3　磁屏蔽效能 *SF* 的取值

材料	SF(dB)	
	25 kHz(注①)	1 MHz(注②)
铜/铝	$20 \cdot \lg(8.5/W)$	$20 \cdot \lg(8.5/W)$
钢(注④)	$20 \cdot \lg\left[(8.5/W)/\sqrt{1+18 \cdot 10^{-6}/r^2}\right]$	$20 \cdot \lg(8.5/W)$

注:①适用于首次雷击的磁场;

　　②适用于后续雷击的磁场;

　　③*W* 为格栅形屏蔽的网格宽(m),表中的适用范围为 $W \leqslant 5$ m;*r* 为格栅形屏蔽网格导体的半径(m);

　　④相对磁导系数 $\mu_r \approx 200$。

　　式中给出的仅对于距离接闪网屏蔽体一个安全距离 $d_{S/1}$(m)的安全空间域 V_{S1} 才有效,该安全空间域如图 2.29 所示,安全距离由下式确定:

当 $SF \geqslant 10$ 时:

$$d_{s/1} = W^{SF/10}$$

当 $SF < 10$ 时:

$$d_{s/1} = W$$

式中:$d_{s/1}$ 为安全距离(m);*W* 为格栅形屏蔽的网格宽(m);SF 为按表 2-3 计算的屏蔽系数(dB)。

　　当雷击于建筑物接闪网时,接闪网屏蔽体内部安全空间域内的磁场强度应按下式来估算:

$$H_1 = \frac{k_H I W}{d_W \sqrt{d_r}}$$

式中:*I* 为雷电流;k_H 为形状系数,取为 $0.01(1/\sqrt{\text{m}})$;d_r 为磁场计算点到屏蔽体顶部的最短距离(m)。

该式给出的 H_1 仅对于接闪网屏蔽体内部距屏蔽体一个安全距离 $d_{S/2}$ (m)的安全空间域 V_S (类似于图 2.29 中的 V_S)内才有效, $d_{S/2} = W$,建筑物内的电子信息系统应尽量安置在安全空间域 V_S 内,因为超出了此安全空间域就会接近屏蔽体,在接闪网屏蔽体受到直接雷击时,屏蔽体附近的磁场强度是很高的,对电子设备的干扰也是很严重的。

⚡ 130. 求 LPZ1 区的安全距离 $d_{S/1}$ 。

有一栋二类框架建筑物,网格宽度 $W = 5$ m,钢筋直径 $\Phi = 20$ mm,求在 100 m 处发生首次云地闪时,LPZ1 区的安全距离 $d_{S/1}$ 。

解: $H_0 = I/(2\pi \cdot S) = 150$ kA$/(2 \times 3.14 \times 100) = 0.239$ kA/m $= 239$ A/m

$H_1 = H_0/10^{SF/20}$

$SF = 20 \cdot \lg[8.5/W/(1+18 \times 10^{-6}/R^2)^{1/2}]$

$= 20 \cdot \lg[8.5/5/(1+18 \times 10^{-6}/10^{-4})^{1/2}]$

$= 20 \cdot \lg(1.7/1.086)$

$= 20 \cdot \lg(1.57)$

$= 20 \times 0.196 = 3.9(\text{dB})$

$H_1 = 239/10^{3.9/20}$

$= 239/1.57$

$= 152$ A/m

$d_{S/1} = W \cdot SF/10 = 5 \times 3.9/10 = 1.95(\text{m})$

在 LPZ1 区的安全距离 $d_{S/1}$ 为 1.95 m。

⚡ 131. 测算电子设备距墙体中引下线的安全距离。

有一栋 15 层高的二类防雷综合楼(长 30 m、宽 9 m),设有 10 根防雷引下线,第一次雷击楼顶时的雷电流为 10 kA,测量第 14 层和第 11 层的雷击磁感应强度为 2.4×10^{-4} T(Wb/m²),置放在第 14 层和第 11 层的电子设备距墙体中的引下线的安全距离是多少?

解: $i_0 = 10$ kA,引下线 $n = 10$,

第 14 层分层系数 $k_{C2} = (1/10) + 0.1 = 0.2$

则 14 层: $i_{14} = i_0 \cdot k_{C2} = 10$ kA $\times 0.2 = 2$ kA

第 11 层分层系数 $k_{C2} = (1/10) = 0.1$

则 11 层: $i_{11} = i_0 \cdot k_{C2} = 10$ kA $\times 0.1 = 1$ kA

根据雷电流在引下线上产生安全距离

$$S_a = \mu_0 \frac{i}{2\pi B}$$

式中：$\mu_0 = 4\pi \times 10^{-7}$（Wb/mA），第 14 层和第 11 层的雷击磁感应强度 $B = 2.4 \times 10^{-4}$ T（Wb/m²）。

$$S_a = 4\pi \times 10^{-7} \times \frac{i}{2\pi \times 2.4 \times 10^{-4}}$$

第 14 层时的 $S_a = 4\pi \times 10^{-7} \times \dfrac{i}{2\pi \times 2.4 \times 10^{-4}} = \dfrac{4}{2.4} = 1.67$（m）

第 11 层时的 $S_a = 4\pi \times 10^{-7} \times \dfrac{i}{2\pi \times 2.4 \times 10^{-4}} = \dfrac{2}{2.4} = 0.83$（m）

置放在第 14 层和第 11 层的电子设备距墙体中的引下线的安全距离分别是 1.67 m 和 0.83 m。

132. 在防雷工程设计和施工中为什么要做好电源线路和信号线路的屏蔽？

根据电磁学原理，处在电磁场环境中的各种形式的通流导体可能会通过静电感应、电磁感应、阻性耦合、容性耦合等形式在电源线或信号线路中感应出电动势，产生过电压、过电流，沿电源线或信号线路传输，影响甚至损害设备；另外，敏感电气设备置放在建筑物内，得到了建筑物初级屏蔽的保护，甚至还为这些敏感电气设备设置了专门的金属屏蔽层，但电源线或信号线总要通过屏蔽体的开孔向室内输送电能或传输信息，如果屏蔽体与防雷系统连接，发生雷击时，屏蔽体与其他防雷系统一起处于高电位，电源线和信号线从远方引入，没有屏蔽，处于低电位或零电位，这样在屏蔽体的开孔处屏蔽层与电源线或信号线之间因绝缘不够而发生反击，使电源线和信号线上也带上高电位，沿线路传输，影响甚至损坏与其端接的电子设备。显然，要防止输电线路和信号线路感应或反击带上过电压，对线路采取屏蔽处理，也是雷电防护的重要步骤。

133. 对建筑物之间线路如何进行屏蔽？

从雷电脉冲电磁场防护的角度来看，位于建筑物之间的户外线路（供电线或通信线）应采用带金属屏蔽的电缆，对于没有屏蔽的线路，应设置金属管道，让线路从管道中穿过，进入建筑物的入口处，金属管壁应与建筑物的钢筋引下线或接地线做电气连接，如图 2.30 所示。当两座建筑物之间距离较长时，需要设置若干段金属管，在每两段金属管接头处应做可靠电气连接，以保证整个管道在电气上的连续性，这样的管道可以向其内部的线路提供有效的屏蔽保护。在电缆沟达到建筑物的端点处，应将电缆沟壁上的钢筋与建筑物的防雷引下线做可靠连接。

图 2.30　金属管道在建筑物入口处的电气连接

⚡ 134. 室内线路如何屏蔽?

　　在建筑物内一些位置,常需要集中布设大量的
线路,这需要构筑布线井,布线井壁内的钢筋应每隔
一定距离做一圈电气连接,如图 2.31 所示,构成网
格,这样也能起到屏蔽作用。

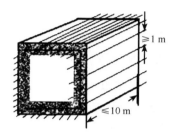

图 2.31　布线井的结构图

　　在建筑物内分支布线和室内布线的路径上可架
设布线槽来对线路进行屏蔽。布线槽的壁由金属材
料制成,它应就近与接地导线或防雷引下线钢筋等
连接,各段布线槽的结合部应做可靠连接,这种连接
宜采用图 2.32b 所示的方式,用与布线槽壁同样形状的板托将两段槽壁连接,在
板托外每隔不大于 100 mm 的位置用螺钉紧固。采用图 2.32a 所示的连接方式
对雷电电磁屏蔽是不利的,这种用导线连接的方式虽容易实现,但在高频的雷电
脉冲电磁场感应下连接导线的寄生电感会在两段槽壁之间产生可观的暂态电位
差。布线槽在到达电子信息系统或电子设备的屏蔽体时,应在入口处与这些屏
蔽体做可靠连接,这种连接可采用槽底面连接、槽两侧面连接和槽底与侧面同时
连接三种方式。

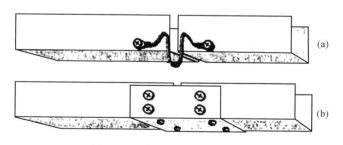

图 2.32　布线槽结合部的连接

⚡ 135. 怎样做好设备屏蔽?

　　原则上,凡含有对脉冲电磁干扰敏感的电子设备,特别是那些含有大规模集

成电路的微电子设备,都应采用连续完整的金属将它们封闭起来,设置金属屏蔽层屏蔽。进出设备的信号线和电源线屏蔽层在其进出口处应与设备的金属外壳保持良好的电气接触,如图 2.33 所示。实际上,电子设备的金属外壳难以做到在电气上完全连续,总存在着一些不连续的地方,如排气孔、散热缝、装配缝隙、插件孔等,这些不连续之处的存在将会降低设备外壳的屏蔽效能。

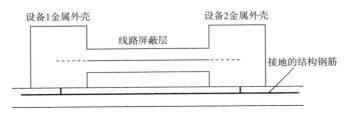

图 2.33　线路屏蔽层与设备金属外壳连接

　　图 2.34 给出了一个开孔的金属箱屏蔽效能受开孔尺寸影响的关系特性,该图中的 s 为开孔尺寸,a 为孔中心至箱内的平行距离,由该图可见,在距离 a 不变的情况下,开孔尺寸越大,箱体的屏蔽效能就越低。为了获得较好的屏蔽效果,应对电子设备外壳上的电气不连续处进行处理,比较可行的做法是在开孔口上设置透光导电层或在孔口内设置致密的屏蔽网,也可以在开窗口上用导电纤维制作屏蔽窗帘。对于机箱壳装配缝隙,可采用导电纤维做垫衬,填实缝隙,并将机箱壳上需要开出的缝隙(供热散等用途)做成两个表面重叠形状,同时应尽量减小缝隙的长度。

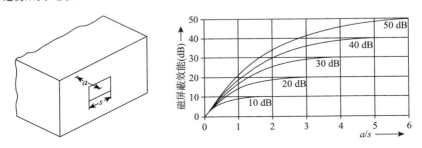

图 2.34　金属箱屏蔽效能与开孔尺寸的关系

四、避雷器技术

⚡ 136. 什么是避雷器?

　　架空电线上直击雷和雷电感应产生的过电压波沿传输线侵入建筑物内会造成设备损坏、破坏房屋和人身伤亡等危害,为了消除这种灾害,需要在过电压波入建筑物之前把它导入地中,为此而设计出来的避雷装置就是避雷器。

它的作用是把已侵入电力线、信号传输线的雷电高电压限制在一定范围之内,保证用电设备不被高电压冲击击穿。避雷器又叫作电压限制器,或称为过电压保护器。常用的避雷器种类繁多,但归纳起来可分为:放电间隙型、阀型、高通滤波型、半导体型。

 ### 137. 避雷器为什么能保护电气设备免遭雷击损坏?

避雷器保护电气设备的原理如图 2.35 所示。在系统正常运行情况下,作用于避雷器两端的电压为系统的相对地工作电压,低于动作电压,避雷器处于开路状态,此时避雷器的存在不会影响到系统的正常运行。如果雷电过电压波沿线路侵入电气设备,则作用在避雷器两端的电压会明显高于动作电压,使避雷器导通,通过很大的冲击电流,向大地泄放雷电过电压的能量,并将雷电过电压降低到被保护设备可以耐受的限度内。因此,避雷器的保护作用是通过其动作电压体现出来的,当避雷器两端电压低于动作电压时,避雷器呈现近似开路,当避雷器两端电压达到和超过动作电压时,它将导通,对过电压实施抑制。避雷器设置在被保护设备附近,安装在相导线与地之间,与被保护设备并联。

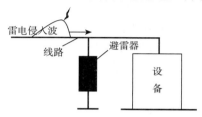

图 2.35　避雷器保护电气设备的原理

 ### 138. 避雷器是何时在什么情况下出现的?

1878 年,电话发明者贝尔在美国波士顿和纽约相距 320 km 的两大城市间成功地实现了长途电话通话,人类第一次听到了远方的话音。从此以后,电话逐步得到普及,架空的电话线路网络也遍布城乡各地。电话线大多架设在空旷和较高的大气中,电话线路容易受到雷电的直接或间接的袭击,闪电电涌可能沿着电话线侵入屋内,造成电话设备损坏,甚至危及人身安全。为了保护电话设备和室内人身安全,电话线路的避雷器问世,如图 2.36 是现在仍使用的电话保安器。1882 年,世界上电力配电在美国纽约开始使用后,配电线路仍面临如同电话线路一样的雷电直接或间接的袭击,于是也就出现了电源线路避雷器。随着信息时代的到来,为了保障信息系统的正常运行,也出现了信号避雷器。

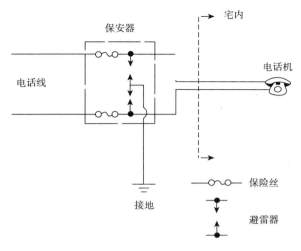

图 2.36　电话保安器

⚡ **139. 对在防雷工程使用的避雷器有哪些基本要求?**

避雷器并联于被保护设备附近,为了使设备能够得到可靠保护,它应满足以下技术要求。

(1)避雷器应具有较为理想的伏秒特性

当受到雷电过电压作用时,与被保护设备并联的避雷器应能率先动作限压,保护设备的安全,这一要求可以通过避雷器与设备之间的伏秒特性配合来满足。在图 2.37a 中,避雷器的伏秒特性曲线 2 不平坦,起伏下倾严重,其上有较大一部分高于被保护设备的伏秒特性曲线 1,这使得在波头较短(波头时间$<t_1$)的雷电过电压作用下设备会被首先击穿,而避雷器不能发挥保护作用。在图 2.37b 中,避雷器的伏秒特性虽然全部位于被保护设备伏秒特性的下方,但由于其特性曲线下倾严重,在 $t>t_2$ 部分低于系统的最高运行电压 3,因此,在系统正常运行时就会发生误动作,影响系统的正常运行。从图 2.37a 和 b 所暴露的问题来看,避雷器伏秒特性的位置既要整体地低于被保护设备的伏秒特性,又要高于系统的最高运行电压,且避雷器的伏秒特性应平坦,因为比较平坦的避雷器伏秒特性能应处于被保护设备伏秒特性与系统最高运行电压之间,实现较为理想的特性配合,如图 2.37c 所示。实际上,由于击穿过程的随机性,击穿电压具有明显的分散性,实测的伏秒特性是一条曲线带,有一个下限边界和一个上限边界,如图 2.37d 所示,要实现较为理想的配合,避雷器伏秒特性带的上限边界应低于被保护设备伏秒特性带的下限边界,而其下限边界应高于系统最高运行电压。

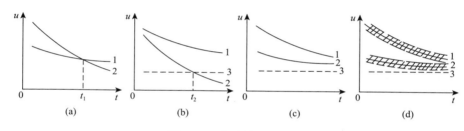

图 2.37　伏秒特性的配合

（2）避雷器应具有较强的绝缘强度自恢复能力

在雷电过电压作用下,避雷器开始动作导通后,就形成了相导线对地的近似短路。由于雷电过电压持续时间很短,当避雷器两端的过电压消失后,系统正常运行电压又继续作用在避雷器两端,在这一正常运行电压作用下,处于导通状态的避雷器中继续流过工频接地电流,该电流称为工频续流。工频续流的存在一方面使相导线对地的短路状态继续维持,系统无法恢复正常运行,另一方面也会使避雷器自身受到损坏。为此,避雷器应具备较强的绝缘强度自恢复能力,应能在雷电过电压消失后工频续流的第一次过零时自行切断工频续流,恢复系统的正常运行。

⚡140. 放电间隙的工作原理是什么?

放电间隙安装在线路中,在正常情况下,带电部分与大地被间隙隔开。当线路落雷时,间隙被击穿后,雷电流就被泄入大地,使线路绝缘子或其他的电气设备的绝缘不至于发生闪络。放电间隙是最简单的防雷保护装置。它构造简单,成本低,容易维护,但保护性能较差。由于放电间隙熄弧能力差,当雷击时往往引起线路掉闸,所以,一般情况下,变电站需要靠自动重合闸来进行扑救。

放电间隙按照结构形式的不同,分为棒形、球形和角形等。其中角形间隙为最常用的间隙,这种放电间隙在放电时,由于电动力和热的作用电弧在角形间隙的上部被迅速拉长,在电弧不很大时,较易于自动熄灭,从而保证下一次正常动作。

为了防止间隙发生误动作,3~35 kV 的保护间隙,可在其接地引下线中串接一个辅助间隙。

图 2.38 是一角形保护间隙,它由主、辅两个间隙构成。在正常运行时,间隙对地绝缘,当承受雷电过电压作用时,间隙击穿,工作线路被接地,从而使得与间隙并联的电气设备得到保护,辅助间隙的设置是为了防止主间隙被外物(如小鸟)短路,以避免整个保护间隙误动作。主间隙做成羊

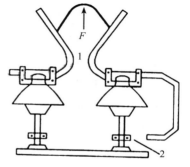

图 2.38　角形保护间隙

角形,主要是为了便于让工频续流电弧在其自身电磁力和热气流作用下被向上拉长而易于熄灭。由此可以看出,保护间隙是由两个电极间的空气间隙构成的避雷器,其结构简单、造价低廉、维护方便,是一种最简单的避雷器。

由于角形保护间隙在动作击穿后会产生高峰值的截波,所以它不能被用于保护电机、变压器和电抗器等带线圈绕组的电气设备。同时,保护间隙的灭弧能力差,难以有效地切断工频续流,会造成所在系统因短路接地而跳闸,引起供电中断,为此就需要将保护间隙配合自动重合闸使用。角形保护间隙主要在 10 kV 以下电网中使用。

⚡141. 保护间隙避雷器有哪些?

除角形保护间隙外,管型避雷器实质上是一种具备一定灭弧能力的保护间隙;常用的普通阀式避雷器也是采用保护间隙,而且常常是由多个按统一规格制作的单间隙串联而成的;气体放电管的极间也是间隙,只不过气体放电管极间的间隙是充有电气性能稳定的气体。当管子两个电极之间的电场强度超过管内气体的击穿场强时,两极之间将击穿导通,导通后的放电管两端电压将维持在间隙击穿电弧的弧道所决定的残压水平,这一残压一般很低,可使得与放电管并联的电子设备得到保护。

⚡142. 什么是管型避雷器? 工作原理是什么?

管型避雷器由两个串联间隙组成,这两个串联间隙分别被安装在产气管的内部和外部,并分别被称为内间隙和外间隙,产气管用纤维、塑料或橡胶等在电弧高温下易于气化的有机材料制成。管型避雷器原理结构见图 2.39。外间隙的作用是在正常运行时将产气管与正常运行电压隔开,而当雷电过电压作用于避雷器两端时,内、外两个间隙均被击穿,使雷电流经间隙入地在雷电过电压消失后,系统正常运行电压将在间隙中继续维持工频续流电弧,电弧的高温使产气管

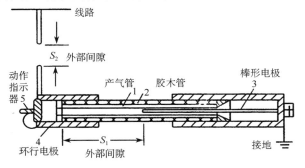

图 2.39　管型避雷器原理结构

内的有机材料分解并产生大量气体,使管内气压升高,气体在高气压作用下由环形电极的孔口急速喷出,从纵向强烈地吹动电弧通道,使工频续流在第一次过零时熄灭。

⚡143. 什么是阀式避雷器?工作原理是什么?

阀式避雷器是电力系统中较为常用的一种防雷装置,它的基本元件为非线性阀片电阻和间隙,如图 2.40 所示。当工作线路上没有雷电过电压作用时,间隙具有足够的绝缘强度,不会被系统正常运行电压击穿,它将阀片电阻与工作线路隔开,阀片电阻上没有电流流过。当工作线路上出现过电压且过电压值超过间隙的放电击穿电压时,间隙将首先击穿,冲击电流经阀片电阻入地。阀片电阻具有非线性,其电阻值在大电流下变得很小,在传导冲击电流入地过程中阀片电阻上的电压,即残压是不大的,这样就可以低于被保护设备的耐受限度,使设备得到可靠保护。在雷电过电压消失以后,由工作线路上正常运行电压所产生的工频续流继续流过避雷器支路,因为此时的工频续流相对于雷电过电压作用时产生的冲击电流来说已变得很小,非线性阀片电阻在工频续流流过时将变大,于是工频续流能够被减小,可以在第一次过零时即被切断,系统将恢复正常运行。在一般情况下,工频续流能被限制到足够小的数值,间隙在半个工频周期内就能灭弧,因此,可在继电保护装置尚来不及动作时就恢复系统的正常运行。

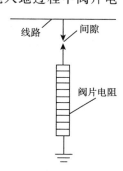

图 2.40　阀式避雷器
原理结构

⚡144. 阀式避雷器有哪些?

阀式避雷器有普通阀式避雷器和磁吹避雷器两种类型。

⚡145. 普通阀式避雷器的构成和性能特点是什么?

普通阀式避雷器由阀片电阻和间隙组成。

普通阀式避雷器的阀片电阻是由多个阀片串联而成的,阀片是用碳化硅(SiC)细粒加结合剂(水玻璃)在 300~350℃ 的低温下烧制成的圆盘形状电阻片,阀片的伏安特性呈现出非线性特征,阀片的伏安特性非线性特征正好能满足改善避雷器保护性能的要求。在雷电冲击电流流过时,阀片工作于低电阻区,有利于降低残压;在工频续流流过时,阀片工作于高电阻区,有利于限制续流。因此,阀片伏安特性的非线性程度越高,避雷器的保护性能越好。

普通阀式避雷器的间隙是由多个按统一规格制作的单间隙串联而成的,

其中每个单间隙的电极用黄铜冲成小圆盘形状，间隙中间采用云母垫片隔开，间隙的距离为0.5～1 mm，在间隙中的电场接近于均匀场。在过电压作用下，云母垫片与电极之间的空气缝隙会发生电晕放电，为间隙中的放电提供光辐射预游离条件，从而能缩短间隙的放电击穿时间，减小间隙放电的分散性，使其伏安特性比较平缓，冲击系数（50%冲击放电电压与稳态放电电压之比）可降到1.1左右，有利于与电气设备伏秒特性的配合。常将四个单间隙串联成标准组件单元，然后再将若干个标准组件单元串联在一起，就构成普通阀式避雷器所用的间隙整体。

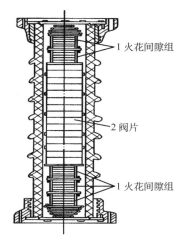

1 火花间隙组

2 阀片

1 火花间隙组

图 2.41　普通阀式
避雷器整体结构

普通阀式避雷器的整体结构见图 2.41。

⚡146. 为什么除了用于低压配电系统的阀式避雷器外，一般都在标准组件单元上并联一个均压电阻(亦称分路电阻)？

如图 2.42 所示，如果没有并联分路电阻，由于各单间隙电极对地和对周围物体都存在着寄生电容，多个单间隙串联体将伴随着电器容链的形成，从而使各单间隙上的电压分布不均匀，它们的作用得不到充分发挥，在很大程度上降低了避雷器的灭弧电压，削弱了其绝缘恢复能力。在各标准组件单元上并联了分路电阻后，由于在工频电压作用下，组件单元的等值容抗远大于分路电阻，整个间隙的电压主要由分路电阻来决定，各分路电阻值是相等的，间隙的电压分布基本上是均匀的。在雷电过电压作用下，由于过电压的等值频率甚高，间隙的等值容抗将小于分路电阻，间隙上的电压分布将主要取决于电容，因为寄生电容链的存在，使得间隙电压分布不均匀，避雷器的冲击放电电压将低于各单间隙的冲击放电电压之和，这将能够减小

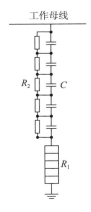

工作母线

R_2　　C

R_1

图 2.42　间隙上并联
分路电阻原理电路图

避雷器的冲击系数。出于改善保护性能的目的，除了用于低压配电系统的阀式避雷器外，一般都在标准组件单元上并联一个均压电阻，亦称分路电阻。

⚡147. 磁吹避雷器的构成和性能特点是什么？

磁吹避雷器是由高温阀片电阻和磁吹间隙构成。

在普通阀式避雷器的基础上,为了进一步增强灭弧能力和提高通流容量,又发展了磁吹避雷器。磁吹避雷器的工作原理和结构与普通阀式避雷器基本相同,其主要区别之处在于采用通流容量较大的高温阀片电阻和灭弧能力较强的磁吹间隙。

磁吹避雷器阀片电阻也是以碳化为主体再加结合剂烧结而成,但它是在 $1350 \sim 1390℃$ 高温下焙烧而成的,所以称为高温阀片,这种高温阀片的通流容量有较大幅度的提高,能通过冲击电流 $20/40~\mu s$,$10~kA$ 方波 $200~\mu s$,$800 \sim 1000~A$ 各 20 次。它不易受潮,但非线性指数较大,约为 0.24。

磁吹避雷器的间隙是利用磁场对电弧通道的电磁力作用来迫使弧道做旋转或拉长运动,以加强间隙的去游离能力,改善其灭弧性能。

⚡ 148. 磁吹避雷器是如何改善其灭弧性能的?

从弧道在电磁力作用下产生的运动方式来分,磁吹间隙可分为电弧旋转式和电弧拉长式两种。国产的磁吹避雷器基本上是采用电弧拉长式磁吹间隙,其单间隙的结构见图 2.43,它由一对羊角形电极构成,装在由陶瓷或云母玻璃制成的灭弧盒内,灭弧盒的内周边装有灭弧栅,磁场由通过线圈的工频续流产生,采用线圈产生磁场是为了使磁场方向随工频续流方向的变化而变化,从而维持弧道运动方向不变。在电磁力作用下,工频续流弧道被拉长并进入灭弧栅中,拉长后的弧道可达其起始长度的几十倍,它在灭弧盒内被冷却,受到强烈的游离作用而易于灭弧。同时,电弧形成后很快被拉长到远离原击穿点,这就能为击穿点处绝缘强度的迅速恢复创造极为有利条件。由于采用了这种灭弧措施,电弧拉

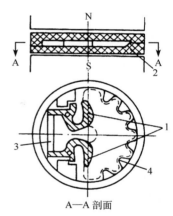

图 2.43 电弧拉长式磁吹间隙
1—角状电极;2—灭弧盒
3—并联电阻;4—灭弧栅

长式磁吹间隙的灭弧性能指标得到了较大的提升,其工频放电电压可达 $3~kV$,可以切断 $450~A$(幅值)左右的工频续流,约为普通间隙的 4 倍。另外,在磁吹间隙的灭弧盒内,因为弧道被拉长,电弧电阻明显增大,这能起到限制工频续流的作用,所以磁吹间隙也被称为限流间隙。在考虑了电弧电阻增长后的限流作用后,可以适当地减少阀片的数目,于是避雷器的残压水平也能得到降低。

⚡ 149. 为什么在磁吹避雷器的磁吹线圈两端要并联辅助间隙?

当等值频率很高的雷电冲击电流作用磁吹避雷器时,磁吹线圈上会出现较大的电压降,这将会增大避雷器的残压,为克服这一弊端,在磁吹线圈两端再并联辅助间隙,如图 2.44 所示。在冲击电流流过时,磁吹线圈两端电压较大,使辅助间隙击穿,磁吹线圈被短路,电流经辅助间隙、主间隙和阀片电阻入地,避雷器保持较低的残压水平。另一方面,在工频续流流过时,由于这一电流的频率低,磁吹线圈两端的电压也低,不足以维持辅助间隙放电而使其处于断开状态,续流仍然从磁吹线圈中流过并产生磁场而发挥磁吹灭弧作用。

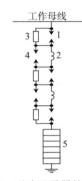

图 2.44　磁吹避雷器的原理电路
1—主火花间隙;2—磁吹线圈
3—分路电阻;4—辅助间隙;5—阀片电阻

⚡ 150. 描述阀式避雷器的电气特性参数有哪些?

描述阀式避雷器的主要电气特性参数有:①额定电压,②灭弧电压,③冲击放电电压,④工频放电电压,⑤残压。

⚡ 151. 什么是高通滤波器? 它的工作原理是什么?

由电工理论可知,电路上的阻抗由电阻、电感、电容三种形式的元件组成,其中电阻与频率无关,电容器的容抗与频率成反比:

$$X_C = \frac{1}{\omega \cdot C} = \frac{1}{2\pi \cdot f \cdot C}$$

电感器的感抗与电源频率成正比:

$$X_L = \omega \cdot L = 2\pi \cdot f \cdot L$$

式中:ω 为电源角频率(rad/s);f 为电源频率(Hz);C 为电容(F);L 为电感(H)。

由于雷电波是一个近似双指数函数的波,它的频谱较广,但是它的绝大部分能量分布在几十千赫兹以下,最大频率在 1000 Hz 以内。而通信采用的频率比较高,如我国无线电电视中心频率为 52.5~954 MHz,由于雷电波与通信频率相差很远,所以,可以利用电抗与频率相关的特点,把信号与雷电波分离的办法,使雷电波引入大地而基本上不损耗信号,保护设备安全。

如图 2.45 所示,对于一个高频信号进入用电器前加一个电感和电容(LC 网络),由于信号是高频,很易通过电容器 C 进入用电器,而雷电波的频率分布在较低频段上,通过较小电容的电容器会产生很大压降;相反,由于信号频率比较高,在电感 L 上的压降较大,不易通过;而雷电在频谱内的频率较低,易于通过,于是,雷电流便从电感器流入大地,保护了通信设备,这就是高通滤波方法。只要 L 和 C 的数值选得合理,在一定范围内这种办法是可取的。

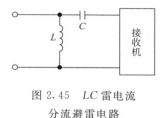

图 2.45　LC 雷电流分流避雷电路

⚡152. 氧化锌避雷器是否由金属锌的氧化物加工制成?

氧化锌避雷器采用的核心部件是氧化锌压敏电阻阀片,它以氧化锌(ZnO)为主体,适当添加进 BiO_2、CoO_3、Cr_2O_2、$MnCO_3$、SbO_3、SiO_2、MgO 等金属氧化物成分,经专门加工成细粒并混合搅拌均匀,再经烘干、压制成工作圆盘,在 1000℃以上的高温中烧制而成。典型氧化锌避雷器的组成包括氧化锌主体、晶界层、尖晶石晶粒以及一些孔隙等部分。氧化锌主体由尺寸为 $10\sim30\ \mu m$ 的 ZnO 晶粒组成,固溶有微量 Co 和 Mn 等元素;晶界层是由许多添加成分组成;尖晶石晶粒是氧化锌与氧化锑的混合氧化物,同时还掺有 Co、Mn、Ni 和 Cr 等杂质元素,晶粒平均直径约为几个微米。孔隙分布在氧化锌晶粒和晶界层内。所以,氧化锌避雷器不只是由金属锌的氧化物氧化锌加工制成,而是由氧化锌与多种金属氧化物混合高温烧制而成。

⚡153. 氧化锌避雷器为什么能用在雷电防护工程中?

氧化锌避雷器的晶界层是由许多氧化物添加成分组成,在低电场区其电阻率大于 $10^8\ \Omega \cdot m$,在高电场区,晶界层将导通。这就是说氧化锌避雷器在电压与电流之间有优异的非线性特性,当晶界层上的场强低时,只有少量电子靠热激发才能通过晶界层的势垒,氧化锌呈现出高阻状态,当晶界层上的场强增大到一定数值时,出现隧道效应,大量电子可以通过晶界层,电阻将骤然降低,氧化锌压敏电阻呈现出低阻导通状态。这种在电压与电流之间存在的优异的非线性压敏特性正好是雷电过电压防护中最希望的,因此氧化锌避雷器就被用在雷电防护工程中。

⚡154. 为什么说氧化锌避雷器比碳化硅电阻阀片在防雷保护中具有优越性?

如图 2.46 所示,实线是氧化锌电阻片的伏安特性曲线,虚线是碳化硅阀片的伏安特性曲线。氧化锌电阻的伏安特性曲线大致划分为三个工作区,即小电流区、限压工作区和过载区。在小电流区,系统正常运行电压作用时,阀片中电流很小,电阻很高,实际上接近于开路;在限压工作区,阀片中流过的电流较大,特性曲线平坦,动态电阻很小,压敏电阻发挥对过电压的限压作用,在过电压作用时电阻很小,残压很低;在过载区,阀片中流过的电流很大,特性曲线迅速上翘,电阻显著增大,限压功能恶化。

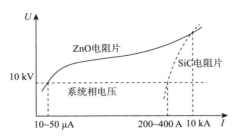

图 2.46 氧化锌压敏电阻阀片伏安特性与碳化硅阀片伏安特性的比较

通过比较图 2.46 中的两种伏安曲线可知,两者在 10 kA 下残压大致相等,但在系统正常运行相电压下,碳化硅阀片电流达 200～400 A,而氧化锌阀片则为 10～50 μA,可近似认为等于零,因此不必用类似于碳化硅避雷器那样采用间隙来隔离正常运行电压,可以将氧化锌压敏电阻直接接到电网上运行也不致被烧坏。这也是氧化锌避雷器可以不用串联间隙而成为无间隙与无续流避雷器的原因。

155. 氧化锌避雷器在保护性能上有哪些优点?

依据氧化锌避雷器的非线性伏安曲线特性,可以看出它在过电压保护性能上有很多优点。

(1)无间隙、无续流。由于在正常运行电压作用下,氧化锌避雷器中的电流极小,不必装串联间隙,不存在工频续流问题。在雷电或操作过电压作用下,氧化锌避雷器只吸收过电压能量,不吸收工频续流能量,因此能减轻动作负载,同时对避雷器所在系统的影响甚微。在大电流重复冲击作用后,氧化锌阀片的特性稳定,变化极小,且具有耐受多重雷电或操作过电压作用的能力。

(2)保护可靠性高。氧化锌避雷器在 10 kV 下的残压水平虽然与碳化硅避雷器相当,但氧化锌阀片的伏安特性非线性程度高,有进一步降低残压的潜力,尤其是它不需间隙动作,电压稍高于动作电压即可迅速吸收过电压能量,抑制过电压的发展。

(3)通流容量大。由于氧化锌避雷器没有间隙,其允许吸收能量不受间隙烧伤的制约而仅与自身的强度有关。在雷电或操作过电压作用下,氧化锌阀片单位体积吸收的能量比碳化硅阀片大 4 倍左右,另外,氧化锌阀片残压的分散性小,约为碳化硅阀片的 1/3,电流分布特性较为均匀,可以考虑通过阀片并联或整只避雷器并联的方式来进一步提高氧化锌避雷器的通流容量。

（4）温度响应和陡波响应特性较为理想。氧化锌阀片具有良好的温度响应特性，在低电流密度范围（$<10^{-3} \text{A/cm}^2$）内呈现出负的温度系数，在高电流密度区，呈现很小的正温度系数，可以忽略温度变化对保护性能的影响。

（5）氧化锌避雷器还具有较为理想的陡波响应特性，它不存在间隙放电的时延问题，仅需要考虑陡波下伏秒特性的上翘特征，而这种上翘特征要比碳化硅阀片低得多。

⚡ 156. 表述氧化锌避雷器的电气特性参数有哪些？

表述氧化锌避雷器的电气特性参数有以下六个方面。

（1）额定电压。额定电压是指允许加在避雷器两端的最大工频电压有效值。在额定电压下，避雷器应能吸收规定的雷电或操作过电压能量，其自身特性基本不变，不发生热击穿。

（2）持续运行电压。持续运行电压是指允许长期连续加在避雷器两端的工频电压有效值。氧化锌避雷器在吸收过电压能量时温度升高，限压结束后避雷器在此电压下应能正常冷却而不致发生热击穿，避雷器的持续运行电压一般应等于或大于系统的最高运行相电压。

（3）起始动作电压。起始动作电压是指氧化锌避雷器通过 1 mA 工频电流幅值或直流电流时，其两端工频电压幅值或直流电压值，该值大致位于伏安特性曲线上由小电流区向限压工作区转折的转折点处，从这一电压开始，避雷器将进入限压工作状态。

（4）残压。残压是指避雷器通过规定波形的冲击电流时，其两端出现的电压峰值。残压越低，避雷器的限压性能越好。

（5）荷电率。荷电率表示氧化锌阀片上的电压负荷，它是避雷器的持续运行电压幅值与直流起始动作电压的比值。荷电率高时，会加快避雷器的老化，适当降低荷电率可以改善避雷器的老化性能，同时也可提高避雷器对暂态过电压的耐受能力。但是，荷电率过低也会使避雷器的保护特性变坏。选择荷电率需要考虑稳定性、泄漏电流大小和温度对伏安特性影响等因素，针对不同的电网确定合理的荷电率值。荷电率值一般取为 $45\%\sim75\%$ 或更高，在中性点非有效接地系统中，因单相接地时健全相上的电压幅值较高，应选较低的荷电率。

（6）压比。压比是指氧化锌避雷器通过 8/20 μs 的额定冲击放电电流时的残压与起始动作电压之比。压比越小，表明通过冲击大电流时的残压越低，避雷器的保护性能越好。

⚡ 157. 氧化锌避雷器保护性能是否还需要进一步改进？

无间隙氧化锌避雷器是当前避雷器发展的主流方向，但在超高压电网中，为了降低冲击大电流流过的残压水平而又不加大阀片在正常运行时的电压负荷,减轻氧化锌阀片的老化,氧化锌避雷器保护性能还需要进一步改进。

⚡ 158. 如何改进氧化锌避雷器保护性能?

改进氧化锌避雷器保护性能可采用附加串联间隙或并联间隙的方式来降低压比和改进性能。如图 2.47 所示,其中 M_1 和 M_2 为氧化锌阀片电阻,J 为并联间隙。在正常运行时,运行电压由 M_1 和 M_2 共同承担,荷电率较低,可以将避雷器的泄漏电流限制到很低的水平。当通过冲击电流(如雷电流)太大时,避雷器残压有可能高于保护要求的数值,这时间隙 J 被击穿,M_2 被短接,整个避雷器的残压仅由 M_1 决定,于是避雷器的残压和压比均有明显下降。根据国外

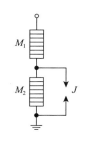

图 2.47　带并联间隙
氧化锌避雷器的原理结构

研究者的估计,这种带并联间隙的避雷器可将压比由原先无间隙时的 2〜2.2 倍降低到 1.7〜1.8 倍。

⚡ 159. 什么是电涌保护器(SPD)?

在高压线获得保护后,与高压线连接的发、配电设备仍然被过电压损坏,人们发现这是由于"雷电感应"在作怪。雷电在高压线上感应起电涌,并沿导线传播到与之相连的发、配电设备,当这些设备的耐压较低时就会被雷电感应过电压损坏;此外,对现代建筑物内部的电子设备而言,最常见的雷电危害不是由于直接雷击引起的,而是由于雷击发生时在电源和通信线路中感应的电流浪涌引起的。一方面由于电子设备内部结构高度集成化,设备耐压、耐过电流的水平下降,对包括雷电感应和操作过电压浪涌的承受能力下降,另一方面由于传输信号的路径增多,系统较以前更容易受雷电的影响。浪涌电压可以以传播和感应的形式窜入电子设备,遭受雷电波侵入。因此,这一类避雷器要考虑电容和电感等影响传输参数的指标,但其防雷原理与安装在高压输电线路中的基本一致,这一类避雷器称之为电涌保护器(SPD,surge protective device)。在低压供电系统和电子信息系统中使用的过电压抑制装置有气体放电管、压敏电阻、齐纳、雪崩二极管、暂态抑制二极管、暂态抑制晶闸管、正温度系数电阻等。

⚡ 160. 在防雷工程中使用的 SPD 有哪些?

(1)电压开关型 SPD(voltage switching type SPD):无浪涌出现时,SPD 呈高阻状态;当冲击电压达到一定值时(即达到火花放电电压),SPD 的电阻突然下

降变为低值。常用的非线性元件有放电间隙,气体放电管、开关型 SPD(闸流管)和三端双向可控硅元件作为这类 SPD 的组件。有时称这类 SPD 为"短路开关型"或"克罗巴型"SPD。开关型 SPD 具有大通流容量(标称通流电流和最大通流电流)的特点,特别适用于易遭受直接雷击部位的雷电过电压保护(即LPZ0$_A$——直击雷非防护区),有时可称雷击电流放电器。

(2)电压限制型 SPD(voltage limiting type SPD):当没有浪涌出现时,SPD呈高阻状态;随着冲击电流及电压的逐步提高,SPD 的电阻持续下降。常用的非线性元件有压敏电阻,瞬态抑制二极管作为这类 SPD 的组件。这类 SPD 又称"箝压型"SPD,是大量常用的过电压保护器,一般适用于户内,即 IEC 规定的直击雷防护区(LPZ0$_B$)、第一屏蔽防护区(LPZ1)、第二屏蔽防护区(LPZ2)的雷电过电压防护。IEC 标准要求将它们安装在各雷电防护区的交界处。

(3)组合型 SPD(combination type SPD):由电压开关型元件和箝压型(限压型)元件混合使用,随着施加的冲击电压特性不同,SPD 有时会呈现开关型 SPD特性,有时呈现箝压型 SPD 特性,有时同时呈现两种特性。

⚡ 161. 雷电电涌为什么会对电子设备,特别是那些重要的微电子设备造成危害?

雷电电涌为什么会对电子设备,特别是那些重要的微电子设备造成危害,可从电子设备耐受雷电电涌的脆弱性以及雷电电涌对电子设备的侵害原因和方式来分析。

以集成电路为核心的电子设备,特别是那些含超大规模集成电路的微电子设备,对雷电暂态电涌冲击的耐受能力是十分脆弱的。由于它们所使用元件集成度越来越高,信息存贮量越来越大,运算和处理速度也越来越快,其工作电压仅为几伏,信号电流也仅为微安级,因此,现代电子设备普遍存在着一个共同的弱点,即绝缘强度低,过电压耐受能力差,对电磁干扰敏感,它们一旦受到雷电电涌过电压的侵害,轻则工作失效,重则发生永久性损坏,导致所在电子信息系统运行故障。如在计算机网络中使用的集成电路元件和接口芯片通常具有很低的耐压水平,它们对暂态电涌过电压的耐受值一般在 50 V 以下,对于那些高速CMOS 电路,超过 10 V 的过电压就可以使其永久性损坏。发生雷击时,侵入电子信息系统中的雷电暂态电涌过电压常会达到数百至数千伏,甚至上万伏。据国外研究者估计,在出现一次雷击时,雷电暂态电涌可以危害到距离雷击点 2 km范围内的电子设备。由此可见,由于电子设备的脆弱性,雷电暂态电涌对它们的危害是十分严重的,必须采取措施加以有效防护。与电力系统的雷电过电压防护措施类似,在电子信息系统中采用各种电涌保护器来防止电子设备受到雷电暂态电涌的侵害,而组成这些保护器的主体就是电涌保护器件。

电子设备,特别是那些重要的微电子设备,一般都配备在室内,它们遭受直接雷击危害的可能性是很小的,但从实际雷害事故的调查情况来看,危害电子设备安全可靠运行的主要原因是雷电电磁效应。当雷击于建筑物上、建筑物附近以及天空的雷雨云之间放电时,所产生的暂态电涌和雷电电磁脉冲会以传导、耦合和辐射等方式沿多种途径侵入建筑物内的电子设备,危害电子设备。

⚡ 162. 雷电电涌对电子设备的侵害途径和方式有哪些?

雷电电涌对电子设备的侵害途径和方式有:

(1)电子设备所在建筑物直接受到雷击,建筑物防雷系统引下线和接地体的电位瞬间急剧抬高,引起对电子设备的反击;

(2)雷电放电在输电线路(信号线路)上感应出雷电过电压波并沿电源线(信号线)侵入电子设备;

(3)雷电放电产生的脉冲电磁场在电子设备所端接的空间导线回路中感应出高峰值的暂态电动势;

(4)雷击地下线路附近,雷击点与线路之间的土壤被击穿,在线路上产生雷电电涌过电压并侵入与线路端接的设备;

(5)雷击产生的电磁辐射直接进入电子设备所在空间危害电子设备。

研究表明,无屏蔽架空线路的感应电压可达到 $10\sim20$ kV 以上。在 3 km 以外发生雷击时,对于一般的信号线路可能会产生 1 kV 的感应过电压。当雷击入地雷电流为 5 kA 时,在雷击点附近 $5\sim10$ m 处的无屏蔽线路可感应出 $5\sim7.5$ kV 的过电压,即使是采用光缆作为信号传输线,也会在光缆中心或外层的金属体(如加强筋)上感应出雷电电涌。

对于以上所述的若干种侵害途径来说,雷电电涌可以通过其中某一种,也可以通过其中几种同时侵入电子设备,造成电子设备的损坏。

⚡ 163. 用于电子设备的电涌保护器的性能有哪些基本要求?

雷电暂态电涌侵入电子设备的主要渠道是电子设备的电源线和信号线,在这两种线路上需要同时设置电涌保护器件或保护器,以抑制过电压,保护电子设备的安全。随具体的应用场合不同,对保护器件的性能要求也有所差别,一些共性的要求有:

(1)保护器件应具备良好的限压箝位效果,在设计允许的最大雷电流冲击下,保护器件应能将电涌过电压箝位到设计限定的水平以下,那些末级的保护器件残压应明显低于被保护电子设备的耐受值。

(2)在最苛刻的情况下,即在抑制设计允许的最高雷电暂态电涌过电压时,保护器件自身应能安全生存,不能被损坏,这就要求保护器件应具有足够的通流容量。在保护设计中,既不能过分夸大苛刻情况,以免增大保护措施的投资,同时又不能低估雷电暂态电涌水平,以免降低保护可靠性。应当在保护投资与保护可靠性之间进行优化设计,合理选择保护器件的通流指标。

(3)保护器件接入被保护系统后,它的存在对系统的正常运行的影响应很小,可以忽略不计,这就要求处在纵向并联位置的保护器件应具有非常大的阻抗,而处在横向串联位置的保护器件应具有非常小的阻抗。

(4)在承受雷电暂态电涌过电压时,保护器件应具有足够快的动作响应速度,应能及早动作,对过电压进行抑制,这一点对微电子设备来说是至关重要的。

(5)纵向并联保护器件在接入系统时的连线和引头线要尽量缩短,要尽量减小保护器件连接引线的寄生电感,以改善保护器件的保护效果。

(6)在系统正常运行时,纵向并联保护器件中的泄漏电流应非常小,以减缓保护器件自身的老化和性能衰退。因为正常运行时的泄漏电流是长期流过保护器件的,其数值过大将会逐渐损坏保护器件的保护性能,破坏其工作稳定性。

⚡ 164. 在低压配电系统中表征 SPD 的技术参数有哪些?

(1)额定电压 U_n;　　　　　　(2)最大连续工作电压 U_c;

(3)点火电压;　　　　　　　　(4)箝位电压 U_{as};

(5)残压 U_{res};　　　　　　　　(6)电压保护水平 U_p(保护电平);

(7)限制电压测量值;　　　　　(8)短时过电压 U_T;

(9)电网短时过电压 U_{TOV};　　(10)电压降(百分比)ΔU;

(11)最大连续供电系统电压 U_{cs};　(12)额定放电电流 I_n;

(13)脉冲电流 I_{imp};　　　　　(14)最大放电电流 I_{max};

(15)持续工作电流 I_c;　　　　(16)续流 I_f;

(17)额定负载电流;　　　　　(18)额定泄放电流 I_{sn};

(19)泄漏电流;　　　　　　　(20)温漂;

(21)退化;　　　　　　　　　(22)响应时间;

(23)插入损耗;　　　　　　　(24)两端口 SPD 负载端耐冲击能力;

(25)热稳定性;　　　　　　　(26)外壳保护能力(IP 代码);

(27)承受短路能力;　　　　　(28)混合波;

(29)Ⅰ类试验中单位能量指标 W/R;　(30)SPD 最大承受能量 E_{max}。

⚡ 165. 什么是额定电压 U_n?

U_n 是制造厂商对 SPD 规定的电压值。在低压配电系统中运行电压(标称电压)有 220 V_{AC}、380 V_{AC} 等,是对地电压值,也称为供电系统的额定电压。在正常运行条件下,供电终端电压波动值不应超过 $\pm10\%$,这些是制造商在规定 U_n 值时需考虑的。

在 IEC 60664—1 中定义了实际工作电压(working voltage):在额定电压下,可能产生(局部地)在设备的任何绝缘两端的最高交流电压有效值或最高直流电压值(不考虑瞬态现象)。

⚡ 166. 什么是最大连续工作电压 U_c?

指能持续加在 SPD 各种保护模式间的电压有效值(直流和交流)。U_c 不应低于低压线路中可能出现的最大连续工频电压。选择 230/400 V 三相系统中的 SPD 时,其接线端的最大连续工作电压 U_c 不应小于下列规定:

TT 系统中 $U_c \geqslant 1.5\, U_0$

TN 系统中 $U_c \geqslant 1.15\, U_0$

IT 系统中 $U_c \geqslant U_0$

注:(1)在 TT 系统中 $U_c \geqslant 1.15\, U_0$ 是指 SPD 安装在剩余电流保护器的电源侧;$U_c \geqslant 1.5\, U_0$ 是指 SPD 安装在剩余电流保护器的负荷侧。

(2)U_0 是低压系统相线对中性线的电压,在 230/400 V 三相系统中 $U_0 = 230$ V。

对以 MOV(压敏电阻)为主的箝压型 SPD 而言,当外部电压小于 U_c 时,MOV 呈现高阻值状态。如果 SPD 因电涌而动作,在泄放规定波形的电涌后,SPD 在 U_c 电压以下时应能切断来自电网的工频对地短路电流。这一特性在 IEC 标准中称为可自复性。

上边提到的 $U_c \geqslant 1.15\, U_0$、$U_c \geqslant 1.5\, U_0$、$U_c \geqslant U_0$ 等标准引自 IEC 603645—534,从我国供电系统实际出发,此值应增大一些,有专家认为原因是国外配电变电所接地电阻规定为 1~2 Ω,而我国规定为 4~10 Ω,因而在发生低压相线接地故障时另两相对地电压常偏大,且由于长时间过流容易烧毁 SPD。但 SPD 的 U_c 值定得偏大又会因产生残压较高而影响 SPD 的防护效果。

也有些专家认为,虽然变电所接地电阻较大,但在输电线路中实现了多次接地,多次接地的并联电阻要低于变电所的接地电阻值,因此 $U_c \geqslant 1.15\, U_0$ 即可满足要求。

⚡ 167. 什么是点火电压?

开关型 SPD 火花放电电压,是在电涌冲击下开关型 SPD 电极间击穿电压。

⚡ 168. 什么是箝位电压 U_{as}?

当浪涌电压达到 U_{as} 值时,SPD 进入箝位状态。过去认为箝位电压即标称压敏电压,即 SPD 上通过 1 mA 电流时在其两端测得的电压。而实际上通过 SPD 的电流可能远大于测试电流 1 mA,这时不能不考虑 SPD 两端已经抬高的 U_{res}(残压)对设备保护的影响。从压敏电压至箝位电压的时间比较长,对 MOV 而言约为 100 ns。

⚡ 169. 什么是残压 U_{res}?

当冲击电流通过 SPD 时,在其端子处呈现的电压峰值。U_{res} 与冲击电涌通过 SPD 时的波形和峰值电流有关。为表征 SPD 性能,经常使用 U_{res}/U_{as} = 残压比这一概念,残压比一般应小于 3,越小则表征着 SPD 性能指数越好。

⚡ 170. 什么是电压保护水平 U_p(保护电平)?

U_p 是表征 SPD 限制电压的特性参数,它可以从一系列的参考值中选取(如 0.08,0.09,…1,1.2,1.5,1.8,2,…8,10 kV 等),该值应比在 SPD 端子测得的最大限制电压大,与设备的耐压一致。U_p、U_n 和 U_{cs} 之间关系参见图 2.48。

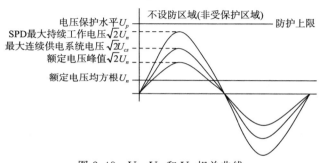

图 2.48 U_P、U_n 和 U_{cs} 相关曲线

⚡ 171. 什么是限制电压测量值?

当一定大小和波形的冲击电流通过 SPD 时,在其端子测得的最大电压值。

⚡ 172. 什么是短时过电压 U_T?

保护装置能承受的持续短时间的直流电压或工频交流电压有效值,它比最大连续工作电压 U_c 要大。

⚡ 173. 什么是电网短时过电压 U_{TOV}?

电网上某一部件较长时间的短时过电压,一般称通断操作过电压。U_{TOV} 一般等于最大连续供电系统实际电压 U_{cs} 的 1.25~1.732 倍。

⚡ 174. 什么是电压降(百分比)ΔU?

$$\Delta U = [(U_{in} - U_{out})/U_{in}] \times 100\%$$

式中:U_{in}指双口 SPD 输入端电压;U_{out}指双口 SPD 输出端电压。通过电流为阻性负载额定电流。

⚡ 175. 什么是最大连续供电系统电压 U_{cs}?

SPD 安装位置上的最大的电压值,它不是谐波也不是事故状态的电压,而是配电盘上的电压变及由于负载和共振影响的电压值升(降),且直接与额定电压 U_n 相关。U_{cs} 一般等于 U_n 的 1.5 倍。

⚡ 176. 什么是额定放电电流 I_n?

$8/20~\mu s$ 电流波形的峰值,一般用于 Ⅱ 类 SPD 试验中不同等级,也可用于 Ⅰ、Ⅱ 类试验时的预试。

⚡ 177. 什么是脉冲电流 I_{imp}?

由电流峰值 I_{peak} 和总电荷 Q 定义(见 IEC 61312 中雷电流参数表)。用于 Ⅰ 类 SPD 的工作制测试,规定 I_{imp} 的波形为 $10/350~\mu s$,也可称之为最大冲击电流。

⚡ 178. 什么是最大放电电流 I_{max}?

通过 SPD 的电流峰值,其大小按 Ⅱ 类 SPD 工作制测试的测试顺序而定,$I_{max} > I_n$,波形为 $8/20~\mu s$。

⚡ 179. 什么是持续工作电流 I_c?

当对 SPD 各种保护模式加上最大连续工作电压 U_c 时,保护模式上流过的电流。I_c 实际上是各保护元件及与其并联的内部辅助电路中流过的电流之和。

⚡ 180. 什么是续流 I_f?

当 SPD 放电动作刚刚结束的瞬间,跟着流过 SPD 的电源提供的工频电流。续流 I_f 与持续工作电流 I_c 有很大区别。

⚡ 181. 什么是额定负载电流?

由电源提供给负载,流经 SPD 的最大持续电流有效值(一般指双口 SPD)。

⚡ 182. 什么是额定泄放电流 I_{sn}?

此值与当地雷电强度、电源系统型式、有无下一级 SPD 及被保护设备对电涌的敏感程度有关,SPD 的 I_{sn} 决定其尺寸大小和热容。

183. 什么是泄漏电流?

由于绝缘不良而在不应通电的路径上流过的电流。SPD 除放电闪隙外,并联接入电网后的 SPD 都会有微安级的电流通过,常称为漏电流。当漏电流通过 SPD(以 MOV 为主的)时,会发出一定热量,致使发生温漂或退化,严重时还会造成爆炸,又称热崩溃。

184. 什么是温漂?

在工作时,SPD 产生的工频能量超过 SPD 箱体及连接装置的散热能力,导致内部元件温度上升、性能下降,最终导致失效。

185. 什么是退化?

当 SPD 长时间工作或处于恶劣工作环境时,或直接受雷击电流冲击而引起其性能下降,原技术参数改变。SPD 的设计应考虑采用运行测试和老化性试验方法在各种环境中退化的期限。

186. 什么是响应时间?

SPD 两端施加的压敏电压到 SPD 箝位电压的时间(注:MOV 从压敏电压到箝位电压的时间约为 100 ns)。

187. 什么是插入损耗?

在特定频率下,接入电网的 SPD 插入损耗是指实验时,在 SPD 的插入点处接通电源后立即出现的 SPD 插入前和后的电压比值。一般用 dB 表示。

188. 什么是两端口 SPD 负载端耐冲击能力?

双口 SPD 能承受的从输出口引入由被保护设备产生的冲击的能力。

189. 什么是热稳定性?

当进行操作规定试验引起 SPD 温度上升后,对 SPD 两端施加最大持续工作电压,在指定环境温度下,在一定时间内,如果 SPD 温度逐渐下降,则说明 SPD 具有良好的稳定性。

⚡ 190. 什么是外壳保护能力(IP 代码)？

设备外壳提供的防止与内部带电危险部分接触及外部固体物和水进入内部的能力(具体标准见 IEC 60529)。

⚡ 191. 什么是承受短路能力？

SPD 能承受的可能发生的短路电流值。

⚡ 192. 什么是混合波？

由发生器产生的开路电压波形为 $1.2/50\ \mu s$ 波,短路电流波形为 $8/20\ \mu s$ 电流波。当发生器与 SPD 相连,SPD 上承受的电压、电流大小及波形由发生器内阻和 SPD 阻抗决定。开路电压峰值与短路电流峰值之比为 $2\ \Omega$(相当于发生器虚拟内阻 Z_f)。短路电流用 I_x 表示,开路电压用 U_e 表示。

⚡ 193. 什么是 Ⅰ 类试验中单位能量指标 W/R？

电流脉冲 I_{imp} 流过 $1\ \Omega$ 电阻时,电阻上消耗的能量。数值上等于电流脉冲波形函数平方的时间积分, $W/R = \int i^2 \mathrm{d}t$ 。

⚡ 194. 什么是 SPD 最大承受能量 E_{max}？

SPD 未退化时能承受的最大能量,又称 SPD 的耐冲击能量。

⚡ 195. 什么是设备耐冲击电压额定值 U_w？

设备制造商给予的设备耐冲击电压额定值,表征其绝缘防过电压的耐受能力。

⚡ 196. 什么是以 I_{imp} 试验的电涌保护器？

耐得起 $10/350\ \mu s$ 典型波形的部分雷电流的电涌保护器需要用 I_{imp} 电流做相应的冲击试验。

⚡ 197. 什么是以 I_n 试验的电涌保护器？

耐得起 $8/20\ \mu s$ 典型波形的感应电涌电流的电涌保护器需要用 I_n 电流做相应的冲击试验。

⚡ 198. 什么是以组合波试验的电涌保护器？

耐得起 $8/20\ \mu s$ 典型波形的感应电涌电流的电涌保护器需要用 I_{sc} 短路电流做相应的冲击试验。

⚡ 199. 什么是 I 级试验？

电气系统中采用 I 级试验的电涌保护器要用标称放电电流 I_n、$1.2/50\ \mu s$ 冲击电压和最大冲击电流 I_{imp} 做试验。I 级试验也可用 T_1 外加方框表示。

⚡ 200. 什么是 II 级试验？

电气系统中采用 II 级试验的电涌保护器要用标称放电电流 I_n、$1.2/50\ \mu s$ 冲击电压和 $8/20\ \mu s$ 电流波最大放电电流 I_{max} 做试验。II 级试验也可用 T_2 外加方框表示。

⚡ 201. 什么是 III 级试验？

电气系统中采用 III 级试验的电涌保护器要用组合波做试验。组合波定义为由 $2\ \Omega$ 组合波发生器产生 $1.2/50\ \mu s$ 开路电压 U_{oc} 和 $8/20\ \mu s$ 短路电流 I_{sc}。III 级试验也可用 T_3 外加方框表示。

⚡ 202. 什么是 $1.2/50\ \mu s$ 冲击电压？

规定的波头时间 T_1 为 $1.2\ \mu s$、半值时间 T_2 为 $50\ \mu s$ 的冲击电压。

⚡ 203. 什么是 $8/20\ \mu s$ 冲击电流？

规定的波头时间 T_1 为 $8\ \mu s$、半值时间 T_2 为 $20\ \mu s$ 的冲击电流。

⚡ 204. 什么是保护模式？

电气系统电涌保护器的保护部件可连接在相对相、相对地、相对中性线、中性线对地及其组合，以及电子系统电涌保护器的保护部件连接在线对线、线对地及其组合，这些连接方式统称为保护模式。其中，保护部件连接在相（或线）对相（或线）之间的称为差模保护，连接在相（或线）对地之间的称为共模保护。

⚡ 205. 求解 SPD 两端的最大电涌电压。

某单位为了保护电器设备，在供电系统安装了三级电涌保护器 SPD（并联式),检测发现第三级 SPD 安装在被保护设备的前端,已知该电器设备耐压为 2.5 kV,SPD 的残压≤1.3 kV,接线方式为 T 型,不考虑电力线屏蔽与否,也不考虑三相或单相。经计算流经 SPD 两端引线 L_1、L_2($L_1+L_2=1.5$ m)的电涌平均陡度为0.75 kA/μs,引线 L_1、L_2 单位长度电感为 $L_0=1.6$ μH/m,求 SPD 两端 AB 之间最大电涌电压 U_{AB} 为多少? 存在什么问题? 应如何改进?

解:求 AB 间最大电涌电压 U_{AB}:已知 SPD 的残压≤1.3 kV,取最大值1.3 kV,SPD 两端引线的电涌平均陡度为 0.75 kA/μs,SPD 两端引线长度之和 $L_1+L_2=$ 1.5 m,引线的单位长度电感 $L_0=1.6$ μH/m。

$U_{AB}=$SPD 的最大残压$+$引线产生的感应电压 U_L

$U_L=L_0\times1.5$ m$\times0.75$ kA/μs$=1.6$ μH/m$\times1.5$ m$\times0.75$ kA/μs$=1.8$ kV

故 $U_{AB}=1.3$ kV$+1.8$ kV$=3.1$ kV

存在问题:由于 $U_{AB}=3.1$ kV,大于被保护设备的耐压 2.5 kV,设备的绝缘有可能被击穿,导致设备损坏的可能。

改进:为了使 SPD 能起到保护设备的作用,要求 $U_{AB}<$设备的耐压水平,即满足 $U_{AB}<2.5$ kV。U_{AB} 由两项组成,SPD 残压是不变的,只有减小两端的引线长度,才能减小感应电压 U_L,按照规范要求 SPD 两端引线之和不超过 0.5 m,现为 1.5 m,应予缩短。

要求 $U_{AB}<2.5$ kV,现为 3.1 kV,超过 0.6 kV,则需减小引线长度$=0.6$ kV$\div$ 1.6 μH$\div0.75$ kA/μs$=0.5$ m。

即 SPD 两端引线之和必须小于 1 m,才能满足 $U_{AB}<2.5$ kV。

⚡ 206. 什么是气体放电管?

如图 2.49 所示,用陶瓷材料做成封装体,管内充有电气性能稳定的气体。按放电管所含电极,放电管可分为二极、三极和五极放电管等。

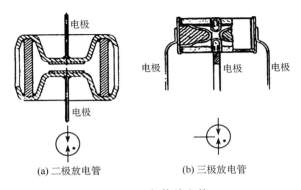

(a) 二极放电管　　　　　　(b) 三极放电管

图 2.49　气体放电管

⚡ 207. 利用气体放电管如何进行雷电保护?

气体放电管的工作原理是气体放电机制。如将一支二极放电管接入线路,雷击时,当传输到气体放电管两电极之间的雷击电场强度超过管内气体的击穿场强时,两极之间将击穿导通,导通后的放电管两端电压将维持在间隙击穿电弧的弧道所决定的残压水平,这一残压一般很低,可使得与放电管并联的电子设备得到保护。其他三极和五极放电管的保护工作原理与二极放电管是相似的。

⚡ 208. 气体放电管在雷电暂态电涌过电压防护应用中有哪些不足?如何克服?

由于放电管自身的结构及其工作机制,使得它在雷电暂态电涌过电压防护应用中会存在一些不足,这些不足往往会直接或间接地影响到放电管的保护可靠性及其自身安全。

(1)放电的分散性。放电管是依靠气体放电机制来进行电涌过电压抑制的,即加于管子两端的电涌过电压在达到其直流放电电压时,管子并不能立即放电击穿,而是要经过一段时间后才能放电击穿,气体的放电总是存在着时延,这种时延说明气体放电管本身也存在着较大的放电的分散性。试验研究表明,电涌过电压波头越陡,这种放电时延就越明显。对于波头较陡的电涌过电压来说,管子的放电时延可达到几个微秒,在这样长的时延内,放电管没有导通,其两端的电涌电压发展实际可达到直流放电电压的几倍,这么高的电压传到与放电管并联的被保护设备上,常会超过设备的耐受限度。尤其是有两只气体放电管设置于平衡线路上时,这种放电的分散性会将共模过电压转化为差模过电压,危害设备。克服的方法是用一个三极放电管取代两个放电管,在三个电极中,有一个电极通常用于接地,另外两个电极分别与该接地电极组成两个放电间隙。当雷电暂态电涌过电压同时作用于这两个间隙(如共模电涌过电压)时,由于气体放电的随机性,其中在一个间隙中引起碰撞电离,促使该间隙尽快放电击穿,这样就可以大大减小两个间隙之间的放电同步分散性。

(2)续流。放电管在抑制电涌过电压结束后的正常运行电压作用下,很容易产生续流,续流可以稳定在电弧区,这将使管子无法转变到开路状态,被保护设备不能恢复正常工作,管子自身会因过热而损坏。一般来说,当放电管用于电子设备的信号线保护时,由于信号电压很低,不会产生续流。但是,当放电管用于电子设备的电源线保护时,因为电源电压相对较高,容易在管子中引起续流,因此,需要配备续流切断措施,目前比较常用的一种做法就是放电管与压敏电阻合用。

⚡ 209. 气体放电管在雷电暂态电涌过电压防护应用中有哪些优点？

放电管在不导通状态下，其极间的绝缘电阻非常大，约为数千兆欧，管子中几乎没有电流，因此不导通的放电管存在不会对所在系统的正常运行产生影响。另外，放电管的极间（寄生）电容非常小，约为 $1\sim5$ pF，并在很宽的频率范围内保持不变，这是放电管的一个显著优点，前面已讨论过，作为寄生电容的放电管极间电容很小，则管子对所在系统正常工作信号的畸变作用也就很小，这一点对高频电子设备的保护是非常必要的，使得放电管在高频电子设备的防雷保护中得到了广泛的应用，并具有其他保护器件所无法替代的性能。

⚡ 210. 表征放电管的电气特性参数有哪些？

①直流放电电压；②冲击放电电压；③工频耐受电流；④冲击耐受电流；⑤极间绝级电阻和极间电容。

⚡ 211. 压敏电阻与氧化锌避雷器是不是同一种过电压保护器？

压敏电阻器件一般用于低压电气系统和电子信息系统的电涌过电压防护，制造压敏电阻所采用的材料与前面介绍过的氧化锌避雷器材料一样，也是以氧化锌为主体的金属氧化物，但由于压敏电阻器件工作场合的正常运行电压相对很低，其结构与氧化锌避雷器相比又有较为明显的差异。氧化锌避雷器安装于高压电网，通常由多个氧化锌阀片构成，而压敏电阻器件安装于低压系统，其体积被要求做得尽可能小，因此，被做成单一器件。压敏电阻器件的制造主要经过氧化锌与其他金属氧化物的混合、制粉、压制成坯、高温烧结、装电极与引头和封装等工艺流程。常见带引头的压敏电阻器件如图 2.50 所示，由于引头线有寄生电感，在抑制快速暂态电涌过电压时压敏电阻安装点之间的实际箝位电压会因引头线寄生电感的存在而增大。为此，近些年来又制造出一些无引头的压敏电阻器件，其中比较典型的两种是管型和贴装型压敏电阻器件，如图 2.51a 管型器件通过其两端的插座环孔与安装处进行插接，图 2.51b 贴装器件通过专门的焊接或黏合工艺与被保护线路板实现贴装连接。

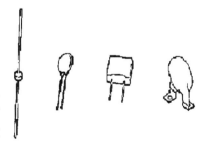

图 2.50　带引头的压敏电阻器件

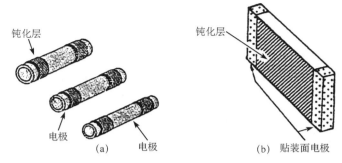

图 2.51　无引头压敏电阻器件

⚡ **212. 压敏电阻有哪些保护性能上的优点?**

　　压敏电阻器件的伏安特性与氧化锌避雷器伏安特性类似,其整个特性也分为三个区,即小电流区、限压工作区和过载区,在抑制电涌过电压时,压敏电阻不能在过载区工作。与前面介绍的气体放电管相比,压敏电阻具有无间隙、无续流、特性非线性程度高、动作响应速度快和通流容量比较大(其通流容量在 8/20 μs 冲击电流波形下可以做到几十千安)等保护性能上的优势。

　　压敏电阻的动作箝位机理与一些半导体元件的击穿机理相仿,具有很短的动作时延。图 2.52 给出了一个无引头压敏电阻器件在抑制暂态电涌过电压时的响应波形,其中波形 1 为无压敏电阻时的原始电涌过压波形,波形 2 为被试验压敏电阻器件的箝位电压波形,通过波形对比可见,压敏电阻动作箝位的响应时间是很短的,仅为几个纳秒。实际上,对于带引头的压敏电阻器件来说,其动作响应时间将明显高于这一数值。

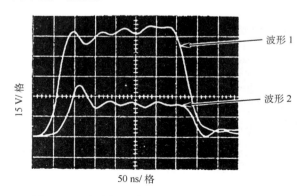

图 2.52　无引头压敏电阻器件的电压响应波形

⚡ 213. 压敏电阻保护性能上有什么缺点?

压敏电阻在保护性能上的主要缺点是其自身的寄生电容较大,一般为几百到几千微法,当压敏电阻被用于保护高频电子设备时,这样高的寄生电容将会使所在系统的正常运行受到影响,因此压敏电阻难以直接在高频电子设备的保护中得到应用。

⚡ 214. 如何改进压敏电阻保护性能上寄生电容较大的缺点?

为了弥补压敏电阻保护性能上的缺点,可以将压敏电阻与放电管串联起来使用,如图 2.53 所示,在这一串联支路中,压敏电阻的寄生电容较大,但放电管的极间电容很小,两者串联后整个支路的总电容将减小,可以减小到几个微法,这种串联支路有些类似于阀式避雷器。在系统正常运行时,放电管作为间隙将压敏电阻与系统隔开,使压敏电阻中基本上无电流流过,可以有效地减缓压敏电阻的老化与性能衰退。在承受暂态电涌过电压作用时,合理选择各器件的动作电压可使放电管首先导通,利用压敏电阻良好的非线性特性来进行箝位限压,在电涌过电压抑制结束后,压敏电阻能有效地抑制工作续流,使放电管能顺利地灭弧和切断续流。在这一串联支路中,借助于放电管的配合,压敏电阻的动作电压可以选得比单独使用时低一些,这就使得压敏电阻在抑制电涌过电压时能提供更低的残压,从而可提高保护可靠性,目前这种串联支路已制成一个专用的保护器件成品。

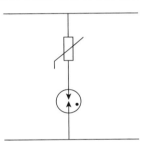

图 2.53　压敏电阻与
放电管串联

⚡ 215. 在防雷设计和施工中如何提高压敏电阻的通流容量?

为了使压敏电阻能够承受大雷击电流的冲击,常用的做法是考虑将多个压敏电阻(型号参数相同)并联使用,以提高其通流容量,如图 2.54 所示。这种并联使用方式的优点是其中一个或几个压敏电阻器件损坏后,其余的仍能发挥保护作用,能比仅使用单个器件具有更高的保护可靠性。但是,多个器件寄生电容之和,将显著增大,这对所在系统的正常运行影响作用会增强。此外,这种并联方式还存在一个实际问题,即各器件动作分散性所造成的器件损坏。由于各个器件的实际动作电压之

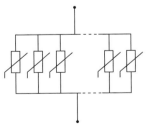

图 2.54　多个压敏电阻并联

间不可能完全相等,彼此间总存在着差异,即使是型号参数的标称值相同,这种差异也是实际存在的。在暂态电涌过电压作用下,各并联器件中动作电压实际值最低的一个将首先动作,并进行过电压抑制,于是过电压将被限制下来,其余各器件可能会因为得不到足够的电压而不会动作,过大的冲击电流仅集中地通过这个首先动作的器件,很容易将其烧毁。

⚡ 216. 表征压敏电阻的电气特性参数有哪些?

表征压敏电阻的电气特性参数有:①压敏电压;②最大持续工作电压;③箝位电压;④通流容量;⑤能量容限;⑥电容量等。

⚡ 217. 选用压敏电阻时主要考虑哪些性能参数?

(1)压敏电压选择

在选择压敏电压时,应充分考虑所在系统运行电压的波动幅度,特别要考虑在交流电源线路上由于各种负载平衡、火线与地线之间短路、容性(或感生)负载中开关操作引起的电容与电感谐振等因素,应使压敏电阻避免在这些波动和短路时电压升高情况下动作。

按照经验做法,在直流回路中,压敏电压的下限应满足:在 1 mA 直流电流下的压敏电压 $U_{1\,mA}$ 的下限值(min)大于等于直流回路工作电压$(1.8\sim2)U_w$,即 $U_{1\,mA}(min)\geqslant(1.8\sim2)U_w$;在交流回路中,压敏电压的下限应满足:$U_{1\,mA}(min)$ 大于等于交流回路中的工作电压有效值$(2.2\sim2.5)U_{ac}$,即 $U_{1\,mA}(min)\geqslant(2.2\sim2.5)U_{ac}$;压敏电压的上限值应由被保护设备的耐受电压 U_p 来确定。

$$\max(U_{1\,mA})\leqslant\frac{U_p}{k}$$

式中:$\max(\cdot)$ 表示取上限值;k 为箝位电压比。

(2)通流容量选择

压敏电阻在抑制暂态电涌过电压的过程中,其自身应能安全生存,不能被过电压能量所损坏。因此,从原则上讲,压敏电阻的通流容量应根据它可能遇到的实际雷电电涌条件来确定,应能保证在苛刻的雷电电涌条件下流过压敏电阻中的冲击电流小于其通流容量,对于雷电暂态电涌过电压出现频次较高的保护场合,压敏电阻的通流容量要适当选得大一些。

(3)寄生电容考虑

压敏电阻的寄生电容一般比较大,这就使得压敏电阻在高频电子设备的保护应用中受到了限制。在选用压敏电阻器件时,应针对所在系统的工作频率,估算寄生电容的阻抗及其对正常工作信号的影响程度,以避免寄生电容畸变正常工作信号。对于工作频率较高的系统,应选用电容量(寄生电容)低的压敏电阻器件,如果所选的器件电容量不满足要求,应采取减小寄生电容的措施,如考虑将压敏电阻与放电管串联起来使用。

(4)泄漏电流考虑

作为无间隙保护器件,压敏电阻在系统正常运行时将长期承受运行电压的作用,其中流过的泄漏电流大小将关系到对系统正常运行的影响程度,同时也关系到压敏电阻自身性能的老化与衰退状况,所以在使用中需要对压敏电阻中的泄漏电流加以限制。通常,对于压敏电压 $U_{1\,mA} \geqslant 100\ V$ 的保护场合,要求压敏电阻中泄漏电流不超过 $20\ \mu A$。对于一些微电子接口电路的保护,由于系统正常运行电压很低(几伏),当所采用的压敏电阻的压敏电压 $U_{1\,mA}$ 高于系统正常运行电压值 2 倍时,其泄漏电流值可不受这些规定的限制。

218. 齐纳二极管和雪崩二极管的限压工作机制是什么？ 它与放电管和压敏电阻有什么不同？

齐纳二极管和雪崩二极管具有相似的伏安特性,如图 2.55 所示,其特性分为三个区,即正偏区、反偏区和击穿区。在正偏区,齐纳或雪崩二极管承受正向电压,在很小的正向电压下就能正向导通,在这一区内的工作机制与普通二极管一样。在反偏区,管子两端承受反向电压,其中仅流过很小的反向泄漏电流,处于近似开路状态。当管子上的反向电压升高到超过一个临界值(U_Z)时,管子开始反向击穿,这一临界值称为管子的反向击穿电压。击穿后的管子处于反向导通状态,工作于击穿

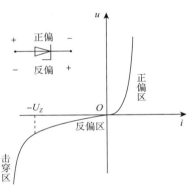

图 2.55　齐纳、雪崩二极
管的伏安特性

区。击穿区的伏安特性具有良好的箝位恒压特征,能够被应用于暂态电涌过电压的抑制。

由于齐纳或雪崩二极管是通过反向击穿来限压的,它们的限压功能是有极性的,这一特点与前面介绍的放电管和压敏电阻是不同的。为了能抑制正、负两种极性的电涌过电压,需要将两只管子的阳极串联起来,如图 2.56a 所示,在任意一种极性的过电压作用下,总是一只管子处于正向导通,另一只处于反向击穿,并进行箝位限压。由于这种串联体使用得很多,现已在制造上将它们封装于同一个管体内,构成一只双阳极管,如图 2.56b 所示,其伏安特性如图 2.56c 所示。这种双阳极管的击穿电压与其中单只管子的击穿电压基本相同,采用这种组装可以减短将两只分离管子串联时的连线寄生电感,同时还可减小器件的体积,目前这种双阳极管已在电子设备的雷电防护中得到了广泛的应用。

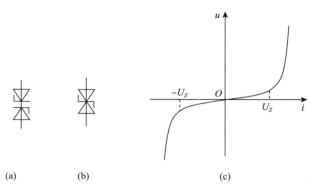

图 2.56　由阳极串联构成的双阳极管

⚡ **219. 齐纳和雪崩二极管在电路过电压保护性能上的优点是什么？**

齐纳和雪崩二极管是通过其 PN 结区的反向击穿来箝位限压的,其动作响应时间很短,一只齐纳或雪崩二极管连同其两端引头线寄生电感在一起的总动作响应时间为几十微秒,比压敏电压的动作响应时间还要短,它在承受电涌过电压作用时能迅速击穿动作,尽早抑制过电压。齐纳和雪崩二极管在击穿区伏安特性的非线性程度也很高,显示出良好的恒压箝位特征,且残压水平低,一般为几伏到十几伏。因为齐纳和雪崩二极管具有这些保护性能上的优势,它们可直接用于保护那些较脆弱的电子设备或作为多级保护电路中的最末一级限压器件。

⚡ **220. 齐纳和雪崩二极管在电路过电压保护性能上的缺陷是什么？**

齐纳或雪崩二极管所在系统正常运行时,正常运行电压作为反向电压加于管子两端,管子中长期流过泄漏电流,这种泄漏电流会引起管子保护性能的逐渐衰退,严重时还会直接影响系统的正常运行。应当指出,与相同适用条件的压敏电阻相比,齐纳和雪崩二极管的泄漏电流是相当大的。根据测试数据可知,在 4.5 V 的电压下,压敏电阻的泄漏电流为 1.6 μA,而齐纳二极管的泄漏电流高达 120 μA,后者为前者的 75 倍。

齐纳或雪崩二极管的泄漏电流除了随反向电压增大而增大外,还随管子结区的温度升高而有所增大。击穿电压较高的管子,其泄漏电流相对较小,因此可考虑选用较高击穿电压的管子来减小泄漏电流,但这样做会提高管子的残压,有损保护可靠性。

齐纳和雪崩二极管在保护性能上存在的另一个严重的缺陷是其自身具有较大的寄生电容,而且这种寄生电容还不是一个常数,它会随外加反向电压的变化而变化。减小管子的寄生电容比较常见的方法是在保护电路的泄漏电流通路上与普通二极管串联,普通二极管的寄生电容较小,约为 50 pF,则串联后的总电容会大幅度减小。但是,因为普通二极管的动作响应速度较慢,采取这种措施会使整个保护电路的响应时间加长。

⚡ 221. 暂态抑制二极管的结构及用于线路保护的特点是什么?

暂态抑制二极管是为抑制暂态电涌过电压而专门设计的,其结构特点是:

(1)具有较大的结面积,通流能力强,适合于对通流容量要求高的电涌过电压抑制场合;

(2)管子内部配备有特殊材料制成的散热片,散热条件较好,有利于管子在抑制电涌过电压过程中吸收较大的过电压能量;

(3)在管体的制造上,暂态抑制二极管的过电压保护性能在管子的制造上其结面积比普通的齐纳或雪崩二极管的结面积有明显的增大,相应的,其寄生电容也明显增大,通常在 5000～10000 pF 范围内,如此之大的寄生电容将使得它难以用在频率较高电子信息系统的保护场合,这是一个值得重视的问题。

⚡ 222. 什么是正温度系数电阻?

正温度系数电阻是用钡钛化合物($BaTiO_3$)半导体或导电聚合物制成。这两类正温度系数电阻的动作温度 T_s 一般在 40～120℃范围,钡钛正温度系数电阻的冷电阻一般在 10～300 Ω 范围,而聚合物正温度系数电阻的冷电阻一般比较小,在 0.01～20 Ω 范围。

钡钛正温度系数电阻在流过过高的大电流时,它将会出现负温度系数,如果这样的大电流流过的时间较长,则本体过热会使电阻性能衰退,严重时会造成电阻的损坏。聚合物正温度系数电阻的正温度系数高于钡钛正温度系数电阻,且能耐受相当大的电流而不易发生热损坏,也不像钡钛正温度系数电阻那样会出现负温度系数。

⚡ 223. 正温度系数电阻是如何实现线路保护的?

正温度系数电阻与齐纳、雪崩二极管和暂态抑制二极管纵向并联保护器件不同,正温度系数电阻是一种横向串联保护器件,它以串联方式与被保护设备相连接。正温度系数电阻有一个动作温度 T_s,当其本体温度低于 T_s 时,其电阻值基本上恒定在一个很低的数值,这时的电阻称为冷电阻,当本体温度高于 T_s 时,其电阻值迅速增大,温度系数 dR/dT 为正值,所以被称为正温度系数电阻。对于雷电暂态电涌的防护来说,当很大的雷电流流过正温度系数电阻时,电阻本体的温度急剧上升,迅速翻转到高阻状态,实施对雷电流进行抑制,以保护与其串联的电子设备。严格地说,正温度系数电阻不是一种限压器件,而是一种限流器件,但它与普通限流元件——熔断器又有本质上的差别。熔断器在过流熔断后不能再恢复导通,而正温度系数电阻在结束限流后能迅速翻转到低阻状态,恢复所在系统的正常运行。

⚡ 224. 聚合物正温度系数电阻是如何实现线路保护的?

在电子信息系统的雷电电涌防护中,聚合物正温度系数电阻是一种常用的横向串联保护器件。在温度低于动作温度 T_s 时,电阻本体聚合物中的导电粒子构成许多条导电路径,并形成致密的导电路径网络,所以此时的电阻值很低。当电阻本体的温度升高超过 T_s 后,聚合物所含的一种特殊成分的晶粒将被熔化,随着这种晶粒的熔化密度不断增大,导电粒子链之间被分离绝缘,导电路径被切断,导电路径网络也被解体,因此电阻值会以非线性方式迅速增大。

⚡ 225. 什么是暂态抑制晶闸管?

暂态抑制晶闸管是一种门极由齐纳或雪崩二极管控制的可控硅复合型保护器件,它属于一种纵向并联保护器件,其简化电路如图 2.57 所示。当沿线路侵入的雷电暂态电涌过电压使齐纳二极管反向击穿后,很大的电流将从齐纳二极管流入可控硅元件的门极,触发其迅速导通,流过大电流,对过电压进行急剧短路限压,使得与其并联的设备得到保护。暂态抑制晶闸管的典型伏安特性如图 2.58 所示,其中的 V_{DRM} 为击穿电压,V_S 为翻转电压。当外加电压达到 V_{DRM} 时,管子从截止状态开始击穿,当电压超过翻转电压 V_S 后,管子进入导通状态,实施对电涌过电压进行箝位限压,箝位特性从 (V_T, I_S) 点开始,维持一条低压近似恒压特性。

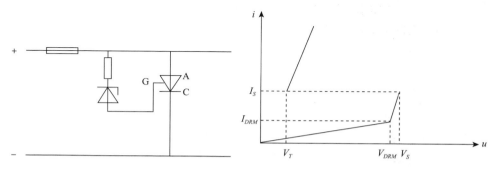

图 2.57 暂态抑制晶闸管   图 2.58 暂态抑制晶闸管的伏安特性

暂态抑制晶闸管在保护性能上的主要优点是:动作响应速度快,其理论响应时间仅为几个纳秒,泄漏电流小,一般不超过 50 nA,使用老化现象不明显,极间电容也比较小,一般不大于 50 pF。其主要缺点是:在直流系统中关断截止比较困难,关断存在时延,产品电压可选范围小。

⚡ 226. 分析并联和串联压敏电阻与放电管这两种设计的优缺点。

在电子信息系统的防雷设计中,常常将压敏电阻与放电管配合使用,如图2.59,图2.60所示,分析这两种设计的优缺点是什么?

压敏电阻在保护性能上的主要缺点是其自身的寄生电容较大,在通过持续大电流后其自身的性能要退化,将压敏电阻与放电管并联起来(图2.59),可以克服这一缺点。在放电管尚未放电导通之前,压敏电阻就开始动作,对暂态过电压进行箝位,泄放大电流,当放电管导通后,它将与压敏电阻进行并联分流,减少了对压敏电阻的通流压力,从而缩短了压敏电阻通过大电流的时间,有助于减缓压敏电阻的性能退化。但在这种并联组合中,压敏电阻的参考电压选得过低,则放电管将有可能在暂态过电压作用期间不会放电导通,过电压的能量全由压敏电阻来泄流,因此,压敏电阻的参考电压的数值必须选得比放电管的直流放电电压大才行,必须指出这种并联组合电路并没有解决放电管可能产生的续流问题,因此,它不宜应用于交流电源系统的保护。

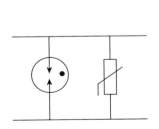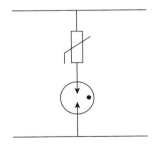

图 2.59　压敏电阻与放电管并联　　图 2.60　压敏电阻与放电管串联

为了弥补这不足之处,可以将压敏电阻与放电管串联起来使用,如图2.60所示,在这一串联支路中,压敏电阻的寄生电容较大,但放电管的极间电容很小,两者串联后整个支路的总电容将减小,可以减小到几个微法,这种串联支路有些类似于阀式避雷器。在系统正常运行时,放电管作为间隙将压敏电阻与系统隔开,使压敏电阻中基本上无电流流过,可以有效地减缓压敏电阻的老化与性能衰退。在承受暂态电涌过电压作用时压敏电阻与放电管串联,合理选择各器件的动作电压可使放电管首先动作导通,利用压敏电阻良好的非线性特性来进行箝位限压,在电涌过电压抑制结束后,压敏电阻能有效地抑制工作续流,使放电管能顺利地灭弧和切断续流。在这一串联支路中,借助于放电管的配合,压敏电阻的动作电压可以选得比单独使用时低一些,这就使得压敏电阻在抑制电涌过电压时能提供更低的残压,从而可提高保护可靠性。

⚡ 227. 分析电子设备保护设计图的不足之处,如何改进?

图 2.61 是电子设备保护设计图的一部分,分析这一设计图的不足之处,如何改进?

图 2.61 电源保护装置的接地引线较长,在抑制沿电源线袭来的雷电暂态过电压波时,保护装置安装点对实际地的电压可能会相当高,很容易使后面被保护电子设备受到损坏,为此可采用图 2.62 的接地方式,将电子设备的接地端与保护装置的接地端连接后再通过引线与接地母线相连接,这样在电子设备的输入端与其接地端就避开了原来保护装置那段接地引线寄生电感上的压降和接地电阻上的压降,从而有效地改善了保护装置的实际箝位效果。

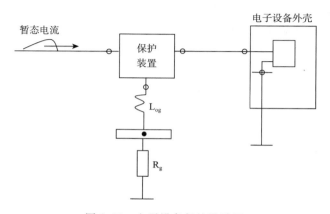

图 2.61 电子设备保护设计图

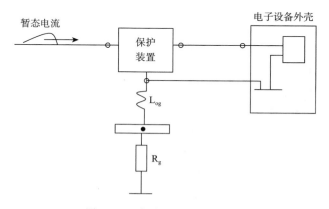

图 2.62 改进的电子设备保护

228. 防雷工程中如何计算电涌保护器的有效电压保护水平?

防雷工程实践中,为取得较小的电涌保护器有效电压保护水平,一方面可选有较小电压保护水平值的电涌保护器,一方面应采用合理的接线,并尽可能缩短连接电涌保护器的导体长度。电涌保护器的有效电压保护水平 Up/f(kV),对限压型电涌保护器,$Up/f=Up+\Delta U$;对电压开关型电涌保护器,$Up/f=Up$ 或 $Up/f=\Delta U$,其中,Up 为电涌保护器的电压保护水平(kV),ΔU 为电涌保护器两端引线的感应电压降,即 $L\times(\mathrm{d}i/\mathrm{d}t)$,户外线路进入建筑物处可按 1 kV/m 计算,在其后的可按 $\Delta U=0.2p$ 计算,仅是感应电涌时可略去不计。

229. 低压配电系统中如何安装 TT 系统进户处的电涌保护器?

低压配电系统中,TT 系统电涌保护器安装在进户处剩余电流保护器的负荷侧时,如图 2.63 所示。

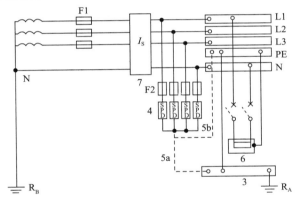

图 2.63　TT 系统电涌保护器安装在进户处剩余电流保护器的负荷侧

图 2.63 中,3 为总接地端或总接地连接带;4 为 Up 应小于或等于 2.5 kV 的电涌保护器;5a 或 5b 为电涌保护器的接地连接线;6 为需要被电涌保护器保护的设备;7 为安装于母线的电源侧的剩余电流保护器(RCD),应考虑通雷电流的能力;F1 为安装在电气装置电源进户处的保护电器;F2 为电涌保护器制造厂要求装设的过电流保护电器;R_A 为本电气装置的接地电阻;R_B 为电源系统的接地电阻。

低压配电系统中,TT 系统电涌保护器安装在进户处剩余电流保护器的电源侧时,如图 2.64 所示。

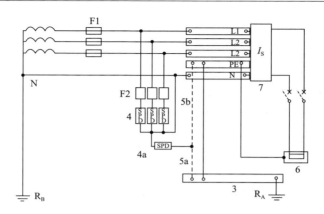

图 2.64　TT 系统电涌保护器安装在进户处 RCD 的电源侧

图 2.64 中，4、4a 为电涌保护器，它们串联后构成的 U_p 应小于或等于 2.5 kV；7 为安装于母线的负荷侧的 RCD；其他符号含义同图 2.63。

⚡ 230. 低压配电系统中如何安装 TN 系统进户处的电涌保护器?

低压配电系统中，TN 系统进户处安装的电涌保护器如图 2.65 所示。

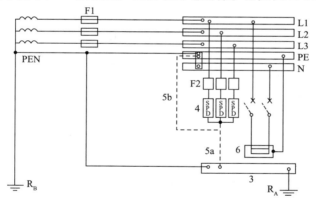

图 2.65　TN 系统安装在进户处的电涌保护器

图 2.65 中，3 为总接地端或总接地连接带；4 为 U_p 应小于或等于 2.5 kV 的电涌保护器；5a 或 5b 为电涌保护器的接地连接线；6 为需要被电涌保护器保护的设备；F1 为安装在电气装置电源进户处的保护电器；F2 为电涌保护器制造厂要求装设的过电流保护电器；R_A 为本电气装置的接地电阻；R_B 为电源系统的接地电阻。

⚡ 231. 低压配电系统中如何安装 IT 系统进户处的电涌保护器？

低压配电系统中,IT 系统电涌保护器安装在进户处剩余电流保护器的负荷侧时,如图 2.66 所示。

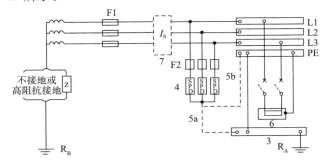

图 2.66　IT 系统电涌保护器安装在进户处剩余电流保护器的负荷侧

图 2.66 中,3 为总接地端或总接地连接带;4 为 Up 应小于或等于 2.5 kV 的电涌保护器;5a 或 5b 为电涌保护器的接地连接线;6 为需要被电涌保护器保护的设备;7 为剩余电流保护器(RCD);F 为安装在电气装置电源进户处的保护电器;F2 为电涌保护器制造厂要求装设的过电流保护电器;R_A 为本电气装置的接地电阻;R_B 为电源系统的接地电阻。

⚡ 232. 低压配电系统的 TN-C-S 系统中如何安装Ⅰ至Ⅲ级电涌保护器？

低压配电系统中,TN-C-S 系统Ⅰ级、Ⅱ级和Ⅲ级电涌保护器安装,如图 2.67 所示。

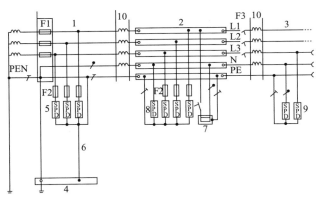

图 2.67　Ⅰ级、Ⅱ级和Ⅲ级试验的电涌保护器的安装

图 2.67 中,1 为电气装置的电源进户处;2 为配电箱;3 为送出的配电线路;4 为总接地端或总接地连接带;5 为Ⅰ级试验的电涌保护器;6 为电涌保护器的接

地连接线;7 为需要被电涌保护器保护的固定安装的设备;8 为 II 级试验的电涌保护器;9 为 II 级或 III 级试验的电涌保护器;10 为去耦器件或配电线路长度;F1、F2、F3 为过电流保护电器。

注:(1)当电涌保护器 5 和 8 不是安装在同一处时,电涌保护器 5 的 U_p 应小于或等于 2.5 kV;电涌保护器 5 和 8 可以组合为一台电涌保护器,其 U_p 应小于或等于 2.5 kV。

(2)当电涌保护器 5 和 8 之间的距离小于 10 m 时,在 8 处 N 与 PE 之间的电涌保护器可不装。

五、接地技术

⚡233. 大地地和电气地有什么区别?

大地地是指地球陆地的表面层,即地理地。

大地是一个电阻非常低、电容量非常大的物体,它拥有吸收无限电荷的能力,而且在吸收大量电荷后仍能保持电位不变,因此,电气上把它作为一个系统的参考电位体,这种"地"称为电气地。除了电气地外,在电子设备中电流在电路传输、信号转换时,要求有一个参考电位,防止外界信号的干扰,这个电位称为逻辑地或浮地,逻辑地可与大地接触,也可不接触。

⚡234. 大地地的电位和电气地的电位有什么区别?

大地由于能吸收无限电荷,因此,大地地的电位宏观上看作零电位。由于大地中自然电场和人工电场的影响,大地各点的电位是不同的,工程上把离开人工电场(接地体)20 m 远处的地电位视为零电位。

电气地的电位与电气系统注入大地的电流大小有关,当有大电流流入电气地时,电气地的电位可能达到很高的电压,尤其是雷电流流入电气地时,电气地的瞬时电位可达数十万伏,因此单独设置的防雷接地点,不能设在门口和人行道附近。

在选择电气地时,还要远离人工电场,即和其他电气系统的地要远离,希望离开 20 m,若无法远离时,最小距离为 5 m。

⚡235. 什么叫接地? 接地的作用是什么?

将电力系统或电气装置的某一部分经接地线连接到接地极上,称为接地。电力系统中接地的部分一般是中性点,也可以是相线上的某一点。电气装置的接地部分则是正常情况下不带电的金属导体,一般为金属外壳。有时为了安全保护的需要,把不属于电气装置的导体,如水管、风管、输油管及建筑物的金属构件和接地极相连,称为接地;幕墙玻璃的金属立柱等和接地极相连,也称为接地。

接地的作用主要是防止人身受到电击,保证电力系统的正常运行,保护线路和设备免遭损坏,预防电气火灾,防止雷击和防止静电损害。

⚡ 236. 什么是接地系统?

接地系统是指将等电位连接网络和接地装置连在一起的整个系统。每幢建筑物本身应采用一个接地系统。在工程的设计阶段不知道电子系统的规模和具体位置的情况下,若预计将来会有需要防雷击电磁脉冲的电气和电子系统,应在设计时将建筑物的金属支撑物、金属框架或钢筋混凝土的钢筋等自然构件、金属管道、配电的保护接地系统等与防雷装置组成一个接地系统,并应在需要之处预埋等电位连接板。

⚡ 237. 接地按作用分为哪几类?

一般分为两类:保护性接地和功能性接地。

(1)保护性接地

保护性接地又分为如下四种。

保护接地:将设备的外露导体部分接地,称为保护接地。其目的是为了防止电气设备绝缘损坏或产生漏电时,使平时不带电的外露导体部分带电,人触及而产生电击。

防雷接地:将雷电导入大地,防止雷电流使人受到电击或财产受到损坏。

防静电接地:将静电荷引入大地,防止由于静电积聚对人体和设备造成危害。

防电蚀接地:在地下埋设金属体作为牺牲阳极或牺牲阴极,保护与之连接的金属体,例如金属输油管。

(2)功能性接地

功能性接地也可分为四种。

工作接地:为了保证电力系统的正常运行,在电力系统的适当地方进行接地,称为工作接地。交流系统中,此点一般为中性点。

逻辑接地:为了获得稳定的参考电位,将电子设备中的适当金属件作为参考零电位,需获得零电位的电子器件接在此金属件上,这种接法称为逻辑接地。

屏蔽接地:将金属壳或金属网接地,保护壳或网内的电子设备不受外界的电气干扰,或者使壳内或网内的电子设备不对外部电子设备引起干扰。

信号接地:为保证信号具有稳定的基准电位而设置的接地,称为信号接地。

238. 按连接方式建筑物的接地分哪几类？

接地按连接方式可分为独立接地和联合接地。独立接地是把直流接地、保护接地、防雷接地分开设置。这样做的目的是为了排除来自地线的干扰源。这是根据电子计算机设备要求独立接地或通信系统要求单独接地而采取的接地措施。为避免不同系统接地而引入不同电位，导致人身和设备事故，根据规范要求，各接地系统的距离必须大于 20 m，且它们的接地极与地线之间要保持绝缘，绝缘电阻应在 2 MΩ 以上，接地电阻小于 4 Ω。

联合接地是将各种接地通过接地线连接在同一接地装置上。一般地，除特殊情况外，一个建筑物只能存在一个接地系统，以免引入不同电位而导致人身和设备事故。因此，对于智能建筑来说，智能系统设备如无特殊要求，建筑物接地应采取联合接地。

239. 什么叫接地体？

埋入土壤中或混凝土中直接与大地接触的起散流作用的金属导体，称为接地体（接地极）。接地体分为自然接地体和人工接地体两类：各种直接与大地接触的金属构件、金属井管、钢筋混凝土建筑物的基础、金属管道（输送易燃易爆液体和气体的管道除外）和设备等用来兼作接地的金属导体称为自然接地体。埋入地中专门用作接地的金属导体称为人工接地体，它包括垂直接地体、水平接地体和接地网。人工接地极宜采用水平敷设的圆钢、扁钢、金属接地板，垂直敷设的角钢、钢管、圆钢等。为了降低接地电阻和增加抗腐蚀能力，工程中也采用铜包钢、铝包钢接地极。

240. 什么叫接地线？

电力设备、杆塔的接地螺栓与接地体或零线连接的在正常情况下不载流的金属导体，称为接地线。

241. 接地装置由哪几部分组成？

接地装置是接地极（或称接地体）和接地线的总称。因此，接地装置由接地极和接地线组成。

242. 接地材料有哪几种？ 它们各有什么特点？

（1）金属接地材料：从 20 世纪 80 年代末到现在占领接地材料榜首的仍然是金属接地材料（这里主要指铜材和钢材），由于其具备良好的导电性和经济性，是接地工程中最重要的材料之一。但是由于金属材料存在腐蚀问题,对接地电阻的影响也比较大,是安全生产中的一个大的隐患。一般在电信系统中早期的地网每四年就重新改造一次,其主要原因就是因为金属材料的腐蚀问题,而在盐碱地区往往一两年就要重新改造。而近年生产资料价格猛涨造成接地成本增加,使得金属接地材料的缺点逐渐凸显。

(2)非金属接地材料:非金属接地材料是目前新生的一种金属接地体的替换产品,由于其特有的抗腐蚀性能、良好的导电性以及较高的性价比,而被广大用户所接受。目前非金属接地产品以石墨为主要材料,根据制作工艺不同主要有压制和烧制两种。

第一种是普通压制产品,是将石墨粉与导电水泥按照一定比例混合后,经过压力压缩定型后加少量水来达到整体固化,导电水泥起到增加整体强度的作用,这种工艺一般采用金属通心的连接方式,这主要是利用金属的高通流能力。压制非金属接地的产品存在着很大的问题,其一是石墨体与金属电极的连接问题,出现石墨整体与金属材料互相分离的现象,这对故障电流通过接地体扩散到土壤当中起着阻碍作用;其二是压制的产品整体强度性差,在施工的过程中很容易破碎,在运输过程中更得小心谨慎。其三是压制石墨体与金属电极之间的电阻一般都不低于 $3\sim5\ \Omega$,如果石墨体与金属电极之间因为某种原因分离,其石墨体与金属电极之间电阻更是大到不可想象。

第二种是烧制的膨胀石墨非金属接地体,主要采用纯度在 99% 以上的鳞片石墨。这种接地体不仅保留了天然鳞片石墨材料所固有的耐高、低温,耐酸、碱腐蚀,导热、导电,自润滑和抗辐射等诸多优点,而且其特殊的网络状孔结构,还赋予它良好的压缩性、回弹性、低应力、高松弛率、很好的吸水和保湿性能、吸油性、抗腐蚀性以及热、电导能力的高度异向性等许多独特的功能,还有石墨本身良好的稳定性、抗老化性、自身低电阻特性更是其他材料无法替代的,由于其本身对环境敏感度非常低,几乎不受外界因素的影响,所以接地电阻值能够在相当长的时间内保持不变,这是传统接地材料无法比拟的,这对地网每年维护的好处是不言而喻的,石墨基本结构就是碳,它对环境没有任何污染,所以这种原料的产品属于环保型产品。

⚡ 243. 防止接地装置受腐蚀的方法有哪些?

地网导体在土壤中腐蚀的主要原因是由于导体表面的物理化学的不均匀性,或是不同材料的导体相接触和土壤中的电解质溶液构成原电池而引起的。为了防止地网遭受腐蚀,应设法消除形成腐蚀原电池的各种条件或尽量减缓极化反应速度,主要有以下方法:

(1)正确选用导体材料。以前国外大多采用铜地网,铜抗腐蚀性强,但与地网连接的设备外壳、构架基础、电缆皮都是钢铁或铅做的,它们与铜导体构成原电池,易加速腐蚀。考虑到未镀锌的钢铁在土壤中腐蚀速度为铜的 4～5 倍,镀锌钢为铜的 1～2 倍,而铜的价格是钢的几倍,且钢的热稳定性比铜好,因此,建议用镀锌钢为地网导体材料。

（2）合理设计。在地网设计中,应按预期的地网使用年限计算符合腐蚀要求的导体截面积,然后与按热稳定要求选择的截面积相比较,取较大值作为设计值。应尽量选用圆钢,少用扁钢,避免使用多股导线作为接地导体。布置地网时,尽量避免将电极电位差较大的金属导体相连接,以减缓腐蚀速度。

（3）采用电化学保护方法。电化学保护的实质在于对要保护的接地导体通以直流电流使之进行极化反应,而主要采用的是阴极法。阴极法又分为有源法和无源法。有源法就是将电源负极接在被保护的导体上,正极接一辅助电极(可用钢或石墨),这样电流从正极流向接地导体,辅助电极被腐蚀;无源法就是将一个比被保护导体有更大负电性的辅助电极(镁)埋入土壤,并与被保护导体连接,这样辅助电极被腐蚀,达到了保护目的。

（4）用覆盖层保护。覆盖层的作用在于使导体与外界隔离,以阻碍金属表面的微电池腐蚀作用。可用耐腐蚀性强的金属或合金作覆盖层,如用铜包钢、镀锌钢等,也可用油漆、沥青和塑料等作覆盖层。

（5）用缓蚀剂。缓蚀剂主要分为有机和无机两种,有机缓蚀剂主要用于因为酸性引起的腐蚀,无机缓蚀剂主要用于因氧的存在而引起的金属腐蚀。当使用降阻剂时可加入一些缓蚀剂降低导体腐蚀速度。

⚡ 244. 能否利用设备的金属构架作为接地线？

《电气装置安装工程接地装置施工及验收规范》(GB 50169—92)2.2.2 规定:交流电气设备的接地线可利用生产用的起重机轨道、配电装置的外壳、走廊、平台、电梯竖井、起重机与升降机的构架、运输带的钢梁、电除尘器的构架等金属结构。因此,能利用设备的金属构架作为交流电气设备的接地线。但要注意以下两点:

（1）金属构架作为接地线,接地干线接在构架的一端,构架的另一端接电气设备的接地端子时,构架的两端接地之间必须有良好的电气通路,且此通路的截面积不小于电气设备所需的接地线面积。

例如,变压器的预埋基础槽钢可作为接地干线的延伸接地线,把作为接地线的 25 mm×4 mm 的镀锌扁钢焊在基础槽钢的一端,基础槽钢的另一端焊一只铜接地螺栓,用铜编织线把基础槽钢上的接地螺栓和变压器的外壳或需接地的中性端连接起来。又如,配电柜的可拆卸底座也可作为接地线的延伸线。

（2）对位于接地线中间的设备,金属预埋件可作为下一设备接地线的组成部分;对可拆卸的构架,则只能作为自身设备的接地线,不可作为下一设备的接地线。

⚡ 245. 对接地装置导线截面积的要求是多少？

接地装置导线截面积应符合下列要求。

(1)根据热稳定的条件,接地线的最小截面积应符合下式的要求:

$$S \geqslant \frac{I}{C} \sqrt{t}$$

式中:S 为接地线的最小截面积(mm^2);I 为流过接地线的短路电流稳定值(A);t 为短路的等效持续时间(s);C 为接地线材料的稳定系数。

(2)人工接地体水平敷设时,可采用圆钢、扁铁。垂直敷设时,可用角钢、圆钢等。

⚡ 246. 什么叫防雷接地？

接闪杆、接闪线、避雷器和雷电电涌保护器件等都需要接地,把雷电流泄放入大地,这就是防雷接地。图 2.68 为接闪杆接地装置泄流作用的示意图。在泄散雷电流过程中,接地体向土壤泄散的是高幅值的快速冲击电流,其散流状况直接决定着由雷击产生的暂态地电位抬高水平,良好的散流条件是防雷可靠性和雷电安全性对接地装置的基本要求。

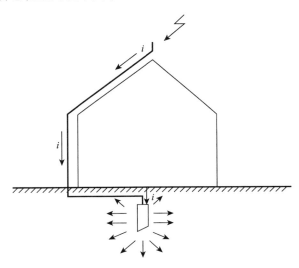

图 2.68　接闪杆接地装置泄流作用的示意图

⚡ 247. 什么叫浮地？

浮地,即电路的地与大地无导体连接。优点是电路不受大地电性能的影响;缺点是电路易受寄生电容的影响,而使电路的地电位变动和增加了对模拟电路的感应干扰；由于电路的地与大地无导体连接，易产生静电积累而导致静电放电，可能造成静电击穿或强烈的干扰。因此，浮地的效果不仅取决于浮地的绝缘电阻的大小，而且取决于浮地的寄生电容的大小和信号的频率。

⚡ 248. 在什么情况下要采取接地保护？

在中性点不接地的低压系统中，应采取接地保护。因为当电气设备绝缘损坏，使相线碰到设备的外壳时，人误碰到带电的设备外壳后，接地电流 I_d 则通过人体、接地体和电网对地绝缘阻抗形成回路，流过每一条通路的电流值将与其电阻大小成反比，即：

$$\frac{I_r}{I_d} = \frac{R_d}{R_r}$$
$$I_d = I_r + I_d'$$

式中：I_r 为流经人体的电流（A）；I_d 为流经接地体的电流（A）；R_d 为接地体的接地电阻（Ω）；R_r 为人体的电阻（Ω）。

从上式可以看出，接地体的接地电阻 R_d 愈小，流经人体的电流就愈小。这时漏电设备对地的电压主要取决于接地保护的接地体电阻 R_d 的大小。

由于 R_d 和 R_r 并联，而且 $R_d < R_r$（通常接地体的电阻要比人体的电阻小数百倍），故可以认为漏电设备外壳对地电压为：

$$U_d = \frac{R_d}{R_d + Z} U_N$$

式中：U_d 为漏电设备外壳对地电压（V）；U_N 为电网的相电压（V）；R_d 为接地体的接地电阻（Ω）；Z 为电网对地的绝缘阻抗（由电网对地分布电容和对地的绝缘电阻组成）。

又因 $R_d < Z$，所以，漏电设备对地电压大为降低，只要适当控制 R_d 的大小（一般不大于 4 Ω）。就可以避免人体触电的危险，起到保护作用。

接地保护适用于三相三线或三相四线制的电力系统。在这种电网中，凡由于绝缘破坏或其他原因而可能呈现危险电压的金属部分，例如变电器、电动机以及其他电器等的金属外壳和底座均可采取接地保护。

⚡ 249. 有了保护接地后，还要不要装自动切断单相接地短路故障的保护装置？

在中性点直接接地的系统中，为了保证人身、设备和财产安全，对保护接地的要求是：发生单相接地故障时，接触电压数值不超过规定值。因此，对保护接地的接地电阻大小有要求，此外，故障电压根据其大小也有一个允许的持续时间，降低接地电阻值，可达到安全要求，但代价极大，在供电系统中增加了可靠的自动切断单相接地短路故障的保护装置后,就可迅速切断故障达到安全的目的,常用的装置有断路器和熔断器。

250. 什么叫中性点、零点和中性线、零线?

发电机、变压器和电动机的三相绕组星形连接的公共点称为中性点,如果三相绕组平衡,由中性点到各相外部接线端子间的电压绝对值必然相等。如果中性点是接地的,则该点又称为零点。从中性点引出的导线,称作中性线;而从零点引出的导线就称为零线。

251. 为什么直流电力回路不应利用自然接地体作为电流回路的零线、接地线或接地体?

因为当直流电流通过埋在土壤中的接地体时,接地体附近的土壤发生电解作用,可使接地体的接地电阻值增加。此外,由于直流电流对接地体的电解作用,地下建筑物和地下管道等自然接地体很容易受到腐蚀而造成严重的损坏。所以,直流电力回路应采用专用的中性线,而且中性线、接地线、接地体不应与自然接地体有金属连接。

252. 什么叫接零保护? 什么条件下采取接零保护?

所谓"接零保护",就是在正常情况下把电器设备中与带电部分绝缘的金属结构部件用导线与配电系统的零线连接起来。接零保护一般与熔断器、保护装置等配合用于变压器中性点直接接地的系统中。日常生活中常用的就是这种三相四线制中性点直接接地的供电方式。在三相四线制中性点直接接地的低压系统中,当某一相绝缘损坏使相线碰壳时,单相接地短路电流 I 则通过该相零线构成回路。由于零线的阻抗很小,所以单相短路电流很大,它足以使线路上的保护装置(例如熔断器)迅速动作,从而将漏电设备断开电源,消除触电危险,起到保护作用。

接零保护的应用范围:在三相四线制中性点直接接地的低压电力系统中,电气设备的金属外壳可采用接零保护。当采用接零保护时,除电源变压器的中性点必须采取工作接地以外,同时对零线要在规定的地点采取重复接地。

253. 什么叫重复接地?

将零线上的一点或多点,与大地进行再一次的连接叫重复接地。

254. 重复接地的作用是什么? 其接地电阻值要求是多少?

所谓重复接地,就是指零线的一处或多处通过接地体与大地再次连接。其作用有如下两个方面。

(1)降低漏电设备外壳的对地电压:因为没有重复接地时,漏电设备外壳对地电压等于单相短路电流在零线部分产生的电压降;而有了重复接地以后,漏电设备外壳的对地电压仅为 U_N 的一部分,即:

$$U_d = \frac{R_c}{R_c + R_0} U_N$$

式中:U_d 为漏电设备外壳的对地电压(V);R_c 为重复接地的接地电阻(Ω);R_0 为工作接地的接地电阻(Ω);U_N 为零线上的电压降(V)。

显然,这时漏电设备外壳对地电压只占零线电压降的一部分,危险性相对地减少了。

(2)减轻零线断线时的触电危险:如果零线没有重复接地,当发生零线断线而且在断线的后面某电气设备发生漏电时,这时断线处两边接零设备外壳的对地电压分别接近于零和相电压。当人体接触断线后面某电气设备的外壳时,会发生触电的危险。而零线有重复接地时,显然,U_d 和 U_N 都低于相电压。因此相对地减少了触电的危险性。

在接零保护系统中,当零线断线时,即使没有电气设备漏电,而当三相负荷极不平衡时,零线上也有可能会出现危险的对地电压。这时,重复接地也有减轻或消除危险的作用。

重复接地的接地电阻,一般要求不超过 10 Ω。

⚡ 255. 总等电位连接后,是否有进行重复接地的必要?

等电位连接和重复接地是两个不同的概念,它们作用的对象不同,其作用也是不同的。

等电位连接是在一个区域内进行,例如在浴室内把所有的金属物体用导线连成一体;重复接地则是对线路中的 N 线、PE 线或 PEN 线和地的电位接近,因此两者的对象不同。

等电位连接的目的是使区域内的金属物体处于同一电位;重复接地则是使线路中的 N 线、PE 线或 PEN 线和地的电位接近,因此两者的目的不同。

等电位连接是防止触电的有效方法之一;重复接地则主要是防止线路断裂。

利用建筑物基础作联合接地体后,在建筑物内部还应做局部等电位连接。如果电源由建筑物外引入建筑物内,则在电源进户端可利用联合接地体作为电源的重复接地。

⚡ 256. 什么是接地装置的接地电阻?

接地体或自然接地体的对地电阻和接地线电阻的总和,称为接地装置的接地电阻。它的数值等于接地装置对地电压与通过接地体流入地中电流的比值。

⚡ 257. 影响接地电阻的因子有哪些？

接地电阻是表征接地体向大地泄散电流的一个基本物理参数。电流从接地极向周围的大地流散时，土壤呈现的电阻称为接地电阻。接地电阻是大地电阻效应的总和，它包括三个成分，即接地体及其连线的电阻，接地体表面与土壤的接触电阻和土壤的散流电阻，在这三个成分中，金属的接地体及其连线的电阻很小，一般可以忽略不计。接地电阻的大小直接与土壤电阻率有关，埋设接地体的作用就是确定地中电流起始泄散的几何边界条件，以接地体自身的形状和尺寸来影响接地电阻值。接地体与土壤接触得越紧密，就越有利于电流从接地体表面向土壤中泄散，接触电阻成分就越小。另外，土壤自身的电阻率越小，其散流性能就越好，散流电阻成分也就越小，这三部分电阻中，接地极表面和土壤之间的接触电阻是接地电阻的主要部分。

⚡ 258. 接地电阻与接地极电阻有什么区别？

接地极的对地电压与流入接地极的电流之比称为接地极的接地电阻。工程中测量接地极电阻时，在接地极上人为加上一个交流电压，然后测量流入接地极的电流，二者之比，即为接地极的接地电阻。因此，把接地电阻理解为接地极电阻是错误的。

⚡ 259. 什么是冲击接地电阻？

雷电流经过接地体入地时，冲击电流产生的冲击电压降峰值与冲击电流峰值之间有一个时间差，即雷电流增长到峰值的时间滞后于冲击电位降增长到最大值的时间。严格地说，冲击接地电阻将不再像工频接地电阻那样为一个常数，而是随接地体泄散雷电流大小变化而变化的变量。为了方便起见，工程上常用雷电流幅值 I 与接地体的冲击电位幅值 U_m 之比来定义冲击接地电阻。

⚡ 260. 什么是冲击系数？

在大多数实际情况下，接地体的分布参数效应对接地电阻的影响弱于土壤放电效应，接地体的冲击接地电阻小于其工频接地电阻。在高电阻率土壤地区采用伸长的较长接地体和泄散陡波头雷电流的特殊场合下，分布参数效应会强于土壤放电效应，这些场合下接地体的冲击接地阻抗会大于其工频接地电阻，甚至可能远大于工频接地电阻。对于同一接地体，把冲击接地电阻与工频接地电阻之比定义为冲击系数。

⚡ 261. 什么是接地体的冲击效应？

接地体在向土壤泄散雷电流时所出现的冲击效应包括土壤的放电效应和接地体的分布参数效应。

（1）土壤放电效应：雷电流幅值很高，当雷电流经接地体向土壤泄散时，接地体附近土壤的电流密度很大，由式 $E=\rho J$ 可知，这些地方的电场强度也很高，会超过土壤的耐受限度，即土壤的击穿场强，使得在接地体附近的土壤发生放电击穿，形成一个击穿区域，如图 2.69 所示。

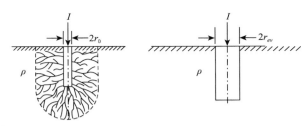

图 2.69　接地体泄放电流示意图

在这一击穿区域内，土壤失去原有的电阻率值，其电阻率将减小到很低的数值，击穿区域内的实际结构是复杂的，工程上为了便于简化分析，采用这种击穿区域概念来近似反映接地体周围的放电范围。由于在击穿区域内的土壤电阻率变得很小，导电性能显著增强，这可以等值地看作是接地体截面的增大，因此接地体的冲击接地电阻会减小，如图 2.69 所示，r_{ev} 为由土壤放电击穿引起的等值半径，很明显，$r_{ev}>r_0$，r_0 为接地体截面半径。当接地体泄散的雷电流增大时，其周围的高场强区域边界向外扩展，接地体的等值截面进一步增大，其冲击接地电阻也进一步减小。

（2）接地体的分布参数效应：如果电路的外形尺寸与电路中工作信号的波长相比不是小很多，而是达到可比的程度，则这时的电路将具有分布参数特征。由于波长与频率成反比，对于同一电路，它在低频信号下工作时是集总参数电路，而在高频信号下工作时就可能成为分布参数电路。雷电流波头很陡，等值频率很高，较长接地体在泄散雷电流时，它不仅具有电阻参数，而且具有电感和电容参数，且沿接地体长度方向是分布存在的。一般地说，接地体的尺寸越大，且雷电流的波头越陡，则接地体或接地网的分布参数特征就越明显。在防雷接地的设计计算中，对于一些不长的接地体，可忽略它们的分布参数特征，而近似用集总的冲击接地电阻来表征它们的散流特性。但是，对于单个长接地体和大尺寸的组合接地体，不能简单地采用集总参数的接地电阻概念，需要采用分布参数电路的方法来进行泄散雷电流的波过程计算。

⚡ 262. 什么是接地体之间的屏蔽效应?

在多根垂直接地体排列中,由于每根接地体均向土壤中泄放相同极性的电荷流,所以相邻两接地体向土壤中散发的电流线总是互相排斥的,这样在两相邻接地体之间的土壤就得不到充分的散流,从而使散流电阻增大,这种作用称为接地体之间的屏蔽效应。为了消除这种屏蔽效应,接地体之间的距离一般要大于5 m。

⚡ 263. 什么是环形接地? 环形接地的作用有哪些?

把接地体沿建筑物周围围成一个闭合环就是环形接地。环形接地连接线采用4 mm×40 mm 镀锌扁钢,沿建筑物桩台板外圈做环形敷设,或利用建筑物桩台板外圈大于∅10 的两根桩台板板面钢筋做环形连接。环形接地连接线与所经过的各种桩内二根主筋焊接,建筑物上部所需要的多组接地线均从环形接地连接线上引出,这样的接地可以使界面以内的电场分布比较均匀,减少跨步电压对人的危害,也可减少室内在被雷击时,由于地面电位梯度大而产生对设备高电压反击的危险。

⚡ 264. 什么是对地电压?

电气设备的某相发生接地时,其接地部分(接地体、接地线、设备外壳等)与大地电位等于零处的电位差,称为接地时的对地电压。

⚡ 265. 什么是跨步电压?

雷电流经接地体散入大地,将在周围土壤中产生电压降,使附近地面上不同地点之间出现电位差。如果人站在这块具有不均匀电位分布的地面上,则在人的两脚之间就存在着一定的电压,如图 2.70 所示。在工程上,常将人跨一步的步长取为 0.8 m,并把这一距离两端的电位差称为跨步电压。

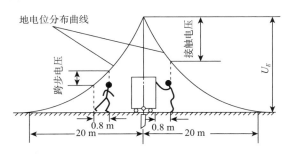

图 2.70　跨步电压与接触电压

跨步电压的大小直接关系到地面上行走人员的安全,是防雷与接地设计中必须要考虑的一个重要安全指标。它与多种因素有关,如接地体深度、土壤结构、土壤电阻率、雷电流幅值与波头陡度等。在土壤电阻率小的地方,接地体周围的暂态电位分布曲线比较平滑,跨步电压较小,而在土壤电阻率大的地方,接地体周围的暂态电位分布曲线比较陡翘,跨步电压较大。由图 2.70 还可看到,越靠近接地体的地方,跨步电压越大,当跨步电压超过允许值时,就会造成人员伤亡。

⚡ 266. 什么是接触电压?

当接地电流流过接地装置时,在大地表面形成分布电位,如果站在地面上的人用手触及设备外壳(垂直向上的距离为 1.8 m 处),则人的手与脚之间将承受一个电压,这个电压就被称为接触电压,如图 2.70 所示。

⚡ 267. 降低接触电压和跨步电压的措施有哪些?

降低接触电压和跨步电压的措施主要是从接地体的形状、埋设等方面去考虑。

(1)接地体的形状的选择:最好采用以水平接地体为主的人工接地网,而且使水平接地体构成为闭合的环形。同时,在环形内部加设相互平行的均压带,均压带的间距一般以 4~5 m 为宜。

(2)接地体的埋设:一般情况下接地体的埋深应不小于 0.5 m,为了降低接触电压和跨步电压,要求水平接地体局部埋深不应小于 1.0 m,并应铺设 50~80 mm 厚的沥青层或采用沥青碎石地面,其宽度应超出接地装置 2.0 m 左右。

(3)采用"帽檐式"均压带:敷设两条与接地网相连的"帽檐式"均压带,能显著降低接触电压和跨步电压。

⚡ 268. 为降低工作接地的接地电阻,采用铜接地极,而对重复接地,为了降低造价,采用角钢接地极,这种做法是否值得推广?

在同一电源系统中,采用不同材料的接地极是错误的,因为不同材料在土壤中呈现的电位是不同的。

如果工作接地用铜接地极,重复接地用角钢接地极,这两个电极之间就会产生 0.777 V 电位差,此电位差在电力系统中是微不足道的,但在土壤中就会引起电腐蚀,使作为阳极的铜接地极逐渐腐蚀,这是不希望发生的。

工程设计中为避免出现这种情况,当接地极采用铜接地极时,地下接地线也采用裸铜线,这是必须注意的。

⚡ 269. 为什么接地电阻检测值有时会偏离真值?

(1)地表处存在地电流。如果辅助测试极放在工厂、综合楼等的各种电子电气设备接地网周围,在辅助地极周围产生电位差,将影响测量的准确度。

(2)被测接地极本身存在有交变电流。用电设备绝缘不好,部分短路引起的漏电现象、引下线附近有并接的高压电源干扰、零地混接等均可引起被测接地极本身存在有交变电流,使零地电位过大,直接影响到接地电阻的测量准确度。

(3)接触不良(包括仪器本身)。接地电阻测试仪接线连接处,由于经常弯曲使用,容易折断,而由于保护套的存在,又很难发现,造成时断时通的现象;另外,由于检测棒及虎钳夹使用的时间长,有氧化锈蚀现象,也可造成接触不良;被测接地极氧化严重,也会影响测量读数。

(4)被检测接地装置附近存在强电磁场。在大功率的发射基地附近,如雷达、移动、微波、卫星等通信发射装置,高压变电所及高压线路附近,大功率设备频繁起动场所,由于有强电磁场存在,会在检测仪器两个闭合回路耦合出感应电流,影响读数的准确。同时,由于接地电阻测试仪是由集成度很高的电子元件构成,强大的电磁场对测试仪器的正常工作造成很大的干扰,影响读数的准确。

(5)接地装置和金属管道埋地比较复杂。加油站、化工厂等场所地下金属管道布置复杂,如果按照正常检测连线,由于接地金属管道的存在,实际上改变了测量仪各极端的电流方向,常引起测量值为零或负值现象。

(6)辅助接地极位置不当。对于单一垂直接地体或占地面积较小的组合接地体,电流极与被测接地体之间的距离可取 40 m,电压极与被测接地体之间的距离可取 20 m;对于占地面积较大的网络接地体,电流极与被测接地体之间的距离可取为接地网对角线的 2~3 倍。现代城市建筑密度越来越大,可供选择辅助地极的位置非常有限,在接地电阻测量中,有时很难满足间距要求,甚至辅助极布置在地网的情况也时有发生,造成接地阻值过小,甚至出现负值。

⚡ 270. 接地极的有效长度如何计算?

接地极的有效长度与接地极的实际长度无关,只和接地极周围的土壤电阻率有关,两者之间的关系按下式确定:

$$l_e = 2\sqrt{\rho}$$

式中:l_e 为接地极的有效长度(m);ρ 为敷设接地极处的土壤电阻率($\Omega \cdot m$)。

潮湿有机土壤的电阻率约为 10 $\Omega \cdot m$,则接地极的有效长度约为 6.32 m;岩床的土壤电阻率约为 10000 $\Omega \cdot m$,则接地极的有效长度约为 200 m。因此敷设在潮湿有机土壤中的接地极的有效长度与敷设在岩床中的接地极有效长度相比要小得多。

⚡ 271. 工频接地电阻如何换算成冲击接地电阻?

接地装置的冲击接地电阻与工频接地电阻的换算按下式确定:

$$R_\sim = AR_i$$

式中:$R_\sim$ 为接地装置各支线的长度取值小于或等于接地极的有效长度 l_e 时的工频接地电阻(Ω);A 为换算系数,其值和接地极的有效长度和实际长度之比及接地极敷设位置处的土壤电阻率有关;R_i 为接地装置的冲击接地电阻(Ω)。

⚡ 272. 工频接地电阻换算成冲击接地电阻时,换算系数 A 如何确定?

要确定换算系数 A,首先要测出两个数据:接地极敷设处的土壤电阻率,接地极实际长度和有效长度之比。分以下几种情况:

①单根水平接地体;②末端接垂直接地体的单根水平接地体;③多根水平接地体;$l_1 \leqslant l$;④接多根垂直接地体的多根水平接地体,$l_1 \leqslant l, l_2 \leqslant l, l_3 \leqslant l$。

土壤电阻率可用数字式接地电阻测试仪测量,根据 $l_e = 2\sqrt{\rho}$ 可确定接地极的有效长度 l_e;再根据图 2.71 确定接地极的有效长度和实际长度之比。

根据接地极实际长度和有效长度之比,在图 2.72 的横坐标上找到相应的点,由此点垂直向上和图中的土壤电阻率折线相交,其交点对应的纵坐标即为换算系数 A。

例如,用 PD 234 接地电阻测试仪测出土壤的电阻率为 1000 $\Omega \cdot$ m。由此求得接地极的有效长度 $l_e = 2\sqrt{1000} = 63.2$ m。

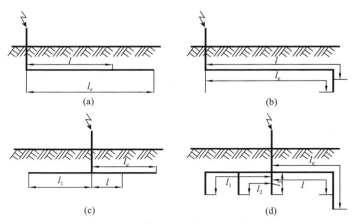

图 2.71　接地极有效长度示意图

如图 2.71 所示的末端接垂直接地极的单根水平接地极,水平部分长 10 m,垂直部分长 2.5 m,因此:

$$l/l_e = (10+2.5)/63.2 = 0.2$$

由横坐标 0.2 往上和 $\rho = 1000$ $\Omega \cdot$ m 的折线相交,由交点找到相应的纵坐标 A 为 2.0。若工频接地电阻测量结果为 10 Ω,则冲击接地电阻为:

$$R_i = R_\sim/A = 10/2.0 = 5(\Omega)$$

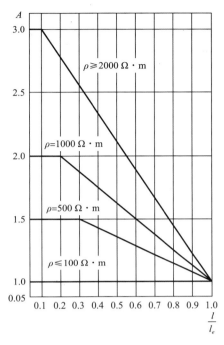

图 2.72　换算系数 A

273. 如何计算地网的工频接地电阻?

我国现行接地规程中所采用的地网工频接地电阻的计算公式为:

$$R=\frac{\sqrt{\pi\rho}}{4\sqrt{S}}+\frac{\rho}{2\pi L}\ln\frac{2L^2}{\pi hd\times10^4}$$

式中:S 为接地网总面积(m^2);L 为接地体的总长度,包括垂直接地体在内(m);d 为水平接地体的直径或等值直径(m);ρ 为敷设接地极处的土壤电阻率($\Omega\cdot m$);h 为水平接地体埋设深度(m)。

该公式是根据圆环接地电阻理论公式和圆盘接地电阻理论公式用线性内插法求得的。

274. 水平接地体为主的接地体构成不同形状复合接地体的工频接地电阻近似值如何计算?

以水平接地体为主的接地体构成不同形状复合接地体的工频接地电阻近似值可按下式计算:

$$R=\frac{\rho}{2\pi l}\left(\ln\frac{l^2}{hd}+A\right)$$

式中:R 为水平接地体的工频接地电阻(Ω);l 为水平接地体的总长度(m);h 为水平接地体的埋设深度(m);d 为水平接地体的导线直径或等效直径(m);ρ 为敷设接地极处的土壤电阻率($\Omega \cdot m$);A 为水平接地体的形状系数。

不同形状的接地体的 A 值是各不相同的,因此,在选择接地体形状时,应根据现场的具体情况,选取形状系数的数值,以满足对接地电阻的要求,如表 2-4 所示。

表 2-4　水平接地体形状系数 A 值

形状	—	∟	⋀	✛	✕	✳	▢	○
A	0	0.378	0.867	2.14	5.27	8.81	1.69	0.48

⚡275. 人工接地体的安装有什么要求?

人工接地体不应埋设在垃圾、炉渣和强烈腐蚀性土壤处,其安装要求如下:

(1)接地体的埋设:

①接地体的埋设深度不应小于 0.5 m;

②垂直接地体的长度不应小于 2.5 m;

③垂直接地体的距离一般不小于 5 m;

④埋入后的接地体周围要用新土夯实。

⑤接地体的连接应牢固可靠,采取搭接焊接,搭接长度为:扁钢宽度的 2 倍,并由三个邻边施焊;圆钢直径的 6 倍,并由两面施焊。

(2)接地体与接地干线的连接:

为了测试电阻方便,应采用可拆卸的螺栓连接点。

(3)在高土壤电阻率地区,埋设接地体时,可采取下列降低接地电阻的措施:

①在电气设备附近,有电阻率较低的土壤时,可装设引外接地体;

②地下较深处的土壤电阻率较低时,可采用深井式或深管式接地体;

③在接地坑内填入化学降阻剂。

⚡276. 人工接地体的材料有什么要求?

人工接地体应采用圆钢、扁钢、角钢、钢管等金属材料,必须符合以下要求:圆钢直径不小于 10 mm;扁钢截面不小于 100 mm²,其厚度不小于 4 mm;角钢厚度不小于 4 mm;钢管壁厚不小于 3.5 mm。

⚡277. 复合接地极有什么优点?

由于接地极设置在地下,容易被腐蚀,因此,接地极的防腐问题是接地工程的重要研究课题,尤其是设置在沿海港口码头、盐碱地、产生化学腐蚀的工厂等地方的接地极,防止腐蚀更为重要。统计资料表明,埋入土壤中的接地极和接地线,其年平均最大腐蚀厚度,圆钢为 0.2～0.3 mm,扁钢为 0.1～0.2 mm,热镀锌扁钢为 0.065 mm,而在污染严重的大气中,接地线年平均最大腐蚀厚度可达2～3 mm。

为了延长接地装置的寿命,通常采取热镀锌钢质材料,但镀层厚度一般都是 0.05～0.06 mm,因此,在腐蚀严重的场所施工时,往往未到交工,接地装置已开始锈蚀。

采用有色金属的接地极,其防腐能力就大大提高,但随之也产生两个问题:有色金属价格比黑色金属贵,使工程造价增加;有色金属强度比黑色金属低,增加施工难度。

⚡ 278. 电解地极的结构是怎样的?

电解地极是接地极和降阻剂的组合体,每组电极由三节长 1 m 直径为 63 mm的铜管组成,铜管内填化合物晶体,这种晶体吸收土壤中的水分后就变成电解溶液,从铜管上的呼吸排泄孔流入地极周围的回填土中,使普通的回填土成为电解离子土壤,从而降低接地极的接地电阻。

⚡ 279. 选用接地电阻时应注意的问题是什么?

(1)了解确定接地电阻的条件:接地电阻值是根据一定的条件所决定的数值,如条件不同,就不能采用。当变压器高低压侧采用共同接地时,接地电阻为 1 Ω。决定这个数值的条件是:高压侧为不接地系统,且电容电流不超过30 A。如果高压侧是接地系统,或电容电流大于 30 A,这个 1 Ω 的接地电阻就不能用。如果变电所内已采取等电位措施,且能满足接触电压和跨步电压的要求,则接地电阻可以大于 1 Ω,如采用 4 Ω。因此,采用接地电阻时,首先应了解决定这个电阻值的条件,才不会导致危险。

(2)明确接地电阻的性质:接地电阻有工频接地电阻和冲击接地电阻两种,同样是防雷用的接地电阻,作为防直击雷引下线的为冲击接地电阻,作为防感应雷用的接地电阻则为工频接地电阻,两者可以根据一定条件进行换算,但不可混淆。

(3)作为多种用途的接地电阻:有些接地装置不仅作为工作接地,又作为保护接地,或既作为保护接地,又作为防雷和防静电接地。在这些情况下,选用其中最小值作为该接地装置的电阻。例如一般重复接地要求接地电阻为 10 Ω,而此重复接地又作为防静电接地,一般防静电接地电阻要求为 100 Ω,即使有爆炸危险物体防静电接地电阻要求也只是 30 Ω,都大于重复接地所要求的接地电阻 10 Ω,则此接地装置的接地电阻选用 10 Ω。

(4)复杂电气装置或多功能建筑采用共同接地:由于复杂电气装置或多功能

建筑内金属管线纵横交叉,地上及地下钢结构甚多,很难按不同系统或设备采用单独接地,因此,只能采用共同接地。由于这类装置和建筑内的电气设备有各种不同要求的接地电阻,同时为了防止彼此产生干扰及意料不到的影响,一般采用1 Ω,这样对泄漏大电流和减少雷电反击都是有利的。

 280. 各种防雷接地装置工频接地电阻的最大允许值是多少?

各种防雷接地装置的工频接地电阻值,一般不大于下列值:

(1)独立接闪杆为 10 Ω;

(2)电力架空线路的接闪线,根据土壤电阻率的不同,分别为 10～30 Ω;

(3)变、配电所母线上的阀形避雷器为 5 Ω;

(4)变电所架空进线段上的管形避雷器为 10 Ω;

(5)低压进户线的绝缘子铁角接地电阻值为 30 Ω;

(6)烟囱或水塔上接闪杆的接地电阻值为 10～30 Ω。

281. 什么是土壤电阻率? 土壤电阻率是怎样测量的?

所谓土壤电阻率,就是指 1 m 土壤的电阻值,单位是欧·米(Ω·m)。在设计接地装置时,土壤电阻率是一个非常重要的参数,因为设计接地装置主要与土壤的性质有关,所以最好能实测土壤的电阻率。

测量时,应在测量地点埋设一定尺寸的接地体。接地体可采用钢管或圆钢,也可采用扁钢。测量及计算方法如下:

(1)用钢管或圆钢作接地体:埋设一根垂直接地体长 3 m 直径 50 mm 的钢管或长 1 m 直径 25 mm 的圆钢,先测量该接地体的接地电阻值 R,然后按以下公式计算土壤电阻率:

$$\rho = \frac{2\pi l R}{\ln\left(\dfrac{4L}{d}\right)}$$

式中:ρ 为土壤电阻率($\Omega \cdot m$);l 为垂直接地体的总长度(m);L 为扁钢的长度(m);d 为钢管或圆钢的外径(m);R 为测得的电阻(Ω)。

(2)用扁钢作为接地体:埋设一根水平接地体长 10～15 m,宽高为 40 mm×4 mm 的扁钢,埋深 0.8 m,先测量该接地体的接地电阻值 R,然后按以下公式计算土壤电阻率:

$$\rho = 2\pi L R / \ln(2L^2/dh)$$

式中:ρ 为土壤电阻率($\Omega \cdot m$);L 为扁钢的长度(m);d 为扁钢的宽长度(m);h 为水平接地体埋深(m);R 为测得的电阻(Ω)。

用以上方法计算出来的土壤电阻率,不一定是全年最高的,所以设计中还要加以校正：

$$\rho_1 = \Psi\rho$$

式中：ρ_1 为设计所需土壤电阻率（Ω·m）；ρ 为测量计算的土壤电阻率（Ω·m）；Ψ 为土壤电阻率季节系数。它与土壤性质、干湿条件有关，具体数据见表 2-5。

表 2-5　土壤电阻率季节系数

接地体埋深/m	土壤电阻率季节系数 Ψ	
	水平接地体	垂直接地体
0.5	1.4~1.8	1.2~1.4
0.8~3.0	1.25~1.45	1.15~1.3
2.5~3.0	1.0~1.1	1.0~1.1

注：测量土壤电阻时，如土壤比较干燥，采用表中较小值；如土壤比较潮湿，采用表中较大值。

⚡ 282. 影响土壤电阻率的主要因素有哪些？

（1）土壤的种类：土壤的种类是决定土壤电阻率的最重要因素，不同种类的土壤之间的电阻率可能会相差数百至数千倍。国外研究者将土壤划分为四大类，即泥土类、黏土类、沙土类和砂岩类，这四类土壤的电阻率分布范围很广。

（2）含水量：绝对干燥的土壤是绝缘体，随着土壤颗粒中含有水分的增加，其电阻率会下降。

（3）温度：物质的电阻率是随温度变化的，土壤也不例外。当土壤温度降低到 0℃ 及其以下时，由于土壤中水分结冰，土壤冻结，其电阻率急剧增大；当土壤温度从 0℃ 上升时，由于土壤中的冰冻水分融化和电解质电离熔解等作用，土壤电阻率开始下降。但是，当土壤温度上升得很高，达到 100℃ 以上时，土壤中含有的水分开始蒸发，其电阻率又会增大。

（4）其他因素：除了含水量与温度外，当土壤中含有碱、酸和盐类无机电解质时，由于这些电解质的电离，使得土壤电阻率会比较低（含金属矿物质也是如此）。考虑到这一情况，故可以人为地向土壤中掺入电解质来减小土壤的电阻率。另外，土壤的电阻率还与土壤结构的疏密程度有关，土壤本身的颗粒越紧密，其电阻率也就越低，但这种紧密性对土壤电阻率的影响程度也因土壤的种类不同而显示出差异。砂土及岩石受压后土壤颗粒之间不易紧密，电阻率降低得不明显，而黏土和植腐土等受压后土壤易于紧密，其电阻率下降幅度较大。总之，在埋设接地体时，应将接地体附近的土壤夯实，这样做一方面可以降低接地体周围土壤的电阻率，减小散流电阻；另一方面，也能增强接地体表面与土壤的接触紧密性，达到减小接触电阻的目的。

⚡ 283. 在有不同土壤电阻率的土壤中,宜采用什么形式的接地装置?

(1)当土壤电阻率 $\rho \leqslant 300\ \Omega \cdot m$ 时,因电位分布衰减较快,可采用以垂直接地体为主的复合接地装置。

(2)当土壤电阻率 $300\ \Omega \cdot m < \rho \leqslant 500\ \Omega \cdot m$ 时,因电位分布衰减慢,可采用以水平接地体为主的复合接地装置。

(3)当土壤电阻率 $\rho > 500\ \Omega \cdot m$ 时,属高土壤电阻率的情况,应采用特别措施,如置换土壤电阻率较低的黏土、黑土或进行化学处理,以降低土壤电阻率;或者充分利用水工建筑物及其他与水接触的金属物体作自然接地体;或者采用井式或深钻式接地体;或者就近在水中敷设外引式接地装置等。

⚡ 284. 为什么测量接地电阻要在降雨量最少或气温最低的时期?

由于土壤内包含的水分、盐分以及地下温度等在一年四季会发生变化,所以土壤电阻率也会发生变化。不同的土壤在不同的情况下电阻率的变化范围如表 2-6 所示。

根据季节变化规律,测量接地电阻最好在春天降雨量最少或冬季气温最低的时期进行。在这个季节内,所测得接地电阻如果合格,就能保证在其他季节中的接地电阻都会在合格的范围之内。

表 2-6 在不同的土壤情况下电阻率的变化范围

土壤类别	土壤电阻率近似值/($\Omega \cdot m$)	不同的土壤情况下电阻率的变化范围/($\Omega \cdot m$)		
		潮湿时(一般地区,多雨区)	较干区(少雨区,沙漠区)	地下水含盐碱时
陶黏土	10	5~20	10~100	3~10
黏土	60	30~100	50~300	10~30
砂质黏土	100	30~300	80~1000	10~30
黄土	200	100~200	250	30
含砂黏土	300	100~1000	1000 以上	30~100
沙砾	1000	250~1000	1000~2500	100 以上

⚡ 285. 如何检测降阻剂的电阻率?

将接地降阻剂倒入一绝缘圆形容器内,电极位置设在中间,按图 2.73 接线,调节自耦变压器,使电流表的读数为 200 mA 左右,记下电流表和电压表的读数,根据 $R = \dfrac{U}{I} = \rho \dfrac{l}{S}$ 得到:

$$\rho = \frac{US}{Il}$$

式中：ρ 为接地降阻剂电阻率（$\Omega \cdot m$）；S 为标准电极的表面积（m）；l 为电极之间的距离（m）；U 为电压表读数（V）；I 为电流表读数（A）。

就可求得接地降阻剂的电阻率。

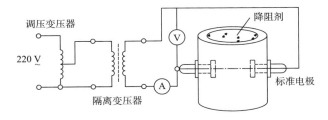

图 2.73　接地降阻剂电阻率测量

⚡ 286. 常用的降阻剂有哪些品种？

表 2-7 给出了国内常用的接地降阻剂。

有机降阻剂由主导铰链剂和固化剂两种材料组成，用铁皮罐装，使用时按配比加水混合或加热稀释后再浇敷于接地极上。

膨润土和 XJZ-2 都是单一粉状降阻剂，使用时加水稀释成糊状浇填于接地极四周。

四川民生化工厂的 MS 降阻剂由两种粉状物组成，使用时按配比混合后加水调成稀糊状，浇于接地极周围。

表 2-7　国内常用的接地降阻剂

类型	有机降阻剂	无机降阻剂	
型号或品牌	BXXA LRCP	金陵牌膨润土 MS	贵阳 xxx
电阻率（$\Omega \cdot m$）	0.1～0.3	1.3～5.0 0.65～5.0	0.45～0.60

⚡ 287. 如何在高土壤电阻率地区做好接地？

高土壤电阻率地区包括从土壤成分上说属于高电阻率的地区以及永冻区。多年冻土的电阻率极高，可达未冻土电阻率的数十倍。在这些地区内的接地工作应采取以下措施：适当提高接地电阻值，深埋接地极，人工改善土壤及采用降阻剂，敷设外引接地极，以及永冻地区其他降低接地电阻的措施。

⚡ 288. 在高土壤电阻率地区，降低防直击雷接地装置的接地电阻宜采用什么方法？

（1）更换土壤。这种方法是采用电阻率较低的土壤（如：黏土、黑土及砂质黏土等）替换原有电阻率较高的土壤，置换范围在接地体周围 0.5 m 以内和距接地体顶端的 1/3 处。但这种取土置换方法对人力和工时耗费较大。

（2）对土壤进行化学处理。在接地体周围土壤中加入化学物，如食盐、木炭、炉灰、氮肥渣、电石渣、石灰等，以提高接地体周围土壤的导电性。采用加入食盐处理，不同土壤的效果也不同，如砂质黏土用食盐处理后，土壤电阻率可减小 1/3～1/2，砂土的电阻率减小 3/5～3/4，砂的电阻率减小 7/9～7/8；对于多岩土壤，用 1％食盐溶液浸渍后，其导电率可增加 70％。这种方法虽然工程造价较低且效果明显，但土壤经人工处理后，会降低接地的热稳定性、加速接地体的腐蚀、减少接地体的使用年限。因此，一般说来，是在万不得已的条件下才建议采用。

（3）深埋接地极。当地下深处的土壤或水的电阻率较低时，可采取深埋接地极来降低接地电阻值。这种方法对含砂土壤最有效。据有关资料记载，在 3 m 深处的土壤电阻系数为 100％，4 m 深处为 75％，5 m 深处为 60％，6 m 深处为 55％，6.5 m 深处为 50％，9 m 深处为 20％，这种方法可以不考虑土壤冻结和干枯所增加的电阻系数，但施工困难，土方量大，造价高，在岩石地带困难更大。

（4）多支外引式接地装置。如接地装置附近有低电阻率地区及不冻的河流湖泊，可采用此法。即在低电阻率地区埋一集中接地体，然后用导体将接闪杆与集中接地体连接。但在设计、安装时，必须考虑到连接接地极干线自身电阻所带来的影响，因此，外引式接地极长度不宜超过 100 m。

（5）利用接地电阻降阻剂。在接地极周围敷设了降阻剂后，可以起到增大接地极外形尺寸，降低与其周围大地介质之间的接触电阻的作用，因而能在一定程度上降低接地极的接地电阻。降阻剂用于小面积的集中接地、小型接地网时，其降阻效果较为显著。

（6）利用水和与水接触的钢筋混凝土体作为流散介质。充分利用水工建筑物（水井、水池等）以及其他与水接触的混凝土内的金属体作为自然接地体，可在水下钢筋混凝土结构物内绑扎成的许多钢筋网中，选择一些纵横交叉点加以焊接，与接地网连接起来。当利用水工建筑物作为自然接地体仍不能满足要求，或者利用水工建筑物作为自然接地体有困难时，应优先在就近的水中（河水、池水等）敷设外引（人工）接地装置（水下接地网），接地装置应敷设在水的流速不大之处或静水中，并要回填一些大石块加以固定。

（7）采取伸长水平接地体。当水平接地体长度增加时，电感的影响随之增大，从而使冲击系数增大，当接地体达到一定长度后，再增加其长度，冲击接地电阻也不再下降。接地体的有效长度根据土壤电阻率确定,如表 2-8 所示。

表 2-8　在不同土壤电阻率下的水平接地体有效长度

土壤电阻率(Ω·m)	500	1000	2000
水平接地体有效长度(m)	30~40	45~55	60~80

(8)采取污水引入。为了降低接地体周围土壤的电阻率,可将污水引到埋设接地体处。接地体采用钢管,在钢管上每隔 20 cm 钻一个直径 5 mm 的小孔,使水渗入土壤中。

(9)采取深井接地。有条件时还可采用深井接地。用钻机钻孔(也可利用勘探钻孔),把钢管接地极打入井孔内,并向钢管内和井内灌注泥浆。深井接地除了降阻外,还可以克服场地窄小而不便用常规的水平敷设接地极的缺点。

289. 在高土壤电阻率地区应如何考虑接地电阻值?

在高土壤电阻率地区,接地电阻要按一般要求,往往在技术上难以达到,经济上非常不合理。因此只要达到电气安全要求,可适当提高接地电阻值。

(1)在发电站和变电所内,如发生单相接地或同点两相接地时,接触电压和跨步电压能满足要求的允许的接地电阻值,可以在不超过 15 Ω 的范围内。

(2)在有效接地和低值电阻接地的系统中,如能采取措施,使接触电压和跨步电压不超过允许值,则接地电阻只要满足不大于 5 Ω 就可以了。

(3)独立接闪杆的接地装置可与主接地网相连,但从这个连接点起到 35 kV 及其以下设备的接地线与主接地网的地下连接点,沿接地极的长度不小于 15 m,且接闪杆到被保护设施的空中距离和地下距离应符合防反击的要求。

290. 如何对运行中的接地装置进行安全检查?

(1)检查内容

①接地线各接地点的接触是否良好,有无损伤、折断和腐蚀现象;

②对含有重酸、碱、盐或金属矿岩等化学成分的土壤地带,应定期对接地装置的地下部分挖开地面进行检查,观察接地体的腐蚀情况;

③检查分析所测量的接地电阻值变化情况,看是否符合规程的要求;

④设备每次检查以后,还应检查接地线是否牢固。

(2)检查周期

①变电所的接地网一般每年检查一次;

②根据车间的接地线及零线的运行情况,每年一般应检查 1~2 次;

③各种防雷装置的接地线每年(雨季前)检查一次;

④对有腐蚀性土壤的接地装置,安装后应根据运行情况,一般五年左右挖开地面检查一次;

⑤移动工具的接地线,在每次使用前均应进行检查。

⚡ 291. 能否用串联电路的方法测量接地电阻?

接地电阻测量,不管采取什么测试仪器,其原理是相同的,即注入接地极的测试电流和此时接地极的电位之比即为该接地极的接地电阻。

注入接地极的电流可在注入回路中串入交流电流表或用交流钳形电流表测得。接地极的电位是指接地极与大地的零电位之间的电位差。由于接地极注入电流后,在其周围会产生一个电场,因此必须离开被测接地极 20 m 以上,才可忽视该接地极产生的电场,找到大地的零电位。接地极电位的测试可用交流电压表。

采用接地电阻测试仪测量接地电阻时,其测量结果直接用电阻值来表示,因此无须计算就可得到结果。

有的单位因为不具备接地电阻测试仪,就采用看似有理的方法测量接地电阻,为此,施工人员必须清楚采用的接地电阻测量的方法是否正确,看到错误的方法时,必须知道错在哪里。

⚡ 292. 如何选择接地电阻测试仪?

通常有满足用户要求的各种接地系统,这些系统需要具有不同测试原理的测试仪器。可根据不同的接地系统,选择不同测量原理的仪器进行测量。

(1)内部供电(正弦波)和两个测试探头的原理:采用正弦波测试信号。这种方法专门用于测试同时具有电阻分量和电感分量的接地系统。在采用缠绕在物体上的金属带作为地线接头的情况下,这种方法比较普遍。如果物理条件允许的话,这是一个优选原理。

(2)采用不带辅助测试探头的外部测试电压的原理:该原理通常用于测试 TT 系统内的接地电阻的情况,其中,当在相端子与保护端子之间测试时,该接地电阻值比故障环路内其他部分的电阻高得多。该原理的优势是,不需要使用辅助测试探头,这对于没有测试探头接地区域的城市环境中比较适用。

(3)采用外部测试电压和辅助测试探头的原理:该原理的优势是,可以对 TN 系统给出精确的测试结果,其中,相线与保护导体之间的故障环路电阻非常低。

(4)采用内部供电、两个测试探头和一个测试夹钳的原理:采用这种原理,就不需要机械断开可能与测试电极并联连接的任何接地电极了。

(5)使用两个测试夹钳的无接地桩测试原理:在需要测试复杂的接地系统或存在接地电阻较低的次级接地系统的情况下,该原理可以使你实现无接地桩测试。该原理的优势是,不需要触发测试探头,也不需要分开被测电极。

⚡ 293. 如何判别接地电阻测试仪的好坏?

接地电阻测试仪属强制鉴定仪器,每年必须送省、市一级的计量机构校验,经检定合格后方可使用。

模拟式接地电阻测试仪的故障率较高,因此,每次使用前还要进行自检,检查机械零位、电气零位和灵敏度是否正常。

以 ZC29B-2 型为例,检查机械零位时,将仪器放置在水平位置后,首先检查检流计是否指零,如不为零,则通过零位调整器调至零。

检查电气零位时,用导线把 C、P、E、F 四个端子连成一体,滑线电阻桥臂放在"0"位,量程转换置于×1 及 ×10,摇动发电机手柄,检流计的指针应该指在"0"位,若不为"0",此仪器不能使用。再把量程置于 ×0.1,摇动发电机手柄,检流计指针允许偏离"0"位,但不允许超过 2 小格,此时调节滑线电阻,使指针指"0",记下滑线电阻的读数,例如为 0.02 Ω,测量接地电阻时,测量结果就减去此值,例如被测接地体的接地电阻为 0.82 Ω,则实际值只有 0.80 Ω。

做灵敏度检查时,仍把 C、P、E、F 四个端子连成一体,滑线电阻桥臂放在1 Ω位置,量程转换置于 ×0.1,摇动发电机手柄,若指针偏离"0"位 4 小格以上,则此仪器灵敏度合格,量程转换置于 ×1 及 ×10 时,偏离格数应大于 ×0.1 档。

只有上述三项检查全部合格的仪器方可使用。

⚡ 294. 用接地电阻测试仪测量接地电阻有哪些方法?

接地电阻测量方法有:在线法、二线法、三线法和四线法四种。

在线法测量是在不断开接地线或接地引下线的情况下,把接地电阻测试仪的钳口张开后夹住接地线或接地引下线,即可测出接地回路的电阻。

二线法测量是利用一个辅助电极测量接地电阻,测出的电阻是辅助电极的接地装置电阻之和,当辅助电极的电阻远小于被测接地电阻时,测出的值可视作被测接地电阻。

三线法测量是利用两个辅助电极——电压辅助电极和电流辅助电极测量接地电阻。

四线法测量是在三线法测量的基础上,再增加一个辅助电极,消除电流和电压线间的互感,消除测量时连接导线电阻的附加误差的测量方法。注意这个辅助电极距离地网不能过近。

⚡ 295. HT234E 智能数字式接地电阻测试仪有什么特点?

HT234E 智能数字式接地电阻测试仪,用按键代替机械转换开关,消除了开关接触电阻产生的误差;量程自动转换,给操作者带来方便;测量线电阻自动消除,避免了计算麻烦;可记忆 15 个数据,加快了测量时间,又避免了记录错误;每次测量都可自动进行 2 次测量,并显示平均值,提高了测量精度;测试电压高达 80 V,解决了大干扰测试时需要的大电压;测试频率 125 Hz,避开了电网频率,大大减少了电源漏电电流引入的误差;除了可进行常规的三线法、四线法测量接地体电阻外,还可用二线法测量接地线电阻和接地回路电阻;免除计算,可方便测出土壤电阻率;可在插座电源接通的情况下,测出插座接地线电阻;测电阻时,误差及相线(例如 220 V)不会损坏仪器,测试仪此时显示 220 V,并提示测量错误;已投入运行的接地装置,接地体上会有漏电电压,放在电压档可测出高至440 V的电压。上述 HT234E 数字式接地电阻测试仪的优点,模拟式测试仪是无法具备的,因此数字式接地电阻测试仪取代模拟式测试仪是必然的趋势。

⚡ 296. 如何用 HT234E 检查屋顶设备的防雷接地?

《电气装置安装工程接地装置施工及验收规范》(GB 50169—2006)3.5.2 规定:建筑物顶上的接闪杆或防雷金属网应和建筑物顶部的其他金属物体连接成一个整体。设置在屋顶上设备的防雷接地是涉及安全的大事,以往对防雷接地的检查停留在目测接地线是否可靠上,检查接线是否松动,焊接是否符合要求,而且这种检查局限于抽查,不进行全数检查。

当建筑物投入使用后,在不能停电的情况下,接地装置内必然存在漏电电流,此时无法用模拟仪表测量防雷接地电阻。

用 HT234E 检查设备的防雷接地十分方便,建筑物不需要停电就可测量,其方法如下:

①用二线法测量。一根测量线接设备的外壳,另一根测量线接附近的防雷引下线。测量时将测量转换开关调至 EARTH WIRES 位置,按 START 键,即获得测量结果。

②用欧姆表测量电阻,被测电阻必须断电方可测量,为什么 HT234E 能在设备带电的情况下进行测试呢? 因为设备的电源频率是 50 Hz,HT234E 的测试电源是 125 Hz,因此,50 Hz 的电源引起测量误差可忽略不计。在测量时有可能探棒误碰到相线上,若用的是欧姆表,欧姆表必然烧坏,而 HT234E 不会损坏,此时屏幕上显示的结果为 220 V,表示测量错误。

⚡ 297. 怎样用 4102 接地电阻测试仪测量独立接地体接地电阻?

测量接地电阻的方法很多,通常使用的是电位降法,例如用 4102 接地电阻测试仪(简称 4102 测试仪)测量接地电阻。4102 测试仪的三个接线端子分别接到接地体、电流探针和电压探针。如图 2.74 所示。

其中 E 端子通过绿线连接接地体,P 端子通过黄线连接电压探针,C 端子通过红线连接电流探针。测量时,在 C 端子产生一个 2 mA,820 Hz 的恒定电流,该电流经电流探针、地、接地体、E 端子形成电流回路,通过测量 G、P 之间的电压 U,其电压 U 和电流 I 的比值就是接地电阻 R_G,即 $R_G = \dfrac{U}{I}$。图 2.74 中的上部为接地测试仪的布置,其接地体 G、电压探针 P、电流探针 C 分布在一条直线上。

接地体 G 与电压探针 P 之间的距离为 D_{GP}，电压探针与电流探针之间的距离为 D_{PC}。在测量独立接地体时，4102 测试仪要求取 $D_{GP}=D_{PC}=5\sim10$ m，其他型号的接地电阻测试仪也大致要求取 $D_{GP}=D_{PC}=20$ m，此时测得的值就是该接地体的接地电阻值。如果将电压探针 P 插入沿 GC 两点的连线上的不同位置测量接地电阻时，就会得到一接地电阻曲线（如图 2.74 中部所示）。从该曲线中可以看出，中部有一水平段（R_a 和 R_b 之间），该段中所测得的值也就是该接地体的接地电阻值 R_o。在实际测量中，不可能将 P 点正好选在 GC 连线的中点，所以，只要将 P 点选在 P_1 和 P_2 之间，测量的数据即是准确的。最好是选 P_o 点附近三个点进行测量，取三点测量值的平均值作为该接地体的接地电阻值。

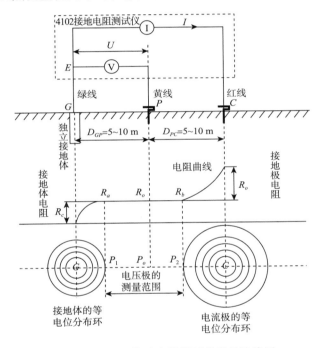

图 2.74　4102 接地电阻测试仪测量连线图

298. 怎样用 4102 测试仪测量接地网的接地电阻？

如图 2.75 所示，测量接地网的接地电阻时，接地电阻测试仪的 E 端应接在地网的边缘上，EC 的延长线要通过地网的中心 G 点。当地网的最大外径为 D 时，取 E 点到电流探针 C 点的距离 D_{EC} 是 D 的 $2.5\sim5$ 倍时，才有可能得到较明显的水平段接地电阻测试曲线。当受到测量现场各种因素的限制（如建筑物、街道等障碍物），使 E 点到电流探针的距离 D_{EC} 达不到 D 的 $2.5\sim5$ 倍时，就测不出具有水平段的接地电阻曲线，只能得到有转折点 R_o 的接地电阻曲线。当 R_o 点很难确定时,可以从 EC 连线的中点引 EC 的垂线,在此垂线距 E、C 点适当的地方作 P 点进行测量也可得到较为明确的 R_o 值。

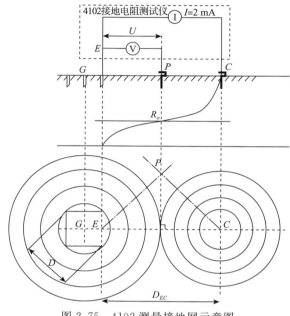

图 2.75　4102 测量接地网示意图

在接地网测量中,为了快速找到 R_o 点,减少测量的次数,可采用一些标准的测量方法。如图 2.76 所示,列举了三种常用的接地网接地电阻测量方法的示意图。

⚡ 299. 接地极地下干线较长时,测量接地极接地电阻探棒应如何设置?

接地电阻测量,不是指接地极的接地电阻测量,而是指接地装置(接地极及埋在地中的接地线)的接地电阻测量。

为了避免测试探棒和接地装置间的电阻造成测量误差,因此,要求探棒和接地极间要相距 20 m,探棒和接地线或接地网要成垂直布置,探棒的设置只有符合上述两个条件,其测量结果才是真实的。

探棒可以设置在其他建筑物的接地极旁边,可利用其他建筑的接地极作为探棒,但要求此接地极中不存在电流,只允许接地电阻测试仪产生的电流流入此接地极中,若其他建筑的接地极中已有电流,此电流就会导致测量误差。

若接地装置已投入使用,且存在不可避免的漏电电流时,不能用 ZC29 接地电阻测试仪测量接地电阻,此时可用 PD234 接地电阻测试仪测量。

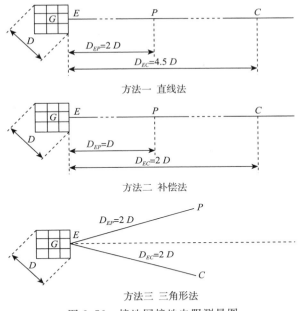

方法一 直线法

方法二 补偿法

方法三 三角形法

图 2.76 接地网接地电阻测量图

⚡ 300. 如何检查联合接地体的防雷接地?

有人主张采取联合接地体的工程,在外墙上应设置防雷接地测试点,这种做法是没有必要的,也是不全面的。因为测量联合接地体的防雷接地电阻,可从任何一根接地引上线测出,不必在外墙上设置测试点。通过测试点检查防雷引上线充其量只和几根(不是全部)防雷接地引上线相连,测出的也只是这几根防雷接地引上线是否符合要求,而对其他防雷接地的引上线是否符合要求,无法通过外墙上的测试点获得结果。只有把接地电阻测试仪的测量线接在这些防雷接地的引上线上方可测出,而这些防雷接地的引上线都在屋顶上。

联合接地体必须测量各接地引上线是否可靠,复测接地电阻是无意义的。

联合接地体若有 16 根接地引上线,其中 6 根用于防雷接地,2 根用于工作接地,2 根用于弱电接地,2 根用于电梯机房接地,4 根用于设备接地(PE 线),那么必须对这 16 根接地引上线的接地电阻都要进行测试。由于是联合接地体,因此,这些接地引上线的接地电阻值应该是接近的,若相差较大,则偏大的接地引上线可能存在施工质量问题。6 根防雷接地通常利用柱头内的主钢筋作为防雷接地引下线,在室内无法测量,只有到屋顶,在防雷引下线和接闪器或接闪带连接处测量防雷接地的接地电阻。其余 10 根接地引上线在建筑物内部是明敷的,很容易测量。

⚡ 301. 近地端无测量点时,如何测量防雷接地电阻?

　　用一根导线,一端连在屋顶女儿墙的接闪带或接闪杆上,另一端连到位于地面的接地电阻测试仪的测量端子上,电位探棒离接地体 20 m,电流探棒离接地体 40 m,且和电位探棒成一直线,此时测得的接地电阻,减去从屋顶上放下的测量导线的电阻,即为接地电阻的实际值。

　　若用 HT234E 测量,测试前先把测量线、电流线、电压线插入测试仪的相应插孔后,三根导线的另一端短路成一体,测试仪就能测出导线电阻,并记录,测量时测试仪会自动进行校正并减去导线电阻。

⚡ 302. 对独立接闪杆的接地装置的装设位置有什么要求?

　　(1)独立接闪杆及其接地装置与道路或建筑物的出入口等的距离应大于 3 m,当小于 3 m 时,应采取均压措施或铺设卵石或沥青地面。

　　(2)独立接闪杆的接地装置与接地网的地中距离不应小于 3 m。

⚡ 303. 接地电阻测试仪能否测量冲击接地电阻?

　　接地电阻测试仪只能测量工频接地电阻,不能测量冲击接地电阻,但可在测出土壤电阻率和工频接地电阻的情况下,把工频接地电阻换算成冲击接地电阻。

　　在接地极的实际长度小于或等于接地极的有效长度时,工频接地电阻总是小于或等于冲击接地电阻,在这种情况下,取工频接地电阻等于冲击接地电阻是可以的。

⚡ 304. 如何消除引线互感对测量的干扰?

　　当采用电流电压法测量接地电阻时,因电压线和电流线要一起放很长的距离,互感就会对测量结果造成影响,为了消除引线互感的影响,通常采用以下措施:

　　(1)采用三角形法布置电极,因三角形法布置时,电压线和电流线相距得较远。

　　(2)当采用停电的架空线路,直线布置电极时,可用一根架空线作为电流线。而电压线则要沿着地面布置,两者应相距 5～10 m。

　　(3)采用四极法可消除引线互感的影响,另外还可采用电压、电流表和功率表法进行测量。

⚡ 305. 处于室外的防雷引下线或埋于地下的接地线采用铜绞线时，应如何连接？

铜绞线处于室外或地下时，由于环境潮湿，铜的表面会产生铜绿，因此，若用夹紧连接，时间一长，连接面就会造成接触不良。正确的方法可采取放热熔焊接法。

所谓放热熔焊接法，就是利用铝和氧化亚铜粉末的混合剂在化学反应时产生的超高热，熔化被焊接材料，从而达到焊接的目的。其化学反应式为 $3CuO+2Al \rightarrow 6Cu+Al_2O_3+$ 热量（温度可达 $2537℃$）。

放热熔焊施工时，把欲连接的防雷引下线（或接地线）放入石墨熔模中，石墨熔模的上部相当于坩埚，在坩埚内先放入隔离片，阻止混合粉末漏到熔模中，再将铜铝合金粉末倒入坩埚，放上起火粉，用灯火枪点燃火粉，使混合粉末发生化学反应，形成高温液态铜，流入熔模中，使导线熔化成一体。

⚡ 306. 通信与计算机系统接地引下线的长度如何确定？

接地引下线越短越直，越有利于雷电流的快速对地泄放，特别是对于高频通信系统来说更是如此。根据波的传输原理，其高频通信设备接地引下线的长度应小于高频波波长的四分之一，如果引下线长度超过了高频波波长的四分之一，这段引下线上将产生驻波，形成一个与地之间的很高阻抗，由于这一阻抗的存在，高频通信将受到干扰，通信系统的稳定性也会受到影响。为此，在进行通信与计算机系统特别是高频通信系统的接地设计时，应尽量将引下线的长度控制在高频波波长的四分之一范围内。如果受外界环境条件限制而不能达到这一要求，其引下线的长度应避免取为波长的四分之一的奇数倍。

⚡ 307. 专设接地线过长有哪些坏处？

（1）在高频下阻抗大，信息系统的工作频率可从十赫兹到数十兆赫兹，甚至上百兆赫兹。一根接地线在高频下其阻抗 $z=[R_2+(\omega \times L) \times 2] \times 1/2$ 已很大，而在实践中往往要求其所接的接地体的接地电阻很低，如 $1\ \Omega$，这是不需要的。特别是在采用共用接地系统和等电位连接的情况下更不需要。用通常测量方法测出 $1\ \Omega$ 或 $5\ \Omega$ 的接地电阻，它仅适用于直流和工频的情况，在高频下其接地电阻的数值是个未知数。

（2）在自谐振条件下阻抗无穷大。一根接地导体或等电位连接导体，由于有分布电容和电感，在一定长度和某些频率下会产生自谐振效应，阻抗无穷大，等于开路，无意中成为一根天线，能接收或发射干扰信号。一导体自谐振发生于其长度等于外加电压波波长 1/4 的奇数倍。该导体在某特定谐振频率下停止传导电流,在其他与谐振频率差别大的频率下传导电流不受影响。

308. 短路和接地故障有什么区别?

相互绝缘的带电导体之间,因绝缘损坏而发生的电气连接,称为短路,例如不同相的相线之间,或者相线与中性线之间发生的电气连接,称为短路;带电导体与地之间的电气连接,称为接地故障,带电导体不仅是指相线,也包括中性线,地则泛指接地的电气设备的金属外壳、非电气的金属管道及大地。

309. 雷电流冲击下地电位为什么会升高?

在讨论雷电冲击电位(压)升高之前应明确了解远处接地装置和本地接地装置两者的区别,即"远地"与"本地"的区别。在没有雷电活动的时候,两个地的电位都一样,都处于零电位,没有电位差。而当"本地"接地装置泄放雷电流时它们就有了本质的区别。雷电流会在"本地"接地装置上产生电压降,又称此电压降为电压升高。当谈到电压升高时,是站在"本地"接地装置上相对于"远地"而言具有的高电位。即"本地"相对于"远地"的零电位有了电位的升高。从远处引入建筑物的电源线、通信线和其他线路,它们连接在远处的地上。它们自身的工作电压就是以"远地"电位为参考点的电压,因此在雷击发生之前,"本地"接地装置被认为是处于零电位,比那些外引导线和设备的工作电位都低。而在雷击发生的短时间内,在"本地"接地装置上产生的这个瞬间电压升高就成为一个相对于外引导线和设备的真实的电压升高了。一旦在这个电压下发生电击,其方向就是从"本地"接地装置击向这些外引导线和设备,所以称为反击。认识它的本质对于防护它的危害具有十分重要的意义。

310. 引起接地冲击电流的原因是什么?

(1)架空地线遭受直击雷;
(2)避雷器动作;
(3)静电容量通过设备流入;
(4)协调间隙动作;
(5)设备的绝缘破坏。

311. 什么是地电位反击?

接闪杆在引导直接雷击的强大雷电流入大地时,在它的引下线、接地体以及与它相连接的金属导体上产生非常高的瞬时电压,对周围与它们距离较近却又与它们没有连接的金属物体、设备、线路等之间产生巨大的电位差,由这个电位差引起的电击就是地电位反击。这种反击不仅损坏电器设备,也可能造成人体伤害或火灾爆炸事故。

⚡ 312. 雷电流冲击下接地装置电压的反击类型有哪些?

(1)输电线路的雷击过电压反击:电力系统的输电线路在正常运行情况下,三相线路是带有额定高电压的,而架空地线和杆塔是接地的,处于零电位。当雷击杆塔顶或架空地线时,雷电流通过杆塔接地电阻向大地泄放,由于杆塔或接地引下线具有电感和电阻,杆塔的接地装置也有电感和电阻,雷电流在这些接地电阻和电感上将产生很高的过电压。

(2)接地装置或引下线的旁侧闪击:当通过引下线或接闪杆塔泄放雷电流时,沿引下线或接闪杆塔会有电压降。为了防止旁侧闪击的发生,其他设备和金属结构,包括其他接地装置和构架,必须与防雷引下线或独立接闪杆塔的塔架结构保持一个间隙距离。

(3)地中接地网之间的电位反击:防雷接地网在泄放雷电流时会有电压升高,在防雷接地网与其他接地系统或接地极之间也会有电压升高,如果它们相距太近,在它们之间就会发生放电和闪络,从而危及接在这些接地系统上的设备的安全。为了避免这种放电的发生,电力系统的防雷规程要求防雷接地网必须与其他接地体相距一定的距离。

(4)法拉第笼对穿过导线的反击:从法拉第笼穿过进入法拉第笼的导线和管道都是与"远地"相联系的,而法拉第笼则是与"本地"相联系的。当建筑物上的避雷设施接闪时,整个法拉第笼的电位都将极大地提高,并且法拉第笼也不再是等电位体,而从法拉第笼穿过的各种导线和管道的电位仍保持"远地"的地电位,这样,这些导线和管道与法拉第笼之间会产生放电。

(5)地电位对接地设备的反击:各种用电设备都是要接地的。设备接地后,它的电位就与接地装置的电位一起变动。在雷电冲击下,地电位升高,接地设备的电位也跟着一起升高。在设备与接地装置之间本无电位差,似乎不存在电位反击的问题,但设备不是孤立的,它与外界还有各种联系,这些与外界联系的线路引来了远地的零电位。于是在设备与这些外引线路之间将发生电位反击。TT 系统供电时(电源零线 N 未接地时),需要在 L 与 N 之间以及 N 与地之间加装 SPD;而 TN 系统供电时(电源零线 N 已接地时),只需在火线 L 与地之间加装 SPD。

⚡ 313. 如何防御地电位反击?

预防地电位反击,通常采用两种措施:一是保持直击雷防护装置与周围金属物体之间有一个有效的安全距离,这个安全距离视具体情况而定;二是受周围环境所限,直击雷防护装置与周围金属物体之间达不到一个有效的安全距离,在这种情况下,最有效的方法是做等电位连接,将直击雷防护装置的接地与周围金属物体的接地连接起来,形成共地。

⚡314. 造成直流系统接地的原因有哪些?

直流系统分布范围广、外露部分多、电缆多且较长。所以,很容易受尘土、潮气的腐蚀,使某些绝缘薄弱元件绝缘能力降低,甚至绝缘破坏造成直流接地。分析直流接地的原因有如下几个方面:

(1)二次回路绝缘材料不合格、绝缘性能低,或年久失修、严重老化,或电缆在施工敷设过程中,存在某些损伤缺陷,如磨伤、砸伤、压伤、扭伤等。

(2)二次回路及设备严重污秽和受潮、接线盒进水,使直流对地绝缘严重下降。

(3)小动物爬入或小金属零件掉落在元件上造成直流接地故障,如老鼠、蜈蚣等小动物爬入带电回路;某些元件有裸露线头、未使用的螺丝、垫圈等零件,掉落在带电回路上。

⚡315. 直流系统接地故障的危害是什么?

直流正极接地有造成保护误动作的可能,因为一般跳闸线圈(如出口中间继电器线圈和跳合闸线圈等)均接电源负极,若再发生接地或绝缘不良就会引起保护误动作。直流负极接地时,如回路中再有一点接地,两点接地可将跳闸回路或合闸回路短路,可能造成保护拒绝动作,还可能烧坏继电器触点。当发生直流系统两点接地时,不但造成断路器误跳可能,还可能造成断路器拒跳,甚至造成熔断器熔断。

⚡316. 直流电气装置的接地,能否利用自然接地极?

交流电气装置的接地,应充分利用埋入地中的自然接地极。直流电气装置的接地,则不准利用自然接地极作为电流回路的 PE 线、接地线和接地极,其接地装置与自然接地极及交流电气装置间距不得小于 1 m,以免产生电腐蚀。

⚡317. 直流系统的接地装置不宜敷设在能产生腐蚀性物质的地方,为什么?

接地装置实际上也是一个电极,故称为接地极更为确切。直流系统的接地,当接地极中有直流电向地中流散时,就产生电解作用,会对接地装置产生电腐蚀,缩短接地装置的寿命。为了延长接地装置的寿命,可采取外引式接地装置,即把接地装置移至电解时不会产生腐蚀性物质的地方,或者把接地装置周围的土壤置换成电解时不会产生腐蚀性物质的土壤。

如果实施上述方法有困难,则可采用防腐型接地装置。这种接地装置采用圆钢或者铜棒为基体,在其表面覆上一层铜、铅、铝等有色金属材料。这种复合接地极不仅接地电阻小,而且防腐性能好,使用寿命长、刚性好。

⚡ 318. 按接地方式,高压系统的接地制式有哪几种?

有两种:

(1)直接接地制式,即将变压器或发电机的中性点直接或通过小电阻(例如电流互感器)与接地装置相连。这种接地系统,当发生单相接地短路时,接地电流很大,因此又称为大电流接地制式。

(2)不接地制式,这种系统中的变压器中性点不接地或通过消弧线圈、大电阻等接地设备与接地装置相连。

⚡ 319. 低频电路的接地原则是什么?

低频电路的接地,应坚持单点接地的原则。单点接地是为许多接在一起的电路提供共同参考点的方法,并联单点接地最为简单而实用,它没有公共阻抗耦合和低频地环路的问题。每一个电路模块都接到一个单点地上,每一个子单元在同一点与参考点相连。地线上其他部分的电流不会耦合进电路。这种接地方式在 1 MHz 以下的工作频率下能工作得很好。但是,随着频率的升高,接地阻抗随之增大,电路上会产生较大的共模电压。所以,单点接地不适合于高频电路。

⚡ 320. 高频电路的接地原则是什么?

对于工作频率较高的电路和数字电路,由于各元器件的引线和电路的布局本身的电感都将增加接地线的阻抗,因而在低频电路中广泛采用的一点接地的方法,若用在高频电路容易增加接地线的阻抗,而且地线间的杂散电感和分布电容也会造成电路间的相互耦合,从而使电路工作不稳定。

为了降低接地线阻抗及其减少地线间的杂散电感和分布电容造成电路间的相互耦合,高频电路采用就近接地,即多点接地的原则,把各电路的系统地线就近接至低阻抗地线上,一般来说,当电路的工作频率高于 10 MHz 时,应采用多点接地的方式。由于高频电路的接地关键是尽量减少接地线的杂散电感和分布电容,所以在接地的实施方法上与低频电路有很大的区别。

⚡**321. 移动通信基站的联合接地系统是怎样构成的？**

移动通信基站应按均压、等电位的原理,将工作地、保护地和防雷地组成一个联合接地网。站内各类接地线应从接地汇集线或接地网上分别引入。移动通信基站地网由机房地网、铁塔地网和变压器地网组成,地网的组成如图 2.77 所示。

基站地网应充分利用机房建筑物的基础(含地桩)、铁塔基础内的主钢筋和地下其他金属设施作为接地体的一部分。当铁塔设在机房房顶,电力变压器设在机房楼内时,其他网可合用机房地网。

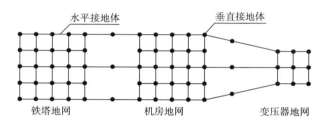

图 2.77　地网组成示意图

（1）机房地网组成：机房地网应沿机房建筑物散水点外设环形接地装置,同时还应利用机房建筑物基础横竖梁内两根以上主钢筋共同组成机房地网。当机房建筑物基础有地桩时,应将地桩内两根以上主钢筋与机房地网焊接连通。当机房设有防静电地板时,应在地板下围绕机房敷设闭合的环形接地线,截面积应不小于 50 mm²,并从接地汇集线上引出不少于二根截面积为 50～75 mm² 的铜质接地线与引线排的南、北或东、西侧连通。对于利用商品房作机房的移动通信基站,应尽量找出建筑防雷接地网或其他专用地网,并就近再设一组地网,三者相互在地下焊接连通,有困难时也可在地面上可见部分焊接成一体作为机房地网。找不到原有地网时,应因地制宜就近设一组地网作为机房工作地、保护地和铁塔防雷地。工作地及防雷地在地网上的连接点相互距离不应小于 5 m,铁塔还应与建筑物接闪带就近两处以上连通。

（2）铁塔地网的组成：当通信铁塔位于机房旁边时,铁塔地网应延伸到塔基四脚外 1.5 m 远的范围,网格尺寸不应大于 3 m×3 m,其周边为封闭式,同时还要利用塔基桩内两根以上主钢筋作为铁塔地网的垂直接地体,铁塔地网与机房地网之间应每隔 3～5 m 相互焊接连通一次,连接点不应少于两点。当通信铁塔位于机房屋顶时,铁塔四脚应与楼顶接闪带就近不少于两处焊接连通,同时宜在机房四角设置辐射式接地体,以利于雷电流散流。

（3）变压器地网的组成：当电力变压器设置在机房内时,其地网可合用机房及铁塔地网组成的联合地网；当电力变压器设置在机房外,且距机房地网边缘 30 m 以内时,变压器地网与机房地网或铁塔地网之间,应每隔 3～5 m 相互焊接连通一次（至少有两处连通），以相互组成一个周边封闭的地网。

当地网的接地电阻值达不到要求时，可扩大地网的面积，即在地网外围增设1圈或2圈环形接地装置。环形接地装置由水平接地体和垂直接地体组成，水平接地体周边为封闭式，水平接地体与地网宜在同一水平面上，环形接地装置与地网之间以及环形接地装置之间应每隔3~5 m相互焊接连通一次；也可在铁塔四角设置辐射式延伸接地体，延伸接地体的长度宜限制在10~30 m。

⚡322. 通信与计算机系统应如何接地？

一方面，对通信与计算机系统的整体结构采用共用接地中的单点接地方式，即建立一个总接地等电位连接带，并将防雷接地、电源系统接地、电气保护接地、防静电接地、射频接地、信息系统信号接地等各类接地在通信与计算机系统的各设备上相互分开，使之成为独立系统，再分别引线到等电位连接带上共同接地。这不仅能有效抑制公共阻抗耦合和低频接地环路引起的干扰，同时又使各接地系统之间保持等电位，因而可以最大限度地使通信与计算机系统设备免遭高电位反击，使工作人员免遭雷击伤害。

另一方面，对机房内的各种通信与计算机设备采用共用接地中的多点接地方式，即在机房内建立一个等电位均压网格或均压环，并将各种设备以最短连接线连接到等电位均压网格或均压环上。这样能使电容效应产生的干扰降低到最低程度。

⚡323. 电力设备工作接地的一般要求有哪些？

（1）为了保护人身和设备的安全，电力设备宜接地或接零。三线制直流回路的中性线宜直接接地。

（2）不同用途和不同电压的电气设备，除另有规定外，应使用一个总的接地体，接地电阻应符合其中最小值的要求。

（3）如因条件限制，做接地有困难时，允许设置操作和维护电力设备用的绝缘台。绝缘台的周围，应尽量使操作人员没有偶然触及外物的可能。

（4）低压电力网的中性点可直接接地或不接地。380/220 V低压电力网的中性点一般直接接地。

（5）中性点直接接地的低压电力网，应装设能迅速自动切除接地短路故障的保护装置。在中性点直接接地的低压电力网中，电力设备的外壳宜采用接零保护，即接零。由同一发电机、同一变压器或同一段母线供电的低压线路，不宜同时采用接零、接地两种保护方式。在低压电力网中，全部采用接零保护确有困难时，也可同时采用接零和接地两种保护方式，但不接零的电力设备或线段，应装设能自动切除接地故障的装置（如漏电流保护装置）。在城防、人防等潮湿场所或条件特别恶劣场所的供电网中,电力设备的外壳应采用接零保护。

（6）在中性点直接接地的低压电力网中,除另有规定和移动式设备外,零线应在电源处接地。在架空线路的干线和分支线的终端及沿线每 1 km 处,零线应重复接地。

⚡ 324. 电力电缆线路防雷接地如何连接？

电力电缆由于其本身结构特点和与其他电气设施连接的要求,根据不同电压等级采取不同的防雷方法。对于 35 kV 及其以下电压等级的电力电缆,基本上应采取在电缆终端头附近安装避雷器,同时终端头金属屏蔽、铠装必须接地良好。对于 110 kV 及其以上的高压电缆,当电缆线路遭受雷电冲击电压作用时,在金属护套的不接地端或交叉互连处会出现过电压,可能会使护层绝缘发生击穿,应采取以下保护方案之一：①电缆金属护套一端接地,另一端接保护器；②电缆金属护套交叉互连,保护器 Y0 接地；③电缆金属护套交叉互连,保护器 Y 接地或 △ 接地；④电缆金属护套一端接地加均压线；⑤电缆金属护套一端接地加回流线。

⚡ 325. 为什么电子设备与电源等强电设备不能共地？

将电子设备与强电设备共地,雷击时暂态大电流可以通过电路的耦合对电子设备形成干扰或产生过电压,另外,雷电暂态电流流过接地系统所造成的暂态高电位也能通过各种电源线、信号线和金属管道传播到距离接地系统很远且原先为零电位的地方,将会对电子设备及操作人员产生安全威胁。

为此,可以在电子设备单独接地后在地线入户处用一个低压避雷器或放电间隙与建筑物的总接地网连接,当建筑物遭受雷击时,其地电位抬高导致避雷器或放电间隙放电,从而使电子设备接地与建筑物接地网达到大致相等的电位水平,即暂态共地。正常情况下,避雷器或放电间隙将两个接地分开,有利于抗干扰,而在雷击时能实现两者之间的均压,避免发生击穿放电,危害设备安全。从雷电暂态过电压抑制的角度来看,采用这种暂态共地并配合采用均压措施,能在发生雷击时将建筑物及其内部的强电设备和电子设备以及操作人员同时抬高到大致相等的电位水平,使设备与设备以及设备与人之间不会出现能造成伤害的暂态电位差。

⚡ 326. TN-C 系统中,防雷接地利用基础金属框架作接地极,电阻为 0.2 Ω,此金属框架能否作为 PEN 线的重复接地？

重复接地通常要求不大于 10 Ω,金属框架的接地电阻为 0.2 Ω,可以作为重复接地。

重复接地与防雷接地合用一个接地极的条件是：该接地极的电阻不大于
1 Ω。由于金属框架的接地电阻为 0.2 Ω,所以可合用一个接地装置。

重复接地和防雷接地不能利用同一根钢筋连接到基础金属框架上。若某根
钢筋柱内的主钢筋作为防雷引下线,此柱内其他钢筋就不要用作重复接地的引
下线,以免雷击时雷电流传至设备上,发生危险。同样,某根钢筋柱内的主钢筋
用作重复接地引下线时,该柱内其他钢筋不要用作防雷引下线。

⚡ 327. TT 系统中,防雷接地能否与保护接地共用一个接地极?

TT 系统中,PE 线的保护接地与电源的工作接地是分开的。可以用建筑物
的基础桩作为防雷接地极和 PE 线的保护接地极,但不能用防雷引下线和保护接
地引下线在地面上连成一体后与地下接地极相连。因为雷击时雷电流通过防雷
引下线入地的同时,也会沿着防雷引下线和 PE 线的连接点,由 PE 线分流到 PE
线保护的设备上,人员触及就会遭受雷击。

PE 线的保护接地的引下线应单独和接地极相连,PE 线的引下线和防雷引
下线相距越远越好,要求 10 m 以上,雷电流沿防雷引下线入地后流散到地中,就
不会沿 PE 线的引下线扩散到设备外壳上了。

⚡ 328. IT 接地制式中电源变压器的中性点能否直接接地?

IT 接地制式属于接地保护范畴,所谓接地保护,就是系统中设备的外壳与单
独的接地装置相连,而电源系统中性点不接地或通过抗阻接地。

IT 系统中的任何一根相线与地或系统中的设备金属外壳相碰,由于电源中
性点不接地或通过抗阻接地,相线无法通过短路的金属外壳与电源构成回路,因
此不会出现危险的故障电流。要求防爆的单位,例如液化空气站采取 IT 制式,
一旦发生碰壳,就不会出现引爆的电火花。

如果 IT 系统中把电源的中性点直接接地,当出现碰壳时,即设备的金属外
壳与相线短路时,就会通过和电源中性点直接相连的接地体构成回路,此时相线
与设备外壳相碰处就会出现危险的电火花,因此,IT 系统中电源的中性点不准直
接接地。

⚡ 329. "TT 和 TN 系统的变压器中性点必须直接接地",这句话是否
正确?

IEC 明确规定:TT、TN 系统中必须有一点直接接地。但并未规定此点必须
是变压器的中性点。

工程设计中大多数的 TT、TN 系统中的变压器中性点是直接接地的,但也有一些工程在低配柜内直接接地,这两种接地都是正确的。需要指出的是:电力配电系统中的直接接地点必须按照设计的要求做,设计在变压器中性点接地时,就必须在变压器的中性点处接地;而在低配柜内接地时,就必须在低配柜内直接接地。

把电力系统中的一点接地理解为必须在变压器中性点处接地是错误的。

⚡ 330. 中性点直接接地的系统中,如果厂房中一部分房间是腐蚀车间,应采用何种接地保护方式?

腐蚀环境对选用何种接地方式无关,它的保护方式必须和电源系统的接地方式相同。对腐蚀环境做电气设计时,应选用防腐蚀环境的电工产品。

⚡ 331. 中性点直接接地的系统中,在有爆炸危险的场所应采取何种接地保护制式?

在中性点直接接地的电网中,对有爆炸危险的场所应采取的保护方式必须和电源系统采取的保护方式相一致。对 TN 系统来说,有爆炸危险的场所,必须采取五线制,即 TN-S 系统(三根相线、一根工作零线、一根保护零线)。若该场所的进线为三相四线,则采取 TN-C-S 系统,即电源进入有爆炸危险的场所后,PEN线就分为两根线:PE 线(保护零线)和 N 线(工作零线),同时在进户端加一组重复接地。对 TT 系统,有爆炸危险的场所,则也必须采取接地保护。

对有爆炸危险的场所,除了采用中性点直接接地的电网,还可采取中性点不接地或通过阻抗接地的电网,即采取 IT 制式,在这种制式下,设备外壳采取单独接地,例如液化气站采取 IT 接地保护方式是很安全的。

⚡ 332. PE 线是否在任何情况下都可以设置重复接地?

重复接地在 IT、TT 和 TN 系统中根据需要都可以设置。

TN-C 系统中,一般对 PEN 线设置重复接地。TN-S 系统中,必要时对 PE 线设置重复接地。TT 制式的低压公用电网,为使单相用户的电压稳定,可对 N 线设置重复接地,但重复接地的线路前端不能设 RCD。为提高 PE 线的可靠性,也可对 PE 线设置重复接地,中性点不直接接地的 IT 系统,可对 PE 线设置重复接地。

一般情况下,对 PE 线都可以设置重复接地。对 TT 系统,当 N 线设置重复接地后,若对 PE 线再设置重复接地,这两个接地极必须分开,相隔至少 3 m 以上。如果 N 线和 PE 线共用一个接地极,就使与此 PE 线相连的电气设备由 TT

制式转为 TN-S 制式,这是不允许的。

当供配电线路附近存在强直流输电线路时,不可设置重复接地。例如上海地铁牵引电源为 1500 V 直流电源,为防止直流电通过大地泄漏到周围导体中,对轨道采取了绝缘,减少轨道中的电流流入大地的量,又通过泄漏电流收集网,使泄漏电流回到直流电网中。虽然采取了一些措施,但不可避免仍有一部分电流通过大地流到周围的导体中。当 PE 线设置重复接地后,大地中的泄漏电流就通过工作接地和重复接地构成通路,PE 线中就会有泄漏电流流过,产生电腐蚀。为此,地铁施工时,强调 PE 线不准重复接地、电缆外铠装也只能单端接地。

因此,PE 线能否设置重复接地,要视周围大地的电位情况而定,当周围大地的电位很高时不能设置重复接地。

⚡333. 变电所接地网能与附近厂房的接地网及防雷接地网相连吗?

变电所的接地网允许与同一电源系统的厂房的接地网相连,它们之间应相隔 10 m 以上,以避免一个接地网出现高电位时,会蔓延到另一接地网。不允许与不同电源系统的接地网相连。当同一机组采用不同电源系统时,可采用同一接地装置。

厂房内设备的接地装置允许和厂房的防雷接地装置在地下相连,即成为联合接地装置,其接地电阻必须不大于上述两个接地装置中任意一个的接地电阻值,一般取不大于 1 Ω。

⚡334. 接地网能否与接闪杆连接在一起? 为什么?

110 kV 及其以上的屋外配电装置,可将接闪杆装在配电装置的构架上,构架除了应与接地网连接以外,还应在构架附近加装集中接地装置,其接地电阻不得大于 10 Ω。架构与接地网连接点至变压器与接地网连接点到接地网接地体的距离不得小于 15 m。构架的接地部分与导电部分之间的空间距离不得小于绝缘子串的长度。在变压器的门形构架上不得安装接闪杆。在土壤电阻率大于 1000 Ω·m 时,宜用独立接闪杆。

对 35 kV 的变电站,由于绝缘水平很低,构架上接闪杆落雷后感应过电压的幅值对绝缘有发生闪络的危险,因此,宜采用独立接闪杆。

⚡335. 变电站接地网的接地电阻是多少? 接闪杆的接地电阻是多少?

大电流接地系统的接地电阻,应符合 $R \leqslant 2000V/I$,当 $I > 4000$ A 时,可取 $R < 0.5$ Ω;小电流接地系统当用于 1000 V 以下设备时,接地电阻应符合

$R \leqslant 125V/I$,当用于 1000 V 以上设备时,接地电阻 $R \leqslant 250V/I$,但任何情况下都不应大于 10 Ω。R 为考虑到季节变化的最大接地电阻(Ω);I 为计算用的接地短路电流(A)。

独立接闪杆的接地电阻一般不大于 25 Ω;安装在架构上的接闪杆,其集中接地电阻一般不大于 10 Ω。

⚡ 336. 建筑物采取联合接地体时,屋顶栏杆的防雷接地能否利用插座中的 PE 线?

建筑物采取联合接地,即防雷接地、工作接地、保护接地共用一接地体,这些接地都是在地下进行的,如果为了保护屋顶栏杆而从顶层室内的插座中把 PE 线引出后与栏杆相连,一旦雷击时击中栏杆,雷电流将沿 PE 线进入室内造成危险。另外由于插座的 PE 线通常只有 2.5 mm²,无法经受雷电流,PE 线必然熔断。雷电流无法入地流散,室内人员就有遭受雷击的危险。

正确的做法是把作为防雷引下线的柱头中的主钢筋凿出,用 25 mm×4 mm 扁钢把此主钢筋与屋顶栏杆焊接连接。

⚡ 337. 电源进户端接地装置能否和建筑物基础桩连接?

电源进户端的电气接地装置能否与建筑物的基础桩相连,能否与防雷接地共用,这是经常碰到的问题。

低压电源进户端的电气接地装置,通常是指 PE 线的接地装置,在 TT 系统中它称为保护接地装置,在 TN 系统中则称为重复接地装置。

建筑物的基础桩(钢筋水泥桩或钢管桩),由于打入地下很深,所以工程中把它作为接地装置已很普遍。

建筑物基础桩中的钢筋或钢管土建施工时,可与建筑物桩头内的主钢筋焊接连接,也可不连接。

当建筑物利用柱头内主钢筋作为防雷引下线,同时又把基础桩作为防雷接地装置时,柱头内作为防雷引下线的主钢筋必须与基础桩的钢筋或钢管焊接连接。

利用建筑物柱头内主钢筋作为防雷引下线时,也可不利用基础桩作为防雷接地装置,而另外设置防雷接地装置,此防雷接地装置设在建筑物基础之外(与建筑物出入口的距离应大于 3 m),用接地线和作为防雷引下线的柱头内主钢筋相连。

用接地扁钢(截面积不小于 100 mm²,厚度不小于 4 mm)或圆钢(直径不小于10 mm)连成一体的基础桩,如果接地电阻不大于 1 Ω,可作为联合接地体,此时基础桩既作为电源进户端的电气接地装置,又作为防雷接地装置,但电气接地和防雷接地不能从同一点与联合接地装置相连,如果防雷接地装置独立设置,则与电源接地装置相距不应小于 3 m。

如果基础桩不作为联合接地体,其接地电阻不大于 10 Ω,可单独作为防雷接地装置;如果基础桩的接地电阻不大于 4 Ω,则可单独作为电气接地装置。

⚡ 338. 能否利用钢筋混凝土基础内的钢筋作为接地极?

对第一类防雷建筑物不允许利用建筑物内的钢筋作为防雷接地装置。对第二、三类防雷建筑物,当基础采用硅酸盐水泥和周围土壤含水量不低于 4% 及基础外表无防腐层(或含有沥青质的防腐层)时,宜利用基础内的钢筋作为接地装置。

⚡ 339. 在什么条件下建筑物的钢筋混凝土基础可作接地体?

首先,利用建筑物的钢筋混凝土基础作接地体时,基础必须采用硅酸盐水泥,这是因为潮湿的混凝土导电性能好,混凝土中的硅酸盐与水相互作用形成导电性的盐基性溶液,如矿渣水泥和波特兰水泥就是以硅酸盐为原料的水泥。而防水水泥、铝酸盐水泥、矾土水泥以及异丁硅酸盐水泥等人造材料水泥所做的钢筋混凝土基础不能作为接地装置。

其次,因混凝土湿度对其电阻率的影响较大,还应对基础周围土壤的含水量有所要求。当混凝土的含水量小于 3.5% 时,其电阻率随水分含量的减小增大很快,只有含水量在 3.5% 及其以上时,其电阻率才趋于稳定。所以《建筑物防雷设计规范》(GB 50057—2010)规定"周围土壤含水量不低于 4%"。

另外,过去认为钢筋混凝土基础的外表面涂有沥青质的防腐层是绝缘的,不可再作接地体,但实践证明,仍可利用其作为接地体。

⚡ 340. 防雷接地体采取搭接焊接时有哪些要求?

(1)接地体采取搭接焊接时,其搭接长度必须符合以下要求:扁钢为其宽度的 2 倍以上(三个棱边焊接);圆钢为其直径的 6 倍以上(双面焊接);圆钢和扁钢连接时,其长度为圆钢直径的 6 倍(三面焊接)。

(2)接地体采取焊接时,如果使用金属管作接地体,应在其串接部位焊接角形金属跨接线;钢筋与钢筋交叉时要用一条短圆钢进行跨接焊接,焊接长度不小于圆钢直径的 6 倍;圆钢同扁钢的焊接必须进行三面焊接,焊接处焊缝应饱满,要有足够的机械强度,不得有灰渣、裂纹、虚焊和气孔等缺陷。

⚡ 341. 采取联合接地体时,防雷接地引下线为什么不设置断接卡?

防雷接地是减少雷击的基本措施。要接地可靠,接地电阻测量是一项十分重要的工作。以往工程建设中,测量防雷接地电阻,采取以下过程:解开防雷引下线的断接卡→放线→打辅助电极→测量→收线→连接断接卡。

断接卡的存在并不是一件好事,一旦断接卡的螺栓发生松动,或者断接卡接触面生锈,就会影响接地的效果,严重时(例如接触面严重接触不良)就会失去防雷接地的作用。

目前高层建筑都采用联合接地体,在这种情况下,包括只有一组接地极的工程(例如烟囱的防雷接地),不设断接卡,也不必设置断接卡,但要有接地电阻测试点,有人主张设在外墙上,这既影响外墙的美观,又做得不全面,因此作为联合接地体,它是防雷接地、工作接地、弱电接地、保护接地、防静电接地等的共用接地体。这些接地通过相隔一定距离的各自引上的接地线和联合接地体相连。外墙上设置接地测试点,充其量只和几根(不是全部)防雷接地引上线相连,测出的也只是这几根防雷接地引上线是否符合要求。而对工作接地的引上线、弱电接地的引上线等是否符合要求,无法通过外墙上的测试点获得结果。只有把接地电阻测试仪的测量线接在这些接地的引上线上方可测出,而这些接地的引上线都在室内,并且不能和防雷引上线靠近,以免雷击时遭到雷电流的反击。

测量联合接地体的接地电阻,可从任何一根接地引下线测出,不必在外墙上设置测试点。

⚡ 342. 利用建筑物钢筋混凝土中的结构钢筋作为防雷网时,为什么要将电气部分的接地和防雷接地连成一体,即采取共同接地方式?

当防雷装置受到雷击时,在接闪器、引下线和接地极上都会产生很高的电位,如果建筑物内的电气设备、电线和其他金属管线与防雷装置的距离不够时,它们之间会产生放电,这种现象称之为反击。其结果可能引起电气设备绝缘破坏,金属管道烧穿,从而引起火灾、爆炸及电击等事故。

为了防止发生反击,建筑物的防雷装置须与建筑物内的电气设备及其他接地导体之间保持一定的距离,但在工程中往往存在许多困难而无法做到。当利用钢筋混凝土建筑物的结构钢筋作为暗装防雷网和引下线时,就更难做到,如电气配管无法与结构钢筋分开到足够的绝缘距离。

当把电气部分的接地和防雷接地连成一体后,使其电位相等就不会受到反击。

⚡ 343. 周围无高层建筑,低压架空线引入建筑物时,为什么要将进户杆的瓷瓶铁横担接地?

发生雷击时,闪电电涌往往会沿架空电线进入室内。为了防止闪电电涌进入室内,将固定瓷瓶的铁横担接地,就使横担与导线之间形成一个放电保护间隙,其放电电压约 40 kV,当闪电电涌沿架空电线侵入时,瓷瓶上发生沿面放电,将闪电电涌导流入地,大大降低架空电线上的电位,将高电位限制在安全范围以内。为此《10 kV 以下架空配电线路设计技术规程》(DL/T 5220—2005)第 12 条做了如下规定:为防止闪电电涌(雷电波)沿低压配电线路侵入建筑物,接户线上的绝缘子铁脚直接接地,其接地电阻不宜大于 30 Ω。公共场所(如剧院和教室等)的接户线以及由木杆或木横担引下的接户线,绝缘子铁脚应接地。

⚡ 344. 直流系统的接地线为什么不得与金属管道有连接?

《电气装置安装工程接地装置施工及验收规范》(GB 50169—2006)3.1.3 规定:需要接地的直流系统,能与地构成闭合回路且经常流过电流的接地线应沿绝缘垫板敷设,不得与金属管道、建筑物和设备的构件有金属的连接。

如果直流系统的接地线通过金属管道或建筑物内的钢筋与地构成回路,就会产生电池效应,发生电腐蚀,因此,直流系统的接地线只能一点接地,并且要与金属管道、混凝土隧道内的主钢筋等绝缘。

⚡ 345. 电缆穿越道路时,保护电缆的金属管要不要接地?

《电气装置安装工程接地装置施工及验收规范》(GB 50169—2006)规定:可触及的电缆金属保护管均应接地或接零。穿越道路的电缆金属保护管是触及不到的,故可不接地或不接零。

电缆在地中敷设一般采取两种方式:直埋敷设和电缆沟内敷设。

直埋敷设时,电缆通过黄沙或软土直接和大地接触,因此埋于土中的电缆保护管不必考虑接地。当电缆由地下转到地面上而用金属保护管加以保护时,此金属保护管要出地面,故必须接地可靠。

电缆在电缆沟内敷设时,可直接敷设在电缆沟内,也可敷设在电缆沟内的支架上。电缆沟内的支架必须接地可靠。

⚡ 346. 穿线的钢管为什么要全部接地?

穿线的钢管应接地,说明所有穿线的钢管均应接地,这在工程中往往是很难实现的,例如,过马路的埋地敷设电缆保护管没有接地的必要;明敷导线过墙时的保护短管也无须接地。为此,《电气装置安装工程接地装置施工及验收规范》(GB 50169—2006)规定:可触及的电缆金属保护管和穿线的钢管应接地或接零。穿线的钢管之间或钢管与电气设备之间有金属软管过渡的,应保证金属软管段接地畅通。

⚡ 347. 单芯电缆的金属外皮为什么只准一点接地?

三相三芯、四芯和五芯电源电缆或者单相三芯电源电缆,因为电缆内的导线电流矢量和等于零,在金属外皮上不会产生感应电流,因此,其金属外皮允许两点或多点接地;单芯电缆的金属外皮如果两端接地,芯线电流产生的磁力线会在金属外皮上感应出电流,使金属外皮形成热能损耗,加速电缆绝缘的老化,因此,单芯电缆只准一点接地。

多芯控制电缆也只准一点接地,因为它相当于多根各不相干的单芯电缆组合在一起。

在使用场合有强大直流电源时,为了防止杂散电流在电缆金属外皮中流动,产生电腐蚀,因此,所有的电缆金属外皮只准一点接地。

⚡ 348. 如何查找直埋塑料电缆故障接地点?

直埋电缆施工时,如果电缆沟内有石块等尖物,或者铺沙厚度不够,覆土后道路受压就会造成电缆损坏;另一种情况是:电缆敷设时,由于硬拉、硬擦等原因,使电缆绝缘层受损,投入运行后就会发生电缆故障接地。

当发生电缆故障接地后,在电缆故障接地点周围必然存在一个电场,产生跨步电压,由于人们通常穿皮鞋、套鞋,所以不一定能感觉到跨步电压的存在。

当零序电流互感器动作,或用钳形电流表测出电缆三相合成电流不为零时,若判定电缆所接的负载不存在漏电,则可判定电缆漏电,即存在故障接地。

在切断电缆的电源和负载之后,也可用绝缘电阻表检查电缆是否存在故障接地。

电缆的绝缘电阻值和电缆长度有关,电缆越长,绝缘电阻值就越小,但不成比例关系,因此,不能根据绝缘电阻值来判断故障接地点。

用万用表测量跨步电压能方便地查出电缆故障接地点。但测量时,测量人员一定要穿上绝缘电工鞋,戴上绝缘手套,随后在电缆通电的情况下,沿电缆敷设路径,相距一定距离把两根铁棒插入地面,铁棒上接出绝缘导线,接至万用表交流电压档,量程先放在 250 V 档上,当铁棒之间电压较小时,则改变量程放在电压量值较小档。

故障电压有时很小,甚至仅 10 V 左右,测量时要注意,切莫忽略。

⚡349. 把接地极直接打在变电所的基础沟内,连成环行,再引到变电所内,这样做可以吗?

上述做法是可以的,但要注意以下几点:

(1)埋地的接地装置引入室内时,应从两个不同位置分别引入。从不同位置引入的目的是:当一根引入线断裂或发生故障时,变电所通过另一根引入线仍能正常工作。接地引上线上设置断接卡,设置断接卡的目的是检测接地引上线是否可靠使用。

(2)接地电阻必须满足设计要求,通过变电所的工作接地电阻不大于 4 Ω。如采用联合接地体,则一般不大于 1 Ω。

(3)接地极埋深一般不小于 0.6 m,极间距离不小于 5 m。

⚡350. 配电柜的门上有 50 V 以上的电器元件时,门为什么要接地?

安装工程中发现有的配电柜制造厂,当配电柜的门上有电压超过 50 V 安全电压的指示灯、按钮、电表等时,门未用接地线与柜内 PE 排相连。由于门与柜采取铰链连接,并未构成电气接触时,当门上电器设备的相线与门发生电气接触,门就会带电,构成危险,因此,配电柜的门上有 50 V 以上的电器元件时,门必须接地,接地线用绿/黄双色软线(截面积通常为 2.5 mm²),与柜内 PE 排相连。

⚡351. 为什么配电柜的底柜要接地?

《电气装置安装工程盘、柜及二次回路结线施工及验收规范》(GB 50171—2012)规定:配电盘、柜及盘、柜内设备与各构件间连接得可靠,有明显的可靠接地。

大多数配电柜容许电源线从配电柜的底部进出,因此,其底部不装底板,当电源从配电柜的底部进出时,电源线有和底柜接触的可能性,一旦发生电源线绝缘不良,就会使底柜带电,人触及就有电击的危险。为此,配电柜的底部接地应可靠,由于配电柜的底部安装后,不再移动,因此底柜的接地工程中采取焊接的方法,通常用 25 mm×4 mm 的镀锌扁钢或扁铜作为接地线与底柜焊接连接。焊接宽度为扁钢(铜)宽度的 2 倍,且至少三个棱边。对成排配电柜要求底柜的两端与接地线相连接,为了便于检查,接地线与底柜的连接点应明显。

⚡352. 某锅炉房的用电设备采取保护接地,如何检查其安装是否符合保护接地要求?

用电设备保护接地有两种制式:IT 制式和 TT 制式。

IT 制式的变压器低压侧不接地或通过阻抗接地;TT 制式的变压器低压侧

中性点直接接地。

采取保护接地的系统,保护线 PE 和中性线 N 之间是绝缘的。

如果锅炉房电源来自 IT 系统,在断电的情况下,可用万用表 $R \times 10k$ 档测量 PE 线和 N 线之间的绝缘情况。若变压器低压侧不接地、绝缘电阻应不低于 $0.5 M\Omega$;若变压器低压侧中性点通过阻抗接地,则绝缘电阻应接近阻抗的阻值。如果锅炉房电源来自 TT 系统,虽然电源系统的工作接地和用于设备的保护接地,是相互分开的两组接地极,由于大地不是绝缘体,所以用万用表测量 PE 线和 N 线之间的绝缘时,大约为几百欧左右。对上述两种系统测量时,若 PE 线和 N 线之间出现短路,即电阻为几欧时,则表明安装不符合要求,应进行如下检查:

拆开配电箱内总 N 线端子,然后测量接地排(PE 排)和中性线排(N 排)及总 N 线之间的绝缘情况。若 PE 排与总 N 线之间的绝缘符合要求,则故障出在 N 排的出线上;若 PE 排与 N 排之间的绝缘符合要求,则故障出在进箱的总 N 线上,可沿线检查,找出故障。

当查出 N 排与 PE 排之间短路时,应把输出中性线($N1,N2,\cdots,N$)——从 N 排上拆下,每拆下一根就测量 PE 排与 N 排之间的绝缘,查出究竟是哪一根 N 线或哪几根 N 线 PE 线短路,随后对短路的 N 线沿线检查,查出故障点。

为了避免出现短路,导线穿管后要逐根测量线间及对地绝缘,安装电气设备时对 N 线也要防止绝缘损坏。例如安装插座时,若面板螺钉把 N 线顶破就会造成 N 排和 PE 排之间短路。

⚡ 353. 桥式起重机的轨道为什么要有重复接地?

大多数桥式起重机的接地是通过起重机的轨道和 PE 线接通的。为此,轨道进行机械连接后,在接头处还要做电气跨接。在 TN 系统中,为了保证起重机接地可靠,两根平行的轨道其两端做互相连接后,在轨道的两端还要各打一组接地极。一旦发生和轨道相连的接地线断裂时,可减小接触电压的危险度。

当和起重机轨道相连的 PEN 线因受到机械碰撞而断裂时,如果起重机不进行重复接地,那么相线通过照明灯或其他电气设备连接到吊勾,对地电位将接近 220 V,电击危险很大。和起重机轨道相连的 PE 线除了有可能发生断裂外,接触不良也会使起重机的对地电位升高,因此起重机的轨道要有重复接地。

⚡ 354. 开关箱为什么要接地?

金属外壳的开关箱,外壳必须接地可靠。当开关箱内的相线未和外壳发生绝缘不良时,人体触及此开关箱不会发生危险,但当相线和开关箱外壳间绝缘不良,甚至发生短路的情况时,就会发生电击的危险。

当手臂同时触及一只已投入工作的开关箱和已接地的栏杆,而此开关箱内刀开关 L3 相触头已烧坏松动，L3 相相连的导线绝缘损坏，并与开关箱外壳相碰，因此开关箱外壳是带电的，电击电流由手指流入，从手臂流出，通过接地的栏杆流入大地，于是遭到电击。

开关箱的外壳不接地，在正常的情况下是没有危险的，但无法保证一直正常。由于开关的接线松动，会引起外壳带电，还有可能出现其他情况使外壳带电，因此开关箱内的电压如果超过安全电压（50 V），开关箱的金属外壳必须接地可靠。

⚡355. 金属路灯杆如何接地？

路灯采取三相供电时，埋地敷设用四芯电缆，架空敷设采用四根线。如果路灯采用水泥电杆，那么三根相线一根零线，用四芯电缆或四根架空线是可以的。当采用金属路灯杆时，金属路灯杆必须接地，如果不接地，一旦相线与金属路灯杆产生电气接触，路灯杆就带电，人触及就会引起电击危险。

若电源系统 TT 制，用四根线就不够了，此时每根路灯杆应打一组接地体，其接地电阻应不大于 4 Ω。也可用与相线同截面的导线把所有路灯杆连成一体，在此接地线的首尾各打一组接地体，每组接地体的接地电阻也不大于 4 Ω。若电源系统为 TN 制式，第四根线可用作 PEN 线，其条件为：铜导线截面积不得小于 10 mm^2，此时路灯杆可与 PEN 相连，达到接地保护的作用。

⚡356. 潮湿环境中灯具的金属外壳要不要接地？

潮湿环境中，例如水泵房，人手可触及的灯具，即使导线绝缘未损坏，导线接头绝缘符合要求，但潮湿的空气可造成绝缘下降，使电流从导线接头处沿着导线的绝缘表面传到灯具的金属外壳上。此电流往往并不大，电源熔丝不会断，空气开关也不会跳闸，使灯具金属外壳的电压长期存在，人一旦触及就有触电的危险。

《电气装置安装工程电气照明装置施工及验收规范》（GB 50259—1996）总则规定：在危险性较大及特殊危险场所，当灯具距地面高度小于 2.4 m 时，应使用额定电压为 36 V 及其以下的照明灯具，或采取保护措施。对潮湿环境使用安全低压有困难时，可采取灯具外壳接地。

如果使用 36 V 电压，或用隔离变电器供电，此时灯具的金属外壳不必接地。

《电气装置安装工程接地装置施工及验收规范》（GB 50169—2006）3.1.2 指出：在木质等不良导电地面的干燥房间内，可不接地。因此，在有木地板的干燥房间内的灯具，即直接使用 220 V 供电，且高度低于 2.4 m，灯具的金属外壳也可不接地。

灯具的金属外壳是否接地，应以具体设计为准。

⚡ 357. 有些电气设备为什么加了接地反而会发生电击？

接地对保护人身和设备的安全起了极为重要的作用。但接地时应该搞清什么设备应接地，什么设备不应该接地，例如隔离变压器的二次侧不应该接地，电流互感器的二次侧应该接地。

对应该接地的设备要搞清哪一个部位要接地，哪一个部位不能接地。例如某厂安装一套电炉变压器时，电焊工为了焊接低压侧铝排，把电焊机二次侧的地线接在铝排的 D 处。当焊好接在 L1 上的铝排后，未改变电焊机地线的搭接点就去焊接接在 X1 上的铝排，在焊接的过程中，电焊机的输出电压就加在电炉变压器 X1、L1 绕组上，此电压约 30 V，电炉变压器的变化为 66 V，于是在电炉变压器的高压侧感应出 2 kV 高压。在施工前，施工人员考虑到安全，除了对变压器放电外，只任意将 L2 进行了接地处理，而没有同时将 L1、L3 接地。当高压侧感应出高压时，若工人的身体碰到的是 L1，就发生电击事故。如果电焊机接地线的搭接随焊接点变动而变动，即搭接点就在焊点近旁。电炉变压器的低压侧就不会出现电压，高压侧也就不会感应出电压；如果高压侧的 L2 不接地，人体触及高压侧，因构不成回路，也就不会发生电击。

⚡ 358. 固定安装的砂轮机，用三相四眼插头后设备不必再接地是否正确？

固定安装的电气设备，利用电源插头的接地桩头作为设备接地的通路是不安全的，因为插头发生松动或断线时，就有可能造成接地不良。为了保证固定安装的电气设备接地可靠，接地线应采取螺栓连接或焊接固定，通常对电气设备多的车间，沿墙敷设一圈接地线，车间内电气设备的外壳与该接地线螺栓连接或焊接固定，以确保这些设备的接地可靠性。

对移动电气设备只能通过电源插头接地时，则必须加装漏电开关，以确保用电安全。

⚡ 359. PLC 等电气设备都要求单独接地，且相互间距不大，如何施工？

PLC、变频器、电磁式流量计等设备要求单独接地，并非指每台设备都单独接地，而是指这些设备的接地和电源接地分开，也就是说 PLC、变频器、电磁式流量计等可以共用一个接地极。接地极的引出接地线应采用塑铜线，若用铜排，应该用绝缘子固定铜排，不准和电源的接地线相碰。接地电阻一般为 4 Ω。

不允许采用电源的重复接地作为上述仪表的接地极，因为电源会对仪表产生干扰。

也可采用联合接地体,即仪表接地、电源的工作接地、保护接地、防雷接地等采用同一接地体,要求联合接地体的电阻小于 1 Ω。采用联合接地体时,仪表接地线也应该用塑铜软线,以便和电源的接地线绝缘(仅允许在地下连接)。

⚡360. 进油管和储油罐已做了防静电接地,但当进油管和加油机相碰时会产生火花,这是什么原因?

进油管和储油罐在与电气设备处于绝缘的情况下,进油管和储油罐应该做防静电接地;如果进油管和储油罐与电气设备之间有相碰的可能时,进油管和储油罐应采取和电气设备相同的接地保护方式。

大地实际上不是等电位体,当电源的接地点和储油罐接地点相距较远时,会有电位差产生,即使只有 1~2 V 之差,也会产生高达数安的电火花,因此,防爆区要做等电位连接,电源系统要做重复接地。

如果电源系统为 TN 接地制式,防爆区同时存在单相和三相负载,那么应采取 TN-S 制式,其安全性较 TN-C 制式高得多。

⚡361. 医院病房内的集中供氧系统及负压(吸痰)系统是否需要接地?

对医院的一般病房内的电气设备要有保护接地,但以不设置等电位连接为佳。集中供氧系统不需要动力,因此,没有必要接地。吸痰系统有一个抽真空设备——真空泵,它需要电源,因此真空泵的外壳必须接地,电源部分应设置漏电保护装置,真空设备和病房之间采取管道连接,由于真空泵已接地,管道可不接地,即使接地,管道也只需在机房内接地,病房内管道不必接地。

需要指出的是,对手术室除了要有保护接地外,还应设置等电位连接。

⚡362. 大型建筑物长度超过 50 m 时,每个配电箱都需要重复接地吗?

《工业与民用电力装置的接地设计规范》(GB J65—83)中的规定:电缆或架空线在引入车间或大型建筑物处 N 线应重复接地(不超过 50 m 时除外)。

电缆或架空线在引入车间或大型建筑物时重复接地的目的是为了避免室外电缆或架空线的 N 线中断而引起事故,N 线也加重复接地后,使 TN 系统的 N 线在发生中断时,中断点后的 N 线电位仍接近地电位,以减轻事故发生后的零电位漂移。当电缆或架空线进入室内后,其损坏中断的可能与室外相比极大减小,因此进入室内后规范不做重复接地规定。对 TN-C 系统,PEN 线可与重复接地线再次连接;对 TN-S 系统,可对 N 线或 PE 线做重复接地,但 N 线和 PE 线在车间内不能与同一重复接地相连。

第三部分　雷电防护技术的应用

一、建筑物外部的雷电防护

⚡ 363. 雷电对建筑物的危害有哪些？

雷电对各类建筑物的危害是不同的，表 3-1 是针对雷电对不同类型建筑物造成的危害的分类。

表 3-1　雷电对不同类型建筑物造成的危害的分类

建筑物类型	雷电的危害
住宅	损害通常限于暴露于雷击点或暴露于雷电流通道的对象；电气装置击穿、火灾或损害材料。装设的电气、电子设备和系统失效（如电视机、计算机、调制解调器、电话等）。
农舍	火灾、危险的跨步电压以及材料的损害是首要的风险；其次的风险是电源断线、通风系统、饲料供应系统电子控制失效等，使牲畜生命受到伤害。
剧院、宾馆、学校、百货商店、运动场	电气装置损害（如电灯照明）很可能导致恐慌；火警失效使消防延误。
银行、保险公司、商业公司	电气装置损害（如电灯照明）很可能导致恐慌；火警失效使消防延误；通信不畅、计算机失效和数据丢失所产生的问题。
医院、疗养院、监狱	电气装置损害（如电灯照明）很可能导致恐慌；火警失效使消防延误；特护人员中断护理，行动不便人员的救援困难等。
工厂、博物馆、美术馆、教堂	影响取决于工厂的存贮物，影响范围从轻微的损害到不可接受的损害和停产；文化遗产不能复原的损失。
电信站、发电厂、有着火危险的工业建筑	不可接受的对公众服务的中止；由于着火等原因对紧邻的事物构成的间接危害。
炼油厂、加油站、火工品工厂、弹药工厂	工厂及其周围事物着火及爆炸。
化学工厂、核电厂、生化实验室及生化工厂	工厂着火及发生故障而对当地及全球环境构成危害。

⚡ 364. 为什么要对建筑物进行防雷分类?

雷击中地面上任何物体都有可能使该物体及其相联系的人或物受损,其受损和危害程度与被雷击建筑物的重要性、使用性质及雷击次数的多少有很大关系。雷电是在大气中发生的一种物理现象,具有很大的随机性,为了在雷击发生前做好防御,把各种建筑物进行防雷分类,对各种不同类型的建筑物采取不同的防雷措施,最大限度地减少雷击灾害。

⚡ 365. 建筑物防雷分类的依据是什么?

按照《建筑物防雷设计规范》(GB 50057—2010 年版)的相关条款,建筑物应根据重要性、使用性质、发生雷电事故的可能性和后果,按防雷要求将建筑物分为第一类防雷建筑物、第二类防雷建筑物和第三类防雷建筑物,共三类。

⚡ 366. 哪些建筑物可被划为第一类防雷建筑物?

(1)凡制造、使用或贮存火炸药及其制品,因电火花而引起爆炸、爆轰,会造成巨大破坏和人身伤亡的危险建筑物。

(2)具有 0 区或 20 区爆炸危险场所的建筑物。

(3)具有 1 区或 21 区爆炸危险场所,因电火花而引起爆炸,会造成巨大破坏和人身伤亡的建筑物。

⚡ 367. 哪些建筑物可被划为第二类防雷建筑物?

(1)国家级重点文物保护的建筑物。

(2)国家级的会堂、办公建筑物、大型展览和博览建筑物、大型火车站和飞机场、国宾馆,国家级档案馆、大型城市的重要给水泵房等特别重要的建筑物。

注:飞机场不含停放飞机的露天场所和跑道。

(3)国家级计算中心、国际通信枢纽等对国民经济有重要意义的建筑物。

(4)国家特级和甲级大型体育馆。

(5)制造、使用或贮存火炸药及其制品的危险建筑物,且电火花不易引起爆炸或不致造成巨大破坏和人身伤亡。

(6)具有 1 区或 21 区爆炸危险场所的建筑物,且电火花不易引起爆炸或不致造成巨大破坏和人身伤亡。

(7)具有 2 区或 22 区爆炸危险场所的建筑物。

(8)有爆炸危险的露天钢质封闭气罐。

(9)预计雷击次数大于 0.05 次/a 的部、省级办公建筑物和其他重要或人员密集的公共建筑物以及火灾危险场所。

（10）预计雷击次数大于 0.25 次/a 的住宅、办公楼等一般性民用建筑物或一般性工业建筑物。

⚡ 368. 哪些建筑物可被划为第三类防雷建筑物？

（1）省级重点文物保护的建筑物及省级档案馆。

（2）预计雷击次数大于或等于 0.01 次/a，且小于或等于 0.05 次/a 的部、省级办公建筑物和其他重要或人员密集的公共建筑物，以及火灾危险场所。

（3）预计雷击次数大于或等于 0.05 次/a，且小于或等于 0.25 次/a 的住宅、办公楼等一般性民用建筑物或一般性工业建筑物。

（4）在平均雷暴日大于 15 d/a 的地区，高度在 15 m 及以上的烟囱、水塔等孤立的高耸建筑物；在平均雷暴日小于或等于 15 d/a 的地区，高度在 20 m 及以上的烟囱、水塔等孤立的高耸建筑物。

⚡ 369. 当一座防雷建筑物中兼有第一、二、三类防雷建筑物时，应如何采取防雷措施？

（1）当第一类防雷建筑物的面积占建筑物总面积的 30% 及其以上时，该建筑物宜确定为第一类防雷建筑物，应采取第一类防雷建筑物的防护措施。

（2）当第一类防雷建筑物的面积占建筑物总面积的 30% 以下，且第二类防雷建筑物的面积占建筑物总面积的 30% 及其以上时，或当这两类防雷建筑物的面积均小于建筑物总面积的 30%，但其面积之和又大于 30% 时，该建筑物宜确定为第二类防雷建筑物。但对第一类防雷建筑物的防闪电感应和防闪电电涌侵入应采取第一类防雷建筑物的保护措施。

（3）当第一、二类防雷建筑物的面积之和小于建筑物总面积的 30%，且不可能遭直接雷击时，该建筑物可确定为第三类防雷建筑物；但对第一、二类防雷建筑物的防闪电感应和防闪电电涌侵入应采取各自类别的保护措施；当可能遭直接雷击时，宜按各自类别采取防雷措施。

⚡ 370. 当一座建筑物中仅有一部分为第一、二、三类防雷建筑物时，防雷措施是如何规定的？

（1）当防雷建筑物可能遭直接雷击时，宜按各自类别采取防雷措施。

（2）当防雷建筑物不可能遭直接雷击时，可不采取防直击雷措施，可仅按各自类别采取防闪电感应和防闪电电涌侵入的措施。

（3）当防雷建筑物的面积占建筑物总面积的 50% 以上时，该建筑物宜按建筑物中兼有第一、二、三类防雷建筑物时的规定采取防雷措施。

⚡371. 建筑物外部防雷系统由哪些部分组成？

建筑物外部防雷系统由三个基本部分组成，它们共同构成了一条低阻抗通路，它们是：

①位于屋顶和其他较高部位上的接闪器，它用于拦截雷电闪击；

②引下线系统，它用于将雷电流从接闪器传导至接地装置；

③接地装置系统，它用于将雷电流传导及散流入地。

⚡372. 对第一类防雷建筑物安装的接闪器有何要求？

第一类防雷建筑物的接闪器采用独立装设接闪杆或架空接闪线（网）。

接闪杆是安装在建筑物突出部位或独立装设的杆状导体，通常采用镀锌圆钢或镀锌钢管制成。接闪线通常装设在架空输电线路上面的导线，一般采用截面积不小于 35 mm² 的镀锌钢绞线。架空接闪网相当于架设在屋面上空纵横敷设的接闪带组成的网络，如图 3.1 所示。

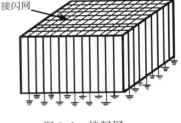

图 3.1　接闪网

（1）第一类防雷建筑物采用安装独立接闪杆或架空接闪线（网），使被保护的建筑物及管帽、放散管等突出屋面的物体均处于接闪器保护范围内，架空接闪网的网格尺寸不应大于 5.0 m×5.0 m 或 6.0 m×4.0 m。

独立接闪杆及其接地装置与道路或建筑物的出入口等处的距离应大于 3 m。当小于 3 m 时，应采取均压措施或铺设卵石或沥青地面。独立接闪杆的接地装置与建筑物接地网的地中距离不应小于 3 m，如图 3.2 所示。

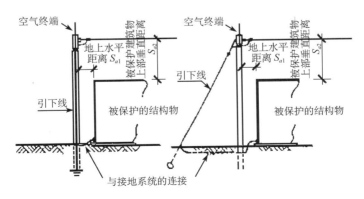

图 3.2　架空接闪杆、线、网与被保护建筑物的距离示意图

　　（2）排放有爆炸危险的气体、蒸气或粉尘的放散管、呼吸阀、排风管等的管口外的以下空间应处于接闪器的保护范围内：当有管帽时按表 3-2 确定；无管帽时，应为管口上方半径 5 m 的半球体，接闪器与雷闪的接触点应设在上述空间之外，也就是说，接闪器与雷闪的接触点处于该以放散管、呼吸阀、排风管等的管口为中心，以 5 m 为半径的半球体空间之外。

表 3-2　有管帽的管口外处于接闪器保护范围内的空间

装置内的气压与周围空气压的气压差（kPa）	排放物与空气的对比	管帽以上的垂直距离（m）	距管口处的水平距离（m）
＜5	重于空气	1	2
5～25	重于空气	2.5	5
≤25	轻于空气	2.5	5
＞25	重或轻于空气	5	5

　　排放爆炸危险的气体、蒸气或粉尘的放散管、呼吸阀、排风管等，当其排放物达不到爆炸浓度、一排放就点火燃烧、长期点火燃烧，发生事故时排放物才达到爆炸浓度的通风管、安全阀，接闪器的保护范围仅可保护到管帽，无管帽时仅可保护到管口。

373. 第一类防雷建筑物难以装设独立的外部防雷装置时如何采取防雷措施？

　　第一类防雷建筑物难以装设独立的外部防雷装置时，可将接闪杆或网格不大于 5 m×5 m 或 6 m×4 m 的接闪网或由其混合组成的接闪器直接装在建筑物上，接闪网应沿屋角、屋脊、屋檐和檐角等易受雷击的部位敷设；当建筑物高度超过 30 m 时，首先应沿屋顶周边敷设接闪带，接闪带应设在外墙外表面或屋檐边垂直面上，也可设在外墙外表面或屋檐垂直面外，并必须符合下列规定：

　　（1）接闪器之间应互相连接。

　　（2）引下线不应少于 2 根，并应沿建筑物四周和内庭院四周均匀或对称布置，其间距沿周长计算不宜大于 12 m。

　　（3）排放有爆炸危险的气体、蒸汽或粉尘的放散管、呼吸阀、排风管等管道应符合 370 问（2）的要求。

　　（4）建筑物应装设等电位连接环，环间垂直距离不应大于 12 m，所有引下线、建筑物的金属结构和金属设备均应连到环上。等电位连接环可利用电气设备的等电位连接干线环路。

　　（5）外部防雷的接地装置应围绕建筑物敷设成环形接地体，每根引下线的冲击接地电阻不应大于 10 Ω，并应和电气和电子系统等接地装置及所有进入建筑物的金属管道相连,此接地装置可兼作防雷电感应接地之用。

⚡ 374. 对第二类防雷建筑物安装的接闪器有何要求?

第二类防雷建筑物的接闪器采用接闪杆或接闪线(网)。

(1)接闪网(带)

宜采用装设在建筑物上的接闪网(带)或接闪杆或由其混合组成的接闪器作保护,接闪网(带)应沿屋角、屋脊和檐角等易受雷击的部位敷设,并应在整个屋面组成不大于 10 m×10 m 或 12 m×8 m 的网格,接闪杆应与接闪带互相连接。

(2)突出屋面的放散管、风管、烟囱等物体,应按下列方式保护:

①排放具有爆炸危险的气体、蒸气或粉尘的突出屋面的放散管、呼吸阀和排风管等管道应符合第一类防雷建筑物的第(2)条的要求。

储存可燃蒸气或能够释放出可燃蒸气的液体的地上常压储罐(顶盖固定)具有铆接、焊接或螺栓连接的顶盖,有支撑或没有支撑结构,用来存储能够释放出可燃蒸气的液体的常压储罐如果满足下列条件,则可以认为自身就是具有防雷保护能力的:

(a)钢板之间的所有接缝都是铆接、焊接或螺栓连接的;

(b)所有通进管体中的接管,在进入罐体的结合点上与罐体都是金属连接的;

(c)所有气体或蒸气通口都是密封的,或当在存储条件下罐内存放的液体能形成可燃蒸气与空气的混合气体时,有防火保护措施;

(d)罐体顶盖的厚度最少为 4 mm;

(e)罐体顶盖是用铆接、焊接或螺栓连接法与罐体连接在一起的。

② 排放无爆炸危险的气体、蒸汽或粉尘的放散管、烟囱,1 区、21 区、2 区和 22 区爆炸危险场所的自然通风管等,0 区和 20 区爆炸危险场所装有阻火器的放散管、呼吸阀、排风管,以及符合 370 条(2)规定的排放爆炸危险气体、蒸汽或粉尘的放散管、呼吸阀、排风管等,其防雷保护还应符合下列要求:

(a)金属物体一般不装接闪器,但应和屋面防雷装置相连;

(b)在屋面接闪器保护范围之外的非金属物体则应装接闪器并和屋面防雷装置相连;

(3)自然接闪器的运用。

⚡ 375. 哪些建筑材料可作为第二类防雷建筑物的自然接闪器? 有何要求?

建筑物的以下部件可用作为自然接闪器:

(1)覆盖于需要防雷空间的金属板。该金属板应满足下列要求:各金属板间有可靠的电器通路连接；当需要防止金属板被雷击穿（穿孔或热斑）时金属板厚度不小于表 3-3 给出的厚度 δ 值；当不需要考虑防止金属板被雷电击穿或引燃金属板下方的易燃物时，金属板的厚度不小于 0.5 mm；金属板无绝缘物覆盖层；金属板上或上方的非金属材料可以被排除于需防雷空间之外。

（2）当非金属屋顶可以被排除于需防雷空间之外时，其下方的屋顶结构的金属部件（如行架、相互连接的钢筋网等）。

表 3-3　用作接闪器的金属板或金属管的最小厚度

材料	厚度 δ(mm)
钢铁	4
铜	5
铝	7

（3）建筑物的排水管、装饰物、栏杆等金属部件，当其截面不小于对标准接闪器部件所规定的截面。

（4）厚度不小于 2.5 mm 的金属管、金属罐，且雷击击穿时不会发生危险或其他不可接受的情况。

（5）厚度不小于表 3-3 所给出厚度值的金属管、金属罐，且雷击点内表面温度升高不构成危险。

376. 对第三类防雷建筑物安装的接闪器有何要求？

第三类防雷建筑物的接闪器采用接闪网（带）或接闪杆。

第三类防雷建筑物防直击雷的措施，宜采用装设在建筑物上的接闪网（带）或接闪杆或由这两种混合组成的接闪器；接闪网（带）应按图 3.3 沿屋角、屋脊、屋檐和檐角等易受雷击的部位敷设；并应在整个屋面组成不大于 20 m×20 m 或 24 m×16 m 的网格。平屋面的建筑物，当其宽度不大于 20 m 时，可仅沿周边敷设一圈接闪带。

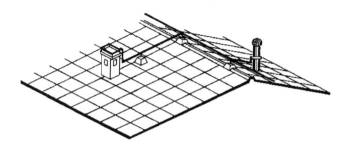

图 3.3　金属、非金属物体与屋面防雷装置相连

突出屋面的金属物体和非金属物体的保护方式应参照图 3.3 所示方法。建筑物屋顶上装有风机、热泵、航空灯等电气设备时,把设备外壳与接闪带连成一体是通常做法,但有一点必须注意:这些设备的电源线未加防护不能直接与配电装置相连接。

《电气装置安装工程接地装置施工及验收规定》(GB 50169—2006)3.5.3 做了如下规定:装有接闪杆和接闪线的构架上的照明灯电源线,必须采用直埋于土壤中的带金属护层的电缆或穿入金属管的导线。电缆的金属护层或金属管必须接地,埋入土壤中的长度应在 10 m 以上,方可与配电装置的接地网相连或与电源线、低压配电装置相连接。

要注意,与接闪装置连成一体的电气设备的外壳,如再与屋内的接地线相连会出现如下结果:因为屋顶遭到雷击时,雷电流就会从接闪带→屋顶电气设备外壳→屋内电气设备外壳,使屋内电气设备外壳出现高电位,这是极其危险的,因此,屋顶电气设备的外壳与接闪装置连成一体后,若再与屋内接地线相连,必须在室内实行等电位连接才安全。

⚡ 377. 建筑物上哪些地方是易受雷击的部位?

建筑结构上最易受雷击的部分是那些比周围物体高的突出部分,像烟囱、通风系统、旗杆、尖塔、水箱、塔体、屋顶上的栏杆、升降机的通道、山墙、天窗、防护墙等。平顶建筑的屋顶边缘也是易受雷电袭击的地方。要确定建筑物易受雷击的部分,需根据建筑物的屋面坡度加以确定,参见图 3.4。

(1)平屋顶或坡度不大于 1/10 的屋面:檐角、女儿墙、屋檐(见图 3.4a、图 3.4b)。

(2)坡度大于 1/10 且小于 1/2 的屋面:屋角、屋脊、檐角、屋檐(见图 3.4c)。

(3)坡度不小于 1/2 的屋面:屋角、屋脊、檐角(见图 3.4d)。

(4)对图 3.4c 和图 3.4d,在屋脊有接闪带的情况下,当屋檐处于接闪带的保护范围时,屋檐可不设接闪带。

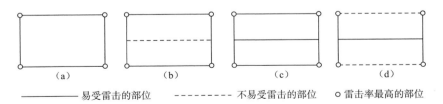

　(a)　　　　　　(b)　　　　　　(c)　　　　　　(d)

———— 易受雷击的部位　　- - - - - - - - 不易受雷击的部位　　○ 雷击率最高的部位

图 3.4　建筑物易受雷击的部位

⚡ 378. 能否用铜绞线作为女儿墙上的接闪带?

用铜绞线作为女儿墙上的接闪带,虽然造价比圆钢大得多,但对把雷电流引

入到地下是有利的,除了铜导线的电阻比圆钢电阻小之外,还有以下优点:

①从趋肤效应考虑,用铜绞线有利。雷电流是瞬间的大电流,其趋肤效应是极其明显的,铜绞线的表面积远大于铜棒(圆钢)的表面积,因此有利于雷电流的流动。

②从接头多少考虑,用铜绞线有利。铜棒(圆钢)的长度受运输条件限制,屋顶接闪带必须用许多根铜棒接起来,增加了接头。铜绞线的长度几乎不受限制,从接闪效果考虑,当然接头越少越好。对铜绞线的连接应采用化学熔焊法。

⚡ 379. 如何减少屋顶太阳能热水器遭受雷击的隐患?

太阳能热水器主要安装在多层住宅顶上,遭受雷击的概率较大,危险较为突出,而一般情况下很少考虑对其实施防雷保护。要减少太阳能热水器遭受雷击的隐患,可考虑以下措施:降低太阳能热水器的安装高度,加高接闪杆的高度。热水器顶部应至少低于最高接闪杆或接闪带 60 cm,并与杆、带保持 1 m 左右的安全距离。如果原有的杆、带高度不能满足要求,则应加高接闪杆,并与原有杆、带进行双面焊接,搭接长度不小于连接钢筋长度的 6 倍,加装接闪杆的规格不小于原有杆、带的规格。如果安装空间受限无法满足安全距离的要求,可考虑将热水器金属支架与接闪带相连。雷雨时最好不要使用太阳能热水器,并拔掉电源插头。

⚡ 380. 在实施建筑物外部防雷时,对在建筑物上部布设的接闪器有什么要求?

在实施建筑物外部防雷时,在建筑物上部布设的接闪器应根据建筑物防雷保护的需要可单独布设一种接闪器,如安装接闪杆,或两种以上的接闪器组合。采用接闪网布置时应符合表 3-4 规定。

表 3-4 接闪器网格尺寸

建筑物防雷类别	滚球半径 h_r(m)	接闪网网格尺寸
第一类防雷建筑物	30	≤5 m×5 m 或≤6 m×4 m
第二类防雷建筑物	45	≤10 m×10 m 或≤12 m×8 m
第三类防雷建筑物	60	≤20 m×20 m 或≤24 m×16 m

⚡ 381. 怎样在屋面安装接闪杆?

在屋面安装接闪杆,电气专业应向土建提供地脚螺栓和混凝土支座的资料,在屋面施工中有土建人员浇筑好混凝土支座,与屋面成一体,并预埋好地脚螺栓,地脚螺栓预埋在支座内,最少有两根与屋面、墙体或梁内钢筋焊接。待混凝土强度符合要求后,再安装接闪杆,连接引下线。

接闪杆在屋面安装时,可先组装好接闪杆,先在接闪杆支座底板上相应的位置,焊上一块肋板,再将接闪杆立起,找直、找正后进行点焊,然后加以校正,焊上其他三块肋板。接闪杆安装要牢固,并与引下线焊接牢固,屋面上若有接闪带(网),还要与其焊成一个整体,如图 3.5 所示。

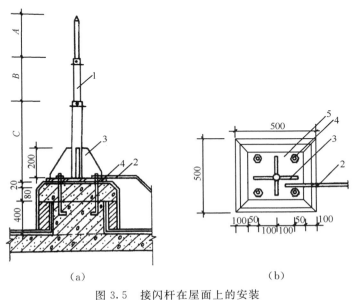

图 3.5　接闪杆在屋面上的安装
1—接闪杆;2—引下线;3—100×8,L=200 肋板;
4—M25×350 地脚螺栓;5—300×8,L=300 底板

接闪杆安装后,杆体应垂直,其允许偏差不应大于杆顶端的直径。设有标志灯的接闪杆,灯具应完整,显示清晰。

⚡ 382. 安装接闪杆有哪些注意事项?

安装接闪杆时,应注意以下事项:

(1)在选择独立接闪杆的装设地点时,应使接闪杆及其接地装置与配电装置之间保持以下规定的距离:在地面上,由独立接闪杆到配电装置的导电部分以及到变电所电气设备和构架接地部分间的空间距离不应小于 5 m;在地下,由独立接闪杆本身的接地装置与变电所接地网间最近的地中距离一般不小于 3 m;独立接闪杆及其接地装置与道路或建筑物的出入口等的距离应大于 3 m。

(2)独立接闪杆的接地电阻一般不宜超过 10 Ω。

(3)为了防止雷击接闪杆时,雷电波由电线传入室内,危及人身安全,所以不得在接闪杆构架上架设低电压线路或通信线路。装有接闪杆的构架上的照明灯电源线,必须采用直埋于地下的带金属保护层的电缆或穿入金属管的导线。电缆保护层或金属管必须接地,埋地长度应在 10 m 以上,方可与配电装置的接地网连接,或与电源线、低压配电装置相连接。

(4)装有接闪杆的金属筒体(如烟囱),当其厚度大于 4 mm 时,可作为接闪杆的引下线,筒体底部应有对称两处与接地体相连。

⚡383. 对接闪器的材料和尺寸有何要求?

(1)接闪杆宜采用圆钢或焊接钢管制成,其直径不应小于下列数值:

杆长 1 m 以下:圆钢为 12 mm;钢管为 20 mm。

杆长 1~2 m:圆钢为 16 mm;钢管为 25 mm。

烟囱顶上的杆:圆钢为 20 mm;钢管为 40 mm。

(2)接闪杆的接闪端宜做成半球状,其最小弯曲半径宜为 4.8 mm,最大宜为 12.7 mm。

(3)当烟囱上采用接闪环时,其圆钢直径不应小于 12 mm。扁钢截面不应小于 100 mm²,其厚度不应小于 4 mm。

(4)架空接闪线和接闪网宜采用截面不小于 50 mm² 热镀锌钢绞线或铜绞线。

(5)明敷接闪导体固定支架的间距不宜大于表 3-5 的规定。固定支架的高度不宜小于 150 mm。

表 3-5　明敷接闪导体和引下线固定支架的间距

布置方式	扁形导体和绞线固定支架的间距(mm)	单根圆形导体固定支架的间距(mm)
安装于水平面上的水平导体	500	1000
安装于垂直面上的水平导体	500	1000
安装于从地面至高 20 m 垂直面上的垂直导体	1000	1000
安装在高于 20 m 垂直面上的垂直导体	500	1000

⚡384. 在建筑物防雷中,接闪带(网)应安装在什么位置?

接闪带适用于建筑物的屋脊、屋檐(坡屋顶)或屋顶边缘及女儿墙上(平屋顶),对建筑物的易受雷击部位进行重点保护。

接闪网则是适用于较重要的防雷保护。明装接闪网是在屋顶上部以较疏的明装金属网格作为接闪器,沿外墙引下线,接到接地装置上,如图 3.6 所示。

图 3.6　明装接闪网

⚡ 385. 在建筑物的屋面上怎样明装接闪带(网)？

在建筑物的屋面上明装接闪带(网)需要使用支座、支架的支撑安装。明装接闪带(网)支座、支架用圆钢或扁钢制成。镀锌圆钢直径应不小于 $\varnothing 12$ mm。镀锌扁钢的截面积应不小于 100 mm^2。在安装前应进行调直加工，然后顺直沿支座或支架的路径进行敷设。接闪带(网)在屋面安装时，一般由混凝土支座固定。屋面上支座的安装位置是由接闪带(网)的安装位置决定。

接闪带(网)的支座可以在建筑物屋面面层施工过程中现场浇制，也可以预制再砌牢或与屋面防水层进行固定。

支座在屋面防水层上安装时，需待屋面防水工程结束后，将混凝土支座分档摆好，在支座位置上烫好沥青，把支架与屋面固定牢固，再安装接闪带(网)。混凝土支座设置如图 3.7 所示。

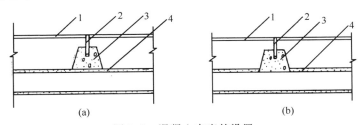

图 3.7　混凝土支座的设置
(a)预制混凝土支座；(b)现浇混凝土支座
1—接闪带；2—支架；3—混凝土支座；4—屋面板

在接闪带(网)敷设的同时，应与支座或支架进行卡固或焊接连成一体，并同防雷引下线焊接好。其引下线的上端与接闪带(网)的交接处，应弯成弧形，再与接闪带(网)并齐进行搭接焊接。

建筑物顶上的突出金属物体，如旗杆、透气孔、铁栏杆、爬梯、冷却水塔、电视天线杆等,这些部位的金属导体都必须与接闪带(网)焊接成一体。

接闪带(网)沿坡形屋面敷设时,应与屋面平行布置。

接闪带(网)在转角处应随建筑造型弯曲,一般不宜小于 90°,弯曲半径不宜小于圆钢直径的 10 倍,或扁钢宽度的 6 倍。

如接闪带沿女儿墙及电梯机房或水池顶部四周敷设时,不同平面的接闪带(网)应至少两处相互连接,连接应采用焊接。

接闪带(网)距屋面的边缘距离不应大于 500 mm。在接闪带(网)转角中心严禁设置接闪带(网)支座。

在屋面上安装支座时,应在直线段两端点(即弯曲处的起点)拉通线,确定好中间支座位置,中间支座的间距为 1~1.5 m,相互间距离应均匀分布,在转弯处支座的间距为 0.5 m(距转弯中心的距离为 0.25 m)。

⚡ 386. 在女儿墙和天沟上怎样安装接闪带?

接闪带(网)沿女儿墙安装时,应使用支架固定。并应尽量随结构施工预埋支架,当条件受限制时,应在墙体施工时预埋不小于 100 mm×100 mm×100 mm 的孔洞,洞口的大小应里外一致,首先埋设直线段两端的支架,然后接通线埋设中间支架,其转弯处支架应距转弯中点 0.25~0.5 m,直线段支架水平距离为 1~1.5 m,且支架间距应平均分布。

女儿墙上设置的支架应与墙顶面垂直。

在预留孔洞内埋设支架前,应先用水泥浆润湿,放置好支架时,用水泥砂浆灌牢,支架的支起高度不应小于 150 mm,等达到强度后再敷设接闪带(网),如图 3.8 所示。

接闪带(网)在建筑物天沟上安装使用支架固定时,应随土建施工先设置好预埋件,支架与预埋件进行焊接固定,如图 3.9 所示。

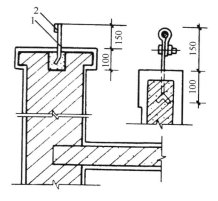

图 3.8　支持卡子在女儿墙上的安装
1—支持卡子;2—接闪带

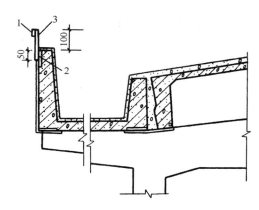

图 3.9　接闪带在天沟上的安装
1—接闪带;2—预埋件;3—支架

⚡387. 在屋脊和檐口上怎样安装接闪带？

接闪带在建筑物屋脊和檐口上安装,可使用混凝土支座或支架固定。使用支座固定接闪带时,应配合土建施工,现场浇制支座,浇制时,先将脊瓦敲去一角,使支座与脊瓦内的砂浆连成一体;如支架固定接闪带时,需用电钻将脊瓦钻孔,再将支架插入孔内,用水泥砂浆填塞牢固,如图 3.10 所示。

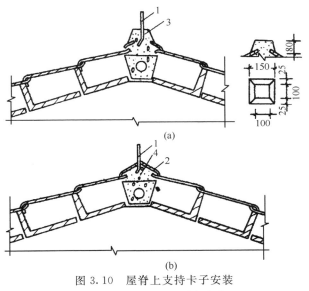

图 3.10　屋脊上支持卡子安装

(a)用支座安装;(b)用支架安装

1—接闪带;2—支架;3—支座;4—1:3 水泥砂浆

在屋脊上固定支架和支座,水平间距为 1~1.5 m,转弯处为 0.25~0.5 m。接闪带沿坡形屋面敷设时,也应使用混凝土支座固定,且支座应与屋面垂直。

⚡388. 接闪带通过伸缩沉降缝应该怎样做？

接闪带通过建筑物伸缩沉降缝处,将接闪带向侧面弯成半径为 100 mm 的弧形,且支持卡子中心与建筑物边缘距离减至 400 mm,如图 3.11 所示。

安装好的接闪带(网)应平直、牢固、不应有高低起伏和弯曲现象,平直度每 2 m 检查段允许偏差值不宜大于 3‰,全长不宜超过 10 mm。

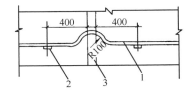

图 3.11　接闪带通过伸缩沉降缝做法

1—接闪带;2—支架;3—伸缩缝

⚡389. 如何暗装接闪网?

安装接闪网是利用建筑物内的钢筋作接闪网,暗装接闪网较明装接闪网美观,越来越被广泛利用,尤其是在工业厂房和高层建筑中应用较多。

①用建筑物 V 形折板内钢筋作接闪网。

②用女儿墙压顶钢筋作暗装接闪网。

③高层建筑暗装接闪网的安装。

暗装接闪网是利用建筑物屋面板内钢筋作为接闪装置,而将接闪网、引下线和接地装置三部分组成一个整体较密的钢铁大网笼,也称作为笼式接闪网。

对高层建筑物,一定要注意防备侧向雷击和采取等电位措施。应在建筑物首层起每三层均设压环一圈。

高层建筑物防雷装置施工时,必须使建筑物内部的所有金属物体,构成统一的电气导通系统。

建筑物内的各种竖向金属管路应每三层与防雷装置的均压环连接。

⚡390. 第一类防雷建筑物的独立接闪杆和架空接闪线(网)的支柱至被保护建筑物及与其联系的管道、电缆等金属物之间的安全距离是如何规定的?

为防止雷电流流过防雷装置时所产生的高电位对被保护的建筑物或其有联系的金属物发生雷电反击,独立接闪杆和架空接闪线(网)的支柱至被保护建筑物及与其相连的管道、电缆等金属物之间的距离(图 3.12),应符合下列表达式的要求,但不得小于 3 m。

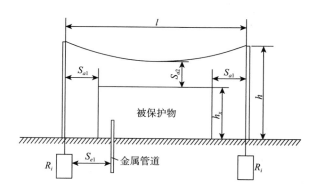

图 3.12　防雷装置至被保护物的距离

当 $h_x < 5R_i$ 时,

$$S_{a1} \geqslant 0.4(R_i + 0.1h_x)$$

当 $h_x \geqslant 5R_i$ 时，

$$S_{a1} \geqslant 0.1(R_i + h_x)$$

式中：S_{a1} 为空气中的间隔距离(m)；h_x 为被保护物或计算点的高度(m)；R_i 为独立接闪杆或架空接闪线(网)支柱处接地装置的冲击接地电阻(Ω)。

391. 第一类防雷建筑物的独立接闪杆和架空接闪线(网)的接地体至被保护建筑物及与其联系的地下管道、电缆等金属物之间的安全距离是如何规定的？

第一类防雷建筑物的独立接闪杆和架空接闪线(网)的接地体至被保护建筑物及与其联系的地下管道、电缆等金属物之间的安全距离应符合下面表达式的要求，但不得小于 3 m。

$$S_{e1} \geqslant 0.4R_i$$

式中：S_{e1} 为地中的间隔距离(m)。

392. 第一类防雷建筑物的架空接闪线至被保护建筑物及与其联系的管道、电缆等金属物之间的安全距离是如何规定的？

第一类防雷建筑物的架空接闪线至被保护建筑物及与其联系的地下管道、电缆等金属物之间的安全距离应符合下面表达式的要求，但不得小于 3 m。

当 $\left(h + \dfrac{l}{2}\right) < 5R_i$ 时，

$$S_{a2} \geqslant 0.2R_i + 0.03\left(h + \frac{l}{2}\right)$$

当 $\left(h + \dfrac{l}{2}\right) \geqslant 5R_i$ 时，

$$S_{a2} \geqslant 0.05R_i + 0.06\left(h + \frac{l}{2}\right)$$

式中：S_{a2} 为接闪线(网)至被保护物的空气中的间隔距离(m)；h 为接闪线(网)支柱高度(m)；l 为接闪线的水平长度(m)。

393. 第一类防雷建筑物的架空接闪网至被保护建筑物及与其联系的管道、电缆等金属物之间的安全距离是如何规定的？

第一类防雷建筑物的架空接闪网至被保护建筑物及与其联系的地下管道、电缆等金属物之间的安全距离应符合下面表达式的要求，但不得小于 3 m。

当 $(h + l_1) < 5R_i$ 时，

$$S_{a2} \geqslant \frac{1}{n}[0.4R_i + 0.06(h+l_1)]$$

当$(h+l_1) \geqslant 5R_i$时，

$$S_{a2} \geqslant \frac{1}{n}[0.1R_i + 0.12(h+l_1)]$$

式中：l_1为从接闪网中间最低点沿导体至最近支柱的距离（m）；n为从接闪网中间最低点沿导体至最近不同支柱并有同一距离l_1的个数。

⚡394. 高于第一类防雷建筑物的树木不在接闪器保护范围内时，是否要与建筑物之间保持一定的距离？

当树木高于建筑物且不在接闪器保护范围内时，树木与建筑物之间也要保持一定的距离，树木与建筑物之间净距不应小于 5 m。

⚡395. 防雷装置对引下线有何要求？

（1）引下线宜采用圆钢或扁钢，宜优先采用圆钢，圆钢直径不应小于 8 mm。扁钢截面积不应小于 50 mm²，其厚度不应小于 2.5 mm。当烟囱上的引下线采用圆钢时，其直径不应小于 12 mm；采用扁钢时，其截面积不应小 100 mm²，厚度不应小于 4 mm。

（2）引下线应沿建筑物外墙明敷，并经最短路径接地；建筑艺术要求较高者可暗敷，但其圆钢直径不应小于 10 mm，扁钢截面不应小于 80 mm²。

（3）建筑物的消防梯、钢柱等金属构件宜作为引下线，但其各部件之间均应连电气通路。

（4）采用多根引下线时，宜在各引下线上于距地面 0.3～1.8 m 之间装设断接卡。

（5）在易受机械损坏和防人身接触的地方，地面上 1.7 m 至地面下 0.3 m 的一段接地线应采取暗敷或镀锌角钢、改性塑料管或橡胶管等保护设施。

⚡396. 第一类防雷建筑物引下线有何要求？

（1）引下线是连接防雷接闪装置和接地装置的一段导线，其作用是将雷电流引入接地装置。引下线可以是有若干条并联的电流通路，其电流通路的长度应是最短的。独立接闪杆的杆塔、架空接闪线的端部和架空接闪网的各支柱处应至少设一根引下线。对金属制成或有焊接、绑扎连接钢筋网的杆塔（或支柱），宜利用其作引下线。

（2）当建筑物太高或其他原因难以装设独立接闪杆、架空接闪线、接闪网时，引下线不应少于两根，并应沿建筑物四周均匀或对称布置，其间距不应大于 12 m。所有引下线、建筑物的金属结构和金属设备都应该连到均压环上。每根引下线的冲击接地电阻不应大于 10 Ω,并应和电气设备接地装置及所有进入建筑物的金属管道相连,此接地装置可兼作防雷电感应之用。

⚡397. 第二类防雷建筑物引下线有何要求?

第二类防雷建筑物引下线不应少于 2 根,并应沿建筑物四周和内庭院四周均匀对称布置,其间距沿周长计算不宜大于 18 m。当建筑物的跨度较大,无法在跨距中间设引下线,应在跨距两端设引下线并减小其他引下线的间距,专设引下线的平均间距不应大于 18 m。每根引下线的冲击接地电阻不应大于 10 Ω。

⚡398. 第三类防雷建筑物引下线有何要求?

第三类防雷建筑物防直击雷的引下线不应少于 2 根,并应沿建筑物四周和内庭院四周均匀对称布置,其间距沿周长计算不应大于 25 m。当建筑物的跨度较大,无法在跨距中间设引下线时,应在跨距两端设引下线并减小其他引下线的间距,专设引下线的平均间距不应大于 25 m。每根专设引下线的冲击接地电阻不宜大于 30 Ω,但对预计雷击次数大于或等于 0.01 次/a,且小于或等于 0.05 次/a 的部、省级办公建筑物和其他重要或人员密集的公共建筑物,以及火灾危险场所,每根专设引下线的冲击接地电阻应不大于 10 Ω。

⚡399. 建筑物中的哪些部件可用作自然引下线?

(1)建筑物内金属设施的各部件间的电气连接应可靠(如采用铜焊、熔焊、卷边压接、螺钉或螺栓连接等),截面尺寸应满足标准引下线的截面尺寸要求;

(2)建筑物的金属框架;

(3)建筑物的互联钢筋;

(4)建筑物外部金属立面结构、外廊围栏及附属结构。尺寸满足引下线的要求,厚度不小于 0.5 mm;垂直方向各部件间的电气连接应可靠,各个金属部件间的间隙不超过 1 mm,而且两部件间搭接部分面积至少为 100 cm²。

如果钢结构建筑物的金属框架或建筑物的互联钢筋用作引下线时,不需要装设水平环形连接导体。除采用自然引下线(即利用建筑物内部金属体)的情况外,每根引下线在与接地装置连接处应设断接卡。断接卡安装的高度应便于在做测量时能够用工具拆开,平时应接通。

⚡400. 采用混凝土柱内的主钢筋作为防雷引下线时,在施工中要注意哪些问题?

(1)柱子内主钢筋直径为 16 mm 及以上时,应利用两根钢筋作为一组防雷引下线；

（2）柱子内主钢筋直径为 10 mm 及以上时，应利用四根钢筋作为一组防雷引下线；

（3）柱子内用作防雷引下线的主钢筋应位于建筑物的外侧；

（4）主钢筋采用压力熔焊时，主钢筋的连接点不必再焊跨接圆钢；主钢筋若采用绑扎连接，则需用同截面的圆钢作跨接焊接；

（5）利用基础桩作为联合接地体，主钢筋作为防雷引下线时，主钢筋不准设断接卡，也不必在外墙上设置测试点。

⚡ 401. 防雷引下线沿墙或混凝土结构造柱内暗敷设怎样施工？

暗设引下线一般应使用截面不小于 $\varnothing 12$ mm 镀锌圆钢或 4 mm×25 mm 镀锌扁钢。

引下线沿砖墙或混凝土构造柱内暗敷设，配合土建主体外墙（或构造柱）施工。将钢筋调直后先与接地体（或断接卡子）连接好，由上至下展放（或一段段连接）钢筋，敷设路径应尽量短而直，可直接通过挑檐板或女儿墙与接闪带焊接，如图 3.13 所示。

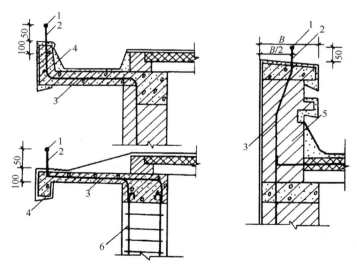

图 3.13　暗设引下线通过挑檐板、女儿墙的做法
1—接闪带；2—支架；3—引下线；4—挑檐板；5—女儿墙；6—柱主筋

暗设引下线沿建筑物外墙抹灰层内安装，应在外墙装饰抹灰前把扁钢或圆钢接闪带由上至下展放好，用卡钉或方钉固定好，垂直固定距离为 1.5～2 m，如图 3.14 所示。

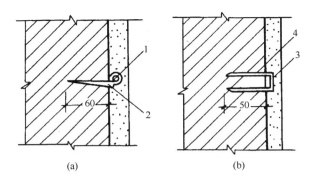

图 3.14　暗设引下线在外墙抹灰层内安装
(a)圆钢引下线用卡钉固定；(b)扁钢引下线用方卡钉固定
1—圆钢引下线；2—卡钉；3—扁钢引下线；4—方卡钉

⚡ 402. 明装防雷引下线的保护管怎样敷设？

明设引下线在断接卡子下部，应外套竹筒、硬塑料管、角钢和开口钢管保护，以防止机械损伤。保护管深入地下部分不应小于 300 mm。

防雷引下线不应套钢管，以免接闪时感应涡流和增加引下线的电感，影响雷电流的顺利下泄，如必须外接钢管保护时，必须在钢保护管的上、下侧焊跨接线与引下线连接成一个导电体。

⚡ 403. 怎样预埋防雷引下线的支持卡子？

由于引下线的敷设方法不同，使用的固定支架也不相同，各种不同形式的支架，如图 3.15 所示。图中支架(a)和(c)也可采用圆钢支座。

当引下线位置确定以后，明装引下线应随着建筑物主体施工预埋支持卡子，然后将圆钢或其他可作引下线的金属线材固定在支持卡子上，作为引下线。一般在距室外护坡 2 m 高处，预埋第一个支持卡子，随着主体施工，在距第一卡子正上方 1.5～2 m 处，用线坠吊至第一个卡子的中心点，埋设第二个卡子，依次而上逐个埋设，其间距应均匀相等。支持卡子应突出建筑物外墙装饰面 15 mm 以上，露出长度应一致。

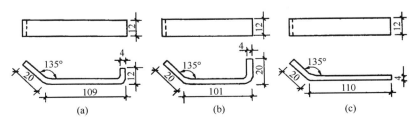

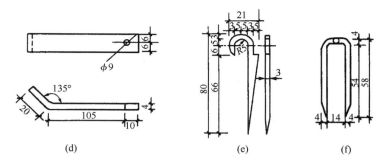

图 3.15　引下线固定支架
(a)固定钩一;(b)固定钩二;(c)托板一;(d)托板二;(e)卡钉;(f)方卡钉

⚡ 404. 怎样明敷防雷引下线?

明敷设引下线必须调直后方可敷设,引下线材料如为扁钢时,可放在平板上用手锤调直。引下线为圆钢时,可用绞磨或倒链冷拉调直,也可用钢筋调直机进行调直。

建筑物外墙装饰工程完成后,将调直的引下线材料由上而下逐点使其与埋设在墙体内的支持卡子进行套环卡固、用螺栓或焊接固定,如图 3.16 所示,直至断接卡子为止。

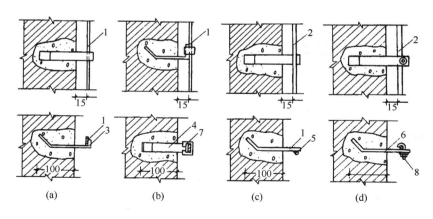

图 3.16　引下线固定安装
(a)用一式固定钩安装;(b)用二式固定钩安装;(c)用一式托板安装;(d)用二式托板安装
1—扁钢引下线;2—圆钢引下线;3—12×4,$L=141$ 支架;4—12×4,$L=141$ 支架;5—12×4,$L=130$ 支架;6—12×4,$L=135$ 支架;7—12×4,$L=60$ 套环;8—M8×59 螺栓

引下线路径尽可能短而直。当通过屋面挑檐板等处,在不能直线引下而要拐弯时,不应构成锐角弯折,应做成曲率半径较大的慢弯,弯曲部分的线段总长

度应小于拐弯开口处距离的 10 倍,如图 3.17 所示。引下线通过挑檐板和女儿墙的做法,如图 3.18 所示。

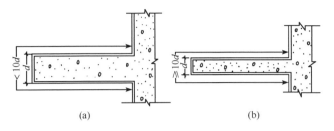

图 3.17 引下线拐弯的长度要求

(a)符合要求;(b)不符合要求

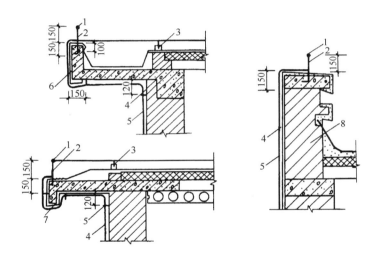

图 3.18 明装引下线经过挑檐板、女儿墙的做法

1—接闪带;2—支架;3—混凝土支座;4—引下线;
5—固定卡子;6—现浇挑檐板;7—预制挑檐板;8—女儿墙

⚡ 405. 在什么情况下应设置断接卡子?

设置断接卡子的目的是为了便于运行、维护和检测接地电阻。

接地装置由多个分接地装置部分组成时,应按设计要求设置便于分开的断接卡子,自然接地体与人工接地体连接处应有便于分开的断接卡。建筑物上的防雷设施,采用多根引下线时,宜在各引下线距地面 0.3～1.8 m 处设置断接卡。断接卡应有保护措施。

⚡ 406. 断接卡子怎样安装？

断接卡子有明装和暗装两种。断接卡子可利用不小于 4 mm×40 mm 或 4 mm×25 mm 的镀锌扁钢制作,断接卡子应用两根镀锌螺栓拧紧,如图 3.19 和图 3.20 所示。引下线的圆钢与断接卡子的扁钢应采用搭接焊,搭接长度不应小于圆钢直径的 6 倍,且应在两面焊接。

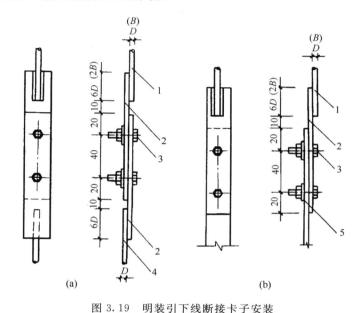

图 3.19　明装引下线断接卡子安装

(a)用于圆钢连接线;(b)用于扁钢连接线

D—圆钢直径;B—扁钢宽度

1—圆钢引下线;2—25×4,L=90×6D 连接板;

3—M8×30 镀锌螺栓;4—圆钢接地线;5—扁钢接地线

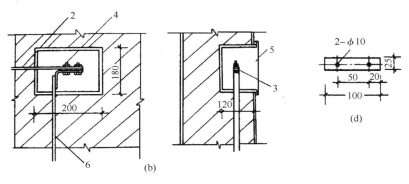

图 3.20　暗装引下线断接卡子安装

(a)专用暗装引下线；(b)利用柱主筋作引下线；(c)连接板；(d)垫板

1—专用引下线；2—至柱主筋引下线；3—断接卡子；

4—M10×30 镀锌螺栓；5—断接卡子箱；6—接地线

407. 重复接地引下线怎样装设？

在低压 TN 系统中，架空线路干线和分支线终端，其 PEN 线或 PE 线重复接地。电缆线路和架空线路在每个建筑物进线处，均须重复接地(如无特殊要求，对小型单层建筑，距接地点不超过 50 m 可除外)。

低压架空线路接户线重复接地，可在建筑物的进线处按图 3.21 所示方法施工，引下线中间可不设断接卡子，N 线与 PE 线的连接可在图中重复接地节点连接，需测试接地电阻时，要打开节点处的连接夹板。

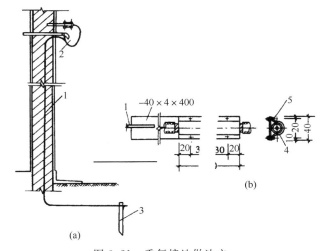

图 3.21　重复接地做法之一

(a)重复接地安装图；(b)重复接地节点图

1—重复接地引下线；2—重复接地节点；3—接地体；4—夹板；5—M6×20 螺栓

架空线路除在建筑物外做重复接地,也可按图 3.22 所示的做法,利用总配电屏、箱的接地装置进行 PEN 或 PE 线的接地重复。电缆进户时按图 3.22 所示的施工方法,利用总配电箱进行 N 线与 PE 线的连接,重复接地连接线与箱体相连接,中间可不设断线测试卡,需要测试接地电阻时,可先卸下端子,把测量仪表专用导线连接到仪表 E 的端纽上,另一端卡在与箱体焊接为一体的接地端子板上测试即可。

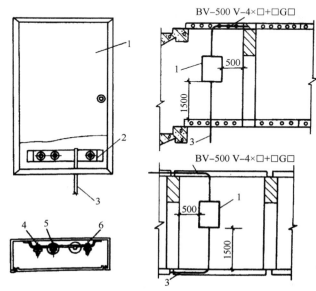

图 3.22　重复接地做法之二
1—总配电箱;2—接地线端子板;3—接地线;
4—M8×40 螺栓;5—PE 端子;6—N 端子

⚡ 408. 第一类防雷建筑物的接地装置有何要求?

独立接闪杆、架空接闪线或架空接闪网应设独立的接地装置,每一引下线的冲击接地电阻不宜大于 10 Ω。在土壤电阻率高的地区,可适当增大冲击接地电阻,但在 3000 Ω·m 以下的地区,冲击接地电阻不应大于 30 Ω。

在一般情况下规定接地电阻不宜大于 10 Ω 是适宜的,但在高土壤电阻率地区,要求低于 10 Ω 可能给施工带来很大的困难。故规定在满足安全距离的前提下,允许提高接地电阻值。此时,虽然接闪装置的支柱距建筑物远一点,接闪器的高度亦相应增加,但可以给施工带来很大方便,而仍能保证安全。在高土壤电阻率地区,这是一个因地制宜确定的数值,它应综合接闪器增加的安装费用和可能做到的电阻值来考虑,不宜做硬性的规定。

(1)防直击雷接地装置应围绕建筑物敷设成环形接地体,每根引下线的冲击接地电阻不应大于 10 Ω,并应和电气设备接地装置及所有进入建筑物的金属管道相连,此接地装置兼作防闪电感应之用。

(2)共同接地:由于防雷装置直接装在建、构筑物上,要保持防雷装置与各种金属物体之间的安全距离已成为不可能。此时,只能将屋内各种金属物体及进出建筑物的各种金属管线,进行严格的接地,而且所有接地装置都必须共用,并进行多处连接,使防雷装置和邻近的金属物体电位相等或降低其间的电位差,以防反击危险。从防雷观点出发,较好的方法是采用共用接地装置,它适合供所有接地之用。

⚡ 409. 怎样敷设防直击雷的环形接地体?

为了将雷电流流散入大地而不会产生危险的过电压,接地装置的布置和尺寸比接地电阻的特定值更重要。通常建议采用阻值较低的接地装置,外部防雷的接地装置应围绕建筑物敷设成环形接地体,每根引下线的冲击接地电阻不应大于 10 Ω,并应和电气和电子系统等接地装置及所有进入建筑物的金属管道相连,此接地装置可兼作防雷电感应接地之用。当每根引下线的冲击接地电阻大于 10 Ω 时,第一类防雷建筑物防直击雷的环形接地体宜按下面的方法敷设。

(1)当土壤电阻率 $\rho < 500$ Ω·m 时,对环形接地体所包围的面积的等效圆半径 $r = \sqrt{\dfrac{A}{\pi}} \geqslant 5$ m 的情况(即接地体所包围的面积 $A \geqslant 78.53$ m²),环形接地不需要补加接地体;对等效半径 $r = \sqrt{\dfrac{A}{\pi}} < 5$ m 的情况($A < 78.53$ m²),每一处引下线应补加水平接地体或垂直接地体。

当单独补加水平接地体时,其长度应按下式确定:

$$l_r = 5 - \sqrt{\frac{A}{\pi}}$$

式中:l_r 为补加水平接地体的长度(m);A 为环形接地体所包围的面积(m²)。

当单独补加垂直接地体时,其长度应按下式确定:

$$l_r = \frac{5 - \sqrt{\dfrac{A}{\pi}}}{2}$$

(2)当土壤电阻率 ρ 为 $500 \sim 3000$ Ω·m 时,对环形接地体所包围的面积的等效圆半径 $\sqrt{\dfrac{A}{\pi}} \geqslant \dfrac{11\rho - 3600}{380}$(m)情况,环形接地不需要补加接地体;对等效半径 $\sqrt{\dfrac{A}{\pi}} < \dfrac{11\rho - 3600}{380}$(m)情况,每一处引下线应补加水平接地体或垂直接地体。

当单独补加水平接地体时,其长度应按下式确定:

$$l_r = \frac{11\rho - 3600}{380} - \sqrt{\frac{A}{\pi}}$$

式中：l_r 为补加水平接地体的长度（m）；A 为环形接地体所包围的面积（m²）。

当单独补加垂直接地体时，其长度应按下式确定：

$$l_r = \frac{\dfrac{11\rho - 3600}{380} - \sqrt{\dfrac{A}{\pi}}}{2}$$

⚡410. 第二类防雷建筑物的共用同一接地装置有何要求？

防直击雷的接地宜和防闪电感应、电气设备、信息系统等接地共用同一接地装置，每根引下线的冲击接地电阻不应大于 10 Ω，并应与埋地金属管道相连；当不共用、不相连时，两者间在地中的距离应符合下列表达式的要求，但不小于 2 m。

$$S_{e2} \geqslant 0.3 k_c R_i$$

式中：S_{e2} 为地中距离（m）。k_c 为分流系数，单根引下线时为 1；两根引下线以及接闪器不成闭合环的多根引下线应为 0.66；接闪器成闭合环或网状的多根引下线应为 0.44。R_i 为每根引下线的冲击接地电阻（Ω）。

⚡411. 利用建筑物金属体作第二类防雷建筑物防雷及接地装置有何要求？

利用钢筋混凝土柱和基础内钢筋作引下线和接地体，现已较为普遍。利用建筑物的钢筋作为防雷装置时应符合下列规定：

①建筑物宜利用钢筋混凝土屋面、梁、柱、基础内的钢筋作为引下线。

②当基础采用硅酸盐水泥和周围土壤的含水量不低于 4% 及基础的外表面无防腐层或有沥青质的防腐层时，宜利用基础内的钢筋作为接地装置。

③敷设在混凝土中作为防雷装置的钢筋或圆钢，当仅有一根时，其直径不应小于 10 mm。被利用作为防雷装置的混凝土构件内有箍筋连接的钢筋，其截面积总和不应小于一根直径为 10 mm 钢筋的截面积。

④利用基础内钢筋网作为接地体时，在周围地面以下距地面不小于 0.5 m，每根引下线所连接的钢筋表面积总和应符合下列表达式的要求：

$$S \geqslant 4.24 k_c^2$$

式中：S 为钢筋表面积总和，k_c 为流入该引下线所连接接地体的分流系数。

⑤当在建筑物周边的无钢筋的闭合条形混凝土基础内敷设人工基础接地体时，接地体的规格尺寸不应小于表 3-6 中的要求。

表 3-6　接地体规格尺寸要求

闭合条形基础的周长(m)	扁钢尺寸	圆钢,根数×直径(mm)
≥60	4 mm×25 mm	2×⌀10
≥40 至<60	4 mm×50 mm	4×⌀10 或 3×⌀12
<40	钢材表面积总和≥4.24 m²	

注:当长度相同、截面积相同时,宜优先选用扁钢;采用多根圆钢时,其敷设净距离不小于直径的两倍;利用闭合条形基础内的钢筋作接地体时可按本表校验。除主筋外,可计入箍筋的表面积。

⑥构件内有箍筋连接的钢筋或成网状的钢筋,其箍筋与钢筋的连接,钢筋与钢筋的连接应采用土建施工的绑扎法连接或焊接。单根钢筋或圆钢或外引预埋连接板、线与上述钢筋的连接应焊接或采用螺栓紧固的卡夹器连接。构件之间必须连接成电气通路。

⚡ 412. 土壤电阻率 $\rho \leqslant 3000\ \Omega \cdot m$ 时,第二类防雷建筑物的防雷接地有何要求?

在土壤电阻率小于或等于 3000 Ω·m 的时,外部防雷装置的接地体应符合下列规定之一:

(1)在符合用建筑物的钢筋做防雷装置的要求时,利用槽形、板形或条形基础的钢筋作为接地体,当槽形、板形基础钢筋网在水平面的投影面积或成环的条形基础钢筋所包围的面积 A≥80 m² 时,可不计冲击接地电阻;当每根专设引下线的冲击接地电阻不大于 10 Ω 时,可不考虑附加接地体。

(2)当每根专设引下线的冲击接地电阻大于 10 Ω 时,另附加接地体。

①当土壤电阻率 ρ 小于 800 Ω·m 时,对环形接地体所包围面积的等效圆半径小于 5 m 的情况,每一引下线处应补加水平接地体或垂直接地体。补加水平和垂直接地体的最小长度按 409 问(1)的计算方程计算。

②当土壤电阻率大于 800 Ω·m、小于或等于 3000 Ω·m 时,且对环形接地体所包围的面积的等效圆半径小于按下式的计算值时,每一引下线处应补加水平接地体或垂直接地体:

补加水平接地体时,其最小总长度应按下式计算:

$$l_r = \left(\frac{\rho - 550}{50} \right) - \sqrt{\frac{A}{\pi}}$$

补加垂直接地体时,其最小总长度应按下式计算:

$$l_v = \frac{\left(\frac{\rho - 550}{50} \right) - \sqrt{\frac{A}{\pi}}}{2}$$

③在符合用建筑物的钢筋做防雷装置的要求时,对 6.0 m 柱距或大多数柱距为 6.0 m 的单层工业建筑物,当利用柱子基础的钢筋作为防雷的接地体时并

同时符合下列条件时,可不另加接地体:

(a)利用全部或绝大多数柱子基础的钢筋作为接地体,保证地面电位分布均匀;

(b)柱子基础的钢筋网通过钢柱、钢屋架、钢筋混凝土柱子、屋架、屋面板、吊车梁等构件的钢筋或防雷装置互相连成整体,保证雷电流较均匀分配到雷击点附近各作为引下线的金属导体和各接地体上;

(c)在周围地面以下距地面不小于 0.5 m,每一柱子基础内所连接的钢筋表面积总和大于或等于 0.82 m²,以保证混凝土基础的安全性。

413. 第三类防雷建筑物的接地装置有何要求?

每根专设引下线的冲击接地电阻不宜大于 30 Ω,但对预计雷击次数大于或等于 0.01 次/a,且小于或等于 0.05 次/a 的部、省级办公建筑物和其他重要或人员密集的公共建筑物,以及火灾危险场所,每根专设引下线的冲击接地电阻不宜大于 10 Ω;其接地装置宜与低压电气设备、电信系统等接地装置共用。

414. 利用建筑物金属体作第三类防雷建筑物防雷及接地装置有何要求?

第三类防雷建筑物宜利用建筑物钢筋混凝土屋面板、梁、柱和基础的钢筋作为接闪器、引下线和接地装置,并应符合下列的规定:

①利用基础内钢筋网作为接地体时,在周围地面以下距地面不小于 0.5 m,每根引下线所连接钢筋表面积总和应符合下列表达式的要求:

$$S \geqslant 1.89 k_c^2$$

式中:S 为钢筋表面积总和(m²);k_c 为流入该引下线所连接接地体的分流系数。

②当在建筑物周边的无钢筋的闭合条形混凝土基础内敷设人工基础接地体时,接地体的规格尺寸不应小于表 3-7 的规定。

表 3-7　接地体规格尺寸要求

闭合条形基础的周长(m)	扁钢尺寸	圆钢,根数×直径(mm)
≥60		1×⌀10
≥40 至 <60	4 mm×20 mm	2×⌀8
<40	钢材表面积总和≥1.89 m²	

注:当长度、截面积相同时,宜优先选用扁钢;采用多根圆钢时,其敷设净距离不小于直径的两倍;利用闭合条形基础内的钢筋作接地体时可按表 3-7 校验。除主筋外,可计入箍筋的表面积。

③当基础采用硅酸盐水泥和周围土壤的含水量不低于4%及基础的外表面无防腐层或有沥青质的防腐层时,宜利用基础内的钢筋作为接地装置。

④敷设在混凝土中作为防雷装置的钢筋或圆钢,当仅一根时,其直径不应小于10 mm。被利用作为防雷装置的混凝土构件内有箍筋连接的钢筋,其截面积总和不应小于一根直径为10 mm钢筋的截面积。

⑤构件内有箍筋连接的钢筋或成网状的钢筋,其箍筋与钢筋的连接,钢筋与钢筋的连接应采用土建施工的绑扎法连接或焊接。单根钢筋或圆钢或外引预埋连接板、线与上述钢筋的连接应焊接或采用螺栓紧固的卡夹器连接。构件之间必须连接成电气通路。

⚡ 415. 土壤电阻率 $\rho \leqslant 3000\ \Omega \cdot m$ 时,第三类防雷建筑物的防雷接地有何要求?

土壤电阻率 $\rho < 3000\ \Omega \cdot m$ 的情况:在防雷的接地装置同其他接地装置和进出建筑物的管道相连的情况下,防雷的接地装置可不计及接地电阻值,其接地体应符合下列规定:

(1)防直击雷的环形接地体的敷设与第二类防雷建筑土壤电阻率 $\rho < 3000\ \Omega \cdot m$ 的情况相同。

(2)在符合用建筑物的钢筋做防雷装置的要求时,利用槽形、板形或条形基础的钢筋作为接地体,当槽形、板形基础钢筋网在水平面的投影面积或成环的条形基础钢筋所包围的面积 $A \geqslant 80\ m^2$ 时,可不另加接地体。

(3)在符合用建筑物的钢筋作防雷装置的要求时,对6 m柱距或大多数柱距为6 m的单层工业建筑物,当利用柱子基础的钢筋作为防雷的接地体并同时符合下列条件时,可不另加接地体:

①利用全部或绝大多数柱子基础的钢筋作为接地体;

②柱子基础的钢筋网通过钢柱,钢屋架,钢筋混凝土柱子、屋架、屋面板、吊车梁等构件的钢筋或防雷装置互相连成整体;

③在周围地面以下距地面不小于0.5 m,每一柱子基础内所连接的钢筋表面积总和大于或等于0.37 m^2。

⚡ 416. 对接地装置的材料和尺寸有何要求?

埋于土壤中的人工垂直接地体宜采用角钢、钢管或圆钢;埋于土壤中的人工水平接地体宜采用扁钢或圆钢。圆钢直径不应小于10 mm;扁钢截面不应小于100 mm^2,其厚度不应小于4 mm;角钢厚度不应小于4 mm;钢管壁厚不应小于3.5 mm。

在腐蚀性较强的土壤中,应采取热镀锌等防腐措施或加大截面。

接地线应与水平接地体的截面相同。

⚡417. 烟囱可采取哪些防直击雷措施？

砖烟囱、钢筋混凝土烟囱,宜在烟囱上装设接闪杆或接闪环保护。装设在烟囱顶端的接闪环,其截面积不得小于 100 mm²。多支接闪杆应连接在闭合环上。当非金属烟囱无法采用单支或双支接闪杆保护时,应对称布置三支高出烟囱口不低于 0.5 m 的接闪杆。

高度不超过 40 m 的烟囱,可只设一根引下线;超过 40 m 时应设两根引下线。可利用螺栓连接或焊接的一座金属爬梯作为两根引下线用。

金属烟囱可作为接闪器和引下线。金属烟囱铁板的截面积完全足以引导很大的雷电流。当制作烟囱的铁板不需要考虑遭雷击可能发生穿孔时,穿孔厚度就不应该小于 0.5 mm,而实际采用的铁板厚度总是大于 0.5 mm,故对金属烟囱铁板的厚度无须提出要求。金属烟囱本身的连接(每段与每段的连接)通常采用法兰盘螺栓连接,这对于一般烟囱的防雷已足够,即使雷击时有火花发生,也基本上不会有任何危险。

⚡418. 烟囱需要采取防侧击雷的措施吗？

一般国内砖烟囱的高度通常都没有超过 60 m。国家标准图也只设计到60 m。60 m 以上就采用钢筋混凝土烟囱。对第三类防雷建筑物高于 60 m 的部分才考虑防雷电侧击。钢筋混凝土烟囱的钢筋应在其顶部和底部与引下线和贯通连接的金属爬梯相连,宜利用钢筋作为引下线和接地装置,可不另设专用引下线。钢筋混凝土烟囱其本身已有相当大的耐雷水平,故不需采取防雷电侧击措施。

⚡419. 第一类防雷建筑物应采取哪些防侧击雷措施？

第一类防雷建筑物高度超过 30 m 时,应采取以下防雷电侧击措施:

(1)从 30 m 起每隔不大于 6 m 沿建筑物四周设水平接闪带并与引下线相连;

(2)30 m 及其以上外墙上的栏杆、门窗等较大的金属物与防雷装置连接。

⚡420. 第二类防雷建筑物应采取哪些防侧击雷措施？

高度超过 45 m 的钢筋混凝土结构、钢结构建筑物,应采取以下防侧击和等电位的保护措施:

(1)钢构架和混凝土结构的钢筋应互相连接。

（2）应利用钢柱或柱子钢筋作为防雷装置引下线。

（3）应将 45 m 或其以上外墙上的栏杆、门窗等较大的金属物与防雷装置连接；将窗框架、栏杆、表面装饰物等较大的金属物连接到建筑物的钢构架或钢筋体进行接地，这是首先应采取的防雷电侧击的预防性措施。

（4）垂直敷设的金属管道及金属物的顶端和底端与防雷装置连接。垂直管道及类似物在顶端和底端与防雷装置连接，其目的在于等电位。由于两端连接，使其与引下线成了并联线路，因此，必然参与导引一部分雷电流。

⚡ 421. 第三类防雷建筑物应采取哪些防侧击雷措施？

高度超过 60 m 的建筑物，其防雷电侧击和等电位的保护措施应符合第二类防雷建筑物防雷电侧击的规定并应将 60 m 及其以上外墙上的栏杆、门窗等较大的金属物与防雷装置连接。

⚡ 422. 高层建筑中使用的分体式空调机可采取哪些防侧击雷措施？

（1）建筑设计院（所）在图纸设计阶段由建筑、结构及暖通、空调专业设计人员统一考虑分体式空调外挂机的安装位置和安装尺寸。

（2）分体式空调机安装位置确定后，设计人员根据防雷电侧击要求，自结构的梁柱中引出防雷用的圆钢或扁钢至每个空调外挂机的安装位置，并预留一个或两个明露螺栓，以供用户安装空调的外挂机及其固定支架防雷电侧击。图 3.23 为空调预留件安装示意图。

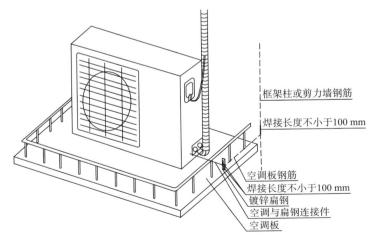

图 3.23　空调预留件安装示意图

⚡ 423. 建筑物防雷电反击的基本措施有哪些？

所谓雷电反击,是指当防雷装置受到雷击时,在接闪器、引下线和接地极上都会产生很高的电位,如果建筑物内的电气设备、电线和其他金属管线与防雷装置的距离不够时,它们之间就会产生放电,这种现象称之为反击。其结果可能引起电气设备绝缘破坏,金属管道烧穿,从而引起火灾、爆炸及电击等事故。

防止反击的措施有两种。一种是将建筑物的金属物体(含钢筋)与防雷装置的接闪器、引下线分隔开,并且保持一定的距离。另一种是,当防雷装置不易与建筑物内的钢筋、金属管道分隔开时,则将建筑物内的金属管道系统,在其主干管道处与靠近的防雷装置相连接,有条件时,宜将建筑物每层的钢筋与所有的防雷引下线连接。

把电气部分的接地和防雷接地连成一体,使其电位相等就不会受到反击。因此,在防雷设计时应考虑到直击雷会在引下线系统上造成瞬间对地高电位,要防止对邻近接地体的反击或相关现象的出现。

⚡ 424. 第二类防雷建筑物防雷电反击有何要求？

图 3.24 给出了各种装置至防雷装置距离的结构图,各种装置至防雷装置距离可按以下方法计算。

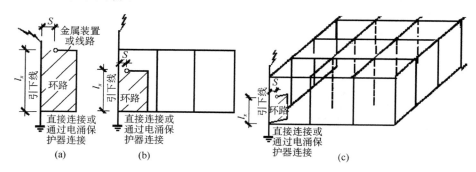

图 3.24　确定各种装置至防雷装置距离的结构图
(a)单根引下线,$k=1.0$;
(b)两根引下线及接闪器不成闭合环路的多根引下线,$k=0.66$;
(c)接闪器成闭合环或网状的多根引下线,$k=0.44$

第二类防雷建筑物防止雷电流流经引下线和接地装置时产生的高电位对附近金属物或电气和电子系统线路的反击,应符合下列要求:

(1)在金属框架的建筑物中,或在钢筋连接在一起、电气贯通的钢筋混凝土框架的建筑物中,金属物或线路与引下线之间的间隔距离可不提要求;但在其他情况下,金属物或线路与引下线之间的间隔距离应按下式计算:

$$S_{a3} \geqslant 0.06k_cl_x$$

式中:S_{a3} 为空气中的间隔距离(m);l_x 为引下线计算点到连接点的长度(m),连接点即金属物或电气和电子系统线路与防雷装置之间直接或通过电涌保护器相连之点;k_c 为分流系数,按照 GB 50057—2010 附录 E 的规定选取。

(2)当金属物或线路与引下线之间有自然或人工接地的钢筋混凝土构件、金属板、金属网等静电屏蔽物隔开时,金属物或线路与引下线之间的间隔距离可不提要求。

(3)当金属物或线路与引下线之间有混凝土墙、砖墙隔开时,其击穿强度应为空气击穿强度的 1/2。当间隔距离不能满足规定时,金属物应与引下线直接相连,带电线路应通过电涌保护器与引下线相连。

⚡ 425. 第三类防雷建筑物防雷电反击有何要求?

第三类防雷建筑物防止雷电流流经引下线和接地装置时产生的高电位对附近金属物或电气和电子系统线路的反击,应符合下列要求:

(1)在金属框架的建筑物中,或在钢筋连接在一起、电气贯通的钢筋混凝土框架的建筑物中,金属物或线路与引下线之间的间隔距离可不提要求;在其他情况下,金属物或线路与引下线之间的间隔距离应按下式计算:

$$S_{a3} \geqslant 0.04k_cl_x$$

式中:S_{a3} 为空气中的间隔距离(m);l_x 为引下线计算点到连接点的长度(m),连接点即金属物或电气和电子系统线路与防雷装置之间直接或通过电涌保护器相连之点;k_c 为分流系数。

分流系数按下面方法计算:

①单根引下线时,分流系数应为 1,两根引下线及接闪器不成闭合环的多根引下线时,分流系数可为 0.66;接闪器成闭合环或网状的多根引下线时应为 0.44。

②当采用网格型接闪器、引下线用多根环形导体互相连接、接地体采用环形接地体,或者利用建筑物钢筋或钢构架作为防雷装置时,分流系数按下两式计算(适用于单层至高层建筑物):

$$k_{c1} = \frac{1}{2n} + 0.1 + 0.2 \times \sqrt[3]{\frac{c}{h_1}},\ k_{c2} = \frac{1}{n} + 0.1,\ k_{c2} = \frac{1}{n} + 0.01,\ k_{c2} = k_{c2} = k_{ci} = \frac{1}{n}$$

式中:1 $h_1 \sim h_m$ 为从连接引下线各环形导体或各层地面金属体之间的距离;c 为某引下线顶雷击点至两侧最近引下线之间的距离较小者;n 为建筑物周边和内部引下线的根数,且不少于 4 根。c 和 h_1 取值范围在 3~20 m。

注:在接地装置相同的情况下,即采用环形接地体或各引下线设独自接地体且其冲击接地电阻相近,按①和②确定的分流系数不同时,可取较小者。

③单根导体接闪器按两根引下线确定时,当各引下线设独自的接地体且各独自接地体的冲击接地电阻与邻近的差别不大于 2 倍时,可按下式计算分流系数,若差别大于 2 倍时,分流系数应为 1。

$$k_{c1} = \frac{h+C}{2h+C}$$

式中:h 为引下线的长;C 为两根相邻引下线之间接闪器的长。

(2)当金属物或线路与引下线之间有自然或人工接地的钢筋混凝土构件、金属板、金属网等静电屏蔽物隔开时,金属物或线路与引下线之间的间隔距离可不提要求。

(3)当金属物或线路与引下线之间有混凝土墙、砖墙隔开时,其击穿强度应为空气击穿强度的 1/2。当间隔距离不能满足规定时,金属物应与引下线直接相连,带电线路应通过电涌保护器与引下线相连。

⚡ 426. 幕墙的防雷设计与施工有哪些要求?

(1)幕墙的防雷接地装置的接地电阻应小于 20 Ω。

(2)玻璃幕墙的防雷接地装置严禁与建筑物防雷系统串联。

(3)幕墙的防雷接地装置设防应严格遵守设计方案和技术要求。

(4)应采用暗装接闪网,利用建筑物钢筋与建筑物的防雷接地装置并联在一起。其暗装接闪网的钢筋应与主体结构预埋件连接在一起。

(5)暗装引下线,当利用钢筋混凝土柱子的钢筋作为引下线时,柱子根数不少于 4 根,每根柱子至少要有 2 根主筋焊接连接作为引下线,作为引下线钢筋的引出线与幕墙龙骨相连接。

(6)防雷装置各部分的连接点应牢固可靠。钢筋与钢筋的连接应焊接。焊接搭接长度不得小于钢筋直径的 6 倍,并应双面焊接。焊缝不应有夹渣、咬肉、气泡及未焊透现象。焊接处应认真清除洁净后,进行涂刷樟丹油一遍,两道油性涂料。

(7)幕墙防雷装置的各种铁件应镀锌。镀锌层要均匀,安装后无脱落现象。

(8)幕墙防雷装置的引下线应设断接卡子。

⚡ 427. 建筑工地的防雷措施有哪些?

高大建筑物的施工工地的防雷问题是值得重视的。由于高层建筑物施工工地四周的起重机、脚手架等突出很高,万一遭受雷击,不但对施工人员的生命有危险,而且很易引起火灾,造成事故,因此必须引起各方面有关人员的注意。

高层楼房施工期间,应该采取如下防雷措施:

(1)施工时应提前考虑防雷施工程序。为了节约钢材,应按照正式设计图纸的要求,首先做好全部接地装置。

（2）在开始架设结构构架时，应按图纸规定，随时将混凝土柱子内的主筋与接地装置连接起来，以备施工期间柱顶遭到雷击时，使雷电流安全流散入地。

（3）沿建筑物的四角和四边竖起的竹木脚手架或金属脚手架上，应做数根接闪杆，并直接接到接地装置上，使其保护到全部施工面积。其保护角可按 60°计算，杆长最少应高出脚手架 30 cm，以免接闪时燃烧木材。在雷雨季节施工时，应随竹木的接高，及时加高接闪杆。

（4）高于 50 m 的起重机的最上端必须装设接闪杆。

（5）应随时使施工现场正在绑扎钢筋的各层地面，构成一个等电位面，以避免遭受雷击时的跨步电压。由室外引起的各种金属管道及电缆外皮，都要在进入建筑物的进口处，就近连接到接地装置上。

⚡428．怎样鉴别住房是否具有有效的防雷功能？

鉴别建筑物的防雷功能，可以从几方面进行自查判断：是否有防雷设施合格证书。如果没有防雷设施合格证书，即没有经过专业防雷部门检测验收，是没有安全保障的；外观上，住宅楼顶是否有安全的防雷设施，即接闪杆或接闪带；检查配电箱是否有防雷接地端子，检查住宅内的电源插座部分是否有安全接地线。高层住宅的外墙大型金属门、窗等金属结构是否采取安全接地措施。

⚡429．在汽车上怎样防雷？

汽车比较容易遭受雷击的位置大多集中在汽车的顶棚、车轮的金属圈部分，因为在高速行驶过程中闪电击中汽车后电流会迅速向地面流去，而在潮湿情况下，雷电流会通过车体表面达到车轴的位置，由于车轮橡胶是非导体，所以雷电流会在车轮的金属部分留下电流疤痕，当车轮潮湿时，雷电会通过车轮接地；而在车轮干燥的情况下或者为敞篷车时，雷电就会很大程度上破坏汽车的电子系统并危及人身安全。对于汽车内的人身防护，在雷击发生时应避免接触车内的金属部件，并且尽量不用车内的电子设备，如 GPS、车载电话、CD 等；同样最好是停车熄火在路边等待闪电停止，避免造成汽车启动线圈或汽车的电子系统出现问题。

⚡430．太阳能热水器如何防雷？

随着人们生活水平的提高，太阳能热水器以其省电、节能、环保的优势正日益受到市民的青睐，但目前太阳能热水器大多装在楼顶，且安装位置普遍高于楼顶接闪杆及接闪带的高度，如无有效的防雷措施，很容易成为雷击的首要目标，轻则热水器爆炸烧毁，重则直接电击伤人。近几年来，全国已发生多起太阳能热水器遭雷击损坏事故。那么太阳能热水器应当如何防雷呢？首先，应在离热水器 3 m 远处加装高出热水器顶部 1.5 m 的接闪杆，并做好接地，以防雷击；其次，从楼顶引入室内的太阳能热水器电源线、信号线、水管均应采用金属屏蔽保护；最后，应在漏电保护开关后端加装电涌保护器，并做好接地，以防感应雷击和雷电波侵入。同时建议在打雷时最好不要使用太阳能热水器，要拔掉其电源插头。

⚡ 431. 什么是建筑物防雷能力先天不足？

建筑物防雷设施包括对直击雷（含侧击雷）、雷电感应和雷电波侵入的防护三大部分。直击雷是指雷电直接击在建筑物地面以上的任何部分，产生电效应、热效应及机械力。直击雷防护设施主要是保护建筑物本身不受损坏，以及减弱雷击时巨大的雷电流沿建筑物泄入大地时，对建筑物空间产生的各种影响；雷电感应是指雷电放电时，在附近导体上产生的静电感应和电磁感应，它可能使金属部件之间产生火花；雷电波侵入指由于雷电对架空线路或金属管道的作用，雷电波可能沿着这些管线侵入屋内，危及人身安全或损坏设备。

建筑物防雷设施缺少这三大部分的任一部分，就叫作建筑物防雷能力先天不足。建筑物防雷能力先天不足的危害主要表现在：一是直击雷防护设施不完善，则易损坏建筑物本身，损坏建筑物内部的电气设备和对建筑物内部人员的安全构成威胁；二是虽然具有直击雷防护设施而雷电感应防护设施不完善时，大多数情况是当雷电击中建筑物本身的时候，建筑物内的设备容易损坏。三是当缺少雷电波侵入防护设施时，雷电沿着架空电力、电缆线和金属管线进入建筑物内而发生雷击事故。这时，建筑物内的通信、计算机、程控电话机、电视机、音响等现代化设备很容易受雷击影响而毁坏。

⚡ 432. 私人住宅如何安装防雷装置？

建筑物的防雷装置，不仅要在屋面安装接闪杆、带等防直击雷装置，以保护建筑物的安全，还要在电源线、电话线、电视线、网络线等进入建筑物线路上安装电涌保护器，以保护建筑物内的电子电器设备和人身安全。目前大多数私人住宅都没有安装防雷装置，一旦发生雷击，就会造成房屋损毁、电子电气设备损坏，甚至造成人员伤亡。因此，有条件的居民，可以聘请有资质的防雷机构安装防雷装置；如果条件有限，也可以自己动手制作一套简易防雷装置，同样能起到一定的防雷作用。

防雷装置通常由接闪器、引下线和接地装置三个部分组成。一般情况下，接闪器由接闪带和接闪短针组成。接闪器敷设于女儿墙和楼梯间天面，位于建筑物的高处，起到接闪雷电流的作用，如图 3.25 所示；引下线（钢筋混凝土房可利用柱筋）敷设于墙体外侧，上接接闪器，下连接地装置，起到将雷电流导入接地装置的作用;接地装置是埋于地下的部分,由水平接地体、垂直接地体和接地线组成,能降低防雷装置的接地电阻,将雷电流均匀快速地向周围大地扩散,降低跨步电压,如图 3.26 所示。

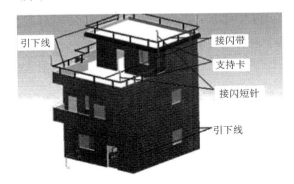

图 3.25　私人住宅接闪器安装示意图

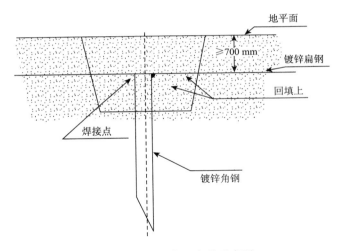

图 3.26　接地装置安装示意图

　　对于民房来说,如果住宅楼是平屋面,当屋面宽度小于 20 m 时,仅沿屋面边缘敷设一圈接闪带即可,接闪带采用直径 10 mm 的镀锌圆钢。

　　引下线同样采用直径 10 mm 的镀锌圆钢;接地装置中,垂直接地体采用 50 mm×50 mm×5 mm 的镀锌角钢,每根长度 2 m,至少应有 7 根;水平接地体采用 40 mm×4 mm 的镀锌扁钢。

　　沿建筑物外围量一周,有凹凸的部位沿凹凸部位量(以 m 为单位),用量得的数据除以 25,如果商有小数不管小数是多少都要进位,这个商的数值就是引下线的根数。引下线要相对均匀地敷设,特别注意的是引下线要远离大门,尽量避免敷设于人行通道旁,同时尽可能距离窗口 1 m 以上。

　　安装时,首先进行接地装置的铺设。埋设接地装置,应沿着住宅楼周围挖一周宽度约 30 cm、深度不小于 70 cm 的沟,在门口和人行过道的位置,沟的深度不小于 1 m,以减小跨步电压的危害,沟的边缘距离墙体边缘 50~100 cm。将角钢垂直打入地下,间距 4 m,施工时注意角钢顶端要留 10 cm 高出槽底,且角钢的一个面应在同一条直线上,便于扁钢和接地线的焊接。

　　角钢打好后,用 40 mm×4 mm 的扁钢将所有角钢电焊连接起来,成为闭合的接地体。每根角钢和扁钢的搭接处均应至少焊 3 条边,且焊缝应饱满。一般一根扁钢的长度是不够的,需要将多根扁钢焊接起来,扁钢的连接需要搭接焊,搭接长度应不小于 8 cm,至少焊 3 条缝。在引下线的位置预留接地线,长度要使其露出地面,接地线的一端与扁钢搭接焊,搭接长度单面焊接应大于 12 cm,双面焊接应大于 6 cm。埋设完毕后,再将土回填夯实。

　　铺设好接地装置后,接着铺设接闪带和接闪杆。首先要安装支撑接闪带的支持卡,支持卡在一般大型的五金商场和机电市场都有出售。支持卡的间距为 1 m(拐角处间距为 0.5 m),高度一般在 10~15 cm。将圆钢固定或点焊于支持卡上作为接闪带,一根圆钢的长度不够做接闪带时,需要多根圆钢连接起来,圆钢连接应进行搭接焊,搭接长度单面焊接应不小于 12 cm,双面焊接应不小于 6 cm。

　　接闪带做好后,宜在接闪带的 4 个角和楼梯间天面接闪带的 4 个角搭接焊上接闪短针,接闪短针采用直径 12 cm 的镀锌圆钢做成,长度 60~100 cm 之间。

　　最后再将引下线与接闪带搭接焊,引下线采用直径 10 mm 的镀锌圆钢。将引下线焊接在接闪带上,沿着外墙引到接地装置上。引下线应均匀对称分布,一般在沿房屋对角线设置即可。接闪短针、引下线与接闪带的搭接长度单面焊接应不小于 12 cm,双面焊接应不小于 6 cm。在上述工作完成后,在所有焊口刷上防锈漆。

　　需要强调的是,在防雷装置的安装过程中,扁钢的转弯、接闪带的转弯、引下线转弯与接闪带焊接以及接地线弯、接闪带的转弯、引下线转弯与接闪带焊接以及接地线转弯与扁钢焊接,均应圆弧过渡,避免直角连接,如图 3.27 所示。

　　防雷装置是否真正能起到接闪效果,安装完毕后要经过防雷检测机构测试鉴定。

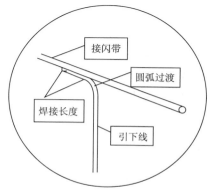

图 3.27　带与引下线焊接示意图

⚡ 433. 如何防范诡异的球形雷？

球形雷,民间称为滚地雷,是一种火焰状球体,在雷电频繁的雷雨天,偶尔会发现紫色、殷红色、灰红色、蓝色的"火球"。这些火球有时从天而降,然后又在空中或沿地面水平方向移动,有时平移有时滚动。这些"火球"一般直径为十到几十厘米,也有直径超过 1 m 的。存在时间从几秒到几分。这种"火球"能通过烟囱、开着的窗户、门和其他缝隙进入室内。或无声地消失,或发出嗞嗞的声音,或发生剧烈的爆炸,造成电器设备和建筑物等损坏,会引起火灾和造成人员伤亡等。

预防球形雷的办法是,在雷雨天不要打开门窗,避免穿堂风;在烟囱和通风管道等处,装上网眼不大于 4 cm²,导线直径约 2～2.5 mm 的金属丝保护网,并做良好接地。如果遇到飘浮的"火球",轻轻地避开它,千万不要去碰,也不要奔跑;如果"火球"向你逼近,无法避开,就轻轻地蹲下,尽量屏住呼吸,等"火球"飘走远离后,迅速离开。

⚡ 434. 飞机为什么不安装接闪杆？

飞机在飞行过程中遇到强对流天气比较频繁,发生雷电的概率也大大增加。为了避免雷击,飞机除了地面雷达进行预警以外,飞机本身也有预警雷达,提前知晓前方的天气情况,如果前方有大片的对流云,飞行员一般会绕过该云区;如果飞机降落机场上方有异常天气,指挥中心则会要求飞机临时降落到其他机场。

接闪杆的作用是将空中雷击所产生的电流接引到地面,而飞机飞行时和地面不产生接触,所以飞机都没有安装接闪杆。但是飞机都装有放电刷,可以将飞行时与空气摩擦产生的静电释放到大气中,从而保护飞机的安全。随着技术的不断改进,一般雷击后也只是在机身上留下一些黑点,并不会影响到整个飞机的安全。

二、建筑物内部的雷电防护

⚡ 435. 在建筑物外部安装了防雷装置,为什么还要采取建筑物内部防雷保护措施？

通常,人们认为一个落地雷被接闪杆引入地下,就达到了防雷的需要,不会出现雷灾。实际却不然,通过对已经完成了建筑物外部防雷工程的角度来考察闪电的空间祸害,闪电常会在闪电通道四周的三维空间产生祸害,例如 1994 年 5

月23日北京初夏一次很普通的雷雨,在天安门这个重要地区,竟同时有分散的四个重要单位发生了雷灾,设备被损坏,对工作产生的影响很大,其损失远远超过设备本身的经济价值。

　　为什么会发生这种现象呢?依据雷电学原理和电磁场理论,可以知道无论是在空间的先导通道还是回击通道中闪电产生的迅变电磁场,或者是闪电进入地上建筑物的接闪杆系统以后所产生迅变的电磁场,都会在空间一定范围内产生电磁作用。它可以是法拉第电磁感应定律所决定的电磁感应作用,也可以是脉冲电磁辐射。它能在三维空间范围里对一切电子设备发生作用,可以是对闭合的金属回路产生感应电流,也可以在不闭合的导体回路产生感应电动势,由于其迅变时间极短,所以感生的电压可以很高,以致产生电火花。在闪电通过的接闪杆附近,这种空间的迅变脉冲电磁场的作用比较强烈。因此,防雷工程必须从整个三维空间来设防,现代防雷必须以这种全新的思想来考虑。这就是为什么在建筑物外部安装了防雷装置还要采取建筑物内部防雷保护措施。

⚡ 436. 为什么要划分防雷区?

　　防雷区是根据雷击发生后,在其空间环境中产生的雷电电磁脉冲,在空间传播是逐渐衰减的,如果在传输路径上碰到了金属物体,就会有明显的衰减。信息系统通常都安放在有钢筋骨架的现代化大楼内,甚至是有专门的金属屏蔽网的房屋内。显然,雷电电磁脉冲到达不同的空间强度是不同的,影响、干扰、损坏建筑物以及建筑物内部的电子仪器设备的能力也不同。出于有针对性地防止或减少雷电电磁脉冲对建筑物及建筑物内部电子设备的危害的目的,设计经济合理、安全可靠的防雷措施,常将建筑物需要保护的空间划分为多个不同的防雷区(LPZ)。

⚡ 437. 防雷区(LPZ)是怎样划分的?

　　防雷区的划分是将需要保护、控制雷电电磁脉冲环境的建筑物,从外部到内部按雷电电磁脉冲的衰减程度划分为不同的防雷区(LPZ),如图 3.28 所示,可做如下划分:

　　直击雷非防护区(LPZ0_A):电磁场没有衰减,各类物体都可能遭到直接雷击,属完全暴露的不设防区。

　　直击雷防护区(LPZ0_B):电磁场没有衰减,各类物体很少遭受直接雷击,属充分暴露的直击雷防护区。

　　第一防护区(LPZ1):由于建筑物的屏蔽措施,流经各类导体的雷电流比直击雷防护区(LPZ0_B)减小,电磁场得到了初步的衰减,各类物体不可能遭受直接雷击。

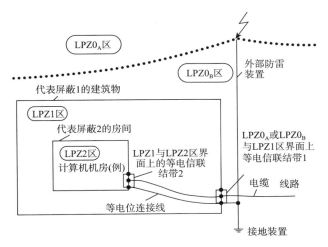

图 3.28　雷电防护区划分

第二防护区(LPZ2):进一步减小所导引的雷电流或电磁场而引入的后续防护区。

后续防护区(LPZn):需要进一步减小雷电电磁脉冲,以保护敏感度水平高的设备的后续防护区。

438. 划分防雷区的实际意义是什么?

划分雷电防护区的实际意义在于:

(1)可以计算出各 LPZ 内空间雷击电磁脉冲的强度,以确认是否需要采取进一步的屏蔽措施;

(2)可以确定等电位连接的位置(一般是各 LPZ 区交界处);

(3)可以确定在不同 LPZ 交界处选用电涌保护器的具体指标;

(4)可以选定敏感电子设备的安全放置位置;

(5)可以确定在不同 LPZ 交界处等电位连接导体的最小截面。

439. 为什么进行建筑物及其内部电子信息系统的防雷工程设计时首先要划分雷电防护等级?

为了使防雷工程达到安全、可靠、经济合理的目的,关键是防雷工程按照什么设计标准去做,即防雷工程必须有可靠的设计依据和标准,雷电防护分级就是依据,就是标准。因为雷电防护分级是通过雷电环境风险评估确定的,雷电环境风险评估考虑当地的气象环境、地质地理环境;还要考虑建筑物的重要性、结构特点和建筑物及其内部电子信息系统设备的重要性及抗扰能力。并将这些因素综合考虑后,按照雷电风险评估的结果确定被保护建筑物及其内部电子信息系统设备对象是否需要防护,如果需要防护,应按什么等级防护,提供一个最佳的防雷等级。显然,雷电风险评估过程全面细致地考虑了被保护物的实际情况,并给出一个定量雷电防护分级,从而使防雷工程设计建立在从实际出发、有根有据的基础上,只有这样才能使防雷工程达到安全、可靠、经济合理的目的。所以进行建筑物及其内部电子信息系统的防雷工程设计时首先要划分雷电防护等级。

⚡ 440. 雷电防护等级是怎样划分的?

建筑物电子信息系统的雷电防护等级应按防雷装置的拦截效率划分为 A、B、C、D 四级。而雷电防护等级的确定可按建筑物电子信息系统所处环境进行雷击风险评估确定,或按建筑物电子信息系统的重要性和使用性质确定。对于特殊重要的建筑物,可同时用这两种方法进行雷电防护分级,并按其中较高防护等级确定。如用户要求,也可按 GB 21714—2 2008 风险管理的方法划分雷电防护等级。

(1)通过雷击风险评估确定时,防护装置拦截效率 E 按计算公式 $E=1-N_C/N$ 确定,其中 N_C 为可接受的年平均最大雷击次数,N 为年预计雷击次数。

当 $E>0.98$ 时,　　　　定为 A 级;

当 $0.90<E\leqslant0.98$ 时,　定为 B 级;

当 $0.80<E\leqslant0.90$ 时,　定为 C 级;

当 $E\leqslant0.80$ 时,　　　　定为 D 级。

(2)通过建筑物电子信息系统的重要性和使用性质确定时,可参见表 3-8。

表 3-8　建筑物电子信息系统雷电防护等级

雷电防护等级	建筑物电子信息系统
A 级	1. 国家级计算中心、国家级通信枢纽、国家金融中心、证券中心、银行总(分)行、大中型机场、国家级和省级广播电视中心、枢纽港口、火车枢纽站、省级城市水、电、气、热等城市重要公用设施的电子信息系统; 2. 一级安全防范单位,如国家文物、档案库的闭路电视监控和报警系统; 3. 三级医院医疗设备。

续表

雷电防护等级	建筑物电子信息系统
B 级	1. 中型计算中心、银行支行、中型通信枢纽、移动通信基站、大型体育场(馆)监控系统、小型机场、大型港口、大型火车站的电子信息系统； 2. 二级安全防范系统，如省级文物、档案库的闭路电视监控和报警系统； 3. 雷达站、微波站、高速公路监控和收费系统； 4. 二级医院电子医疗设备； 5. 五星及更高星级宾馆电子信息系统。
C 级	1. 三级金融设施、小型通信枢纽电子信息系统； 2. 大中型有线电视系统； 3. 四星及以下星级宾馆电子信息系统。
D 级	除上述 A、B、C 级以外的一般用途的需防护电子信息设备。

⚡ 441. 电子信息系统机房等级是怎样划分的？

《电子信息系统设计规范》(GB 50174—2008)根据机房的使用性质、管理要求及其在经济和社会中的重要性，将电子信息系统机房划分为 A、B、C 三级。

(1)符合下列情况之一的电子信息系统机房应为 A 级：

①电子信息系统运行中断将造成重大的经济损失；

②电子信息系统运行中断将造成公共场所秩序严重混乱。

(2)符合下列情况之一的电子信息系统机房应为 B 级：

①电子信息系统运行中断将造成较大的经济损失；

②电子信息系统运行中断将造成公共场所秩序混乱。

(3)不属于 A 级或 B 级的电子信息系统机房为 C 级。

⚡ 442. 建筑物内部防雷保护有哪些方法？

建筑物内部防雷系统可以防止雷电和其他形式的过电压侵入设备中造成毁坏，这是外部防雷系统无法保证的。当建筑物直接遭受雷击或其附近区域发生雷击时，由雷电放电引起的电磁脉冲和暂态过电压波会通过各种途径侵入建筑物内，危及建筑物内各种设备的安全可靠运行。为了实现内部避雷，对于侵入室内雷害的治理是多方面的，需要采取综合防护措施，对进出各保护区的电线、金属管道等都要连接避雷及过压保护器，这些措施主要包括泄流、均压、接地、屏蔽和隔离等。

⚡ 443. 为什么要对制造、使用或贮存爆炸物质的建筑物和爆炸危险环境采取防闪电感应措施？

闪电感应的危险在于它可能出现感应出相当高的电压，由此发生火花放电引发爆炸事故。因此，对制造、使用或贮存爆炸物质的建筑物和爆炸危险环境要采取防闪电感应的措施。

⚡ 444. 第一类防雷建筑物防闪电感应采取哪些措施？

(1)建筑物内的设备、管道、构架、电缆金属外皮、钢屋架、钢窗等较大金属物和突出屋面的放散管、风管等金属物，均应接到防闪电感应的接地装置上。

金属屋面周边每隔 18~24 m 应采用引下线接地一次。

现场浇制的或由预制构件组成的钢筋混凝土屋面，其钢筋宜绑扎或焊接成闭合回路，并应每隔 18~24 m 采用引下线接地一次。

(2)平行敷设的管道、构架和电缆金属外皮等长金属物，其净距小于 100 mm 时应采用金属线跨接，跨接点的间距不应大于 30 m；交叉净距小于 100 mm 时，其交叉处亦应跨接。

当长金属物的弯头、阀门、法兰盘等连接处的过渡电阻大于 0.03 Ω 时，连接处应用金属线跨接。对有不少于 5 根螺栓连接的法兰盘，在非腐蚀环境下，可不跨接。

(3)防闪电感应的接地装置应与电子和电气系统接地装置共用，其工频接地电阻不宜大于 10 Ω。防闪电感应的接地装置与独立接闪杆、架空接闪线或架空接闪网的接地装置之间的距离应符合以下要求，且不得小于 3 m。

①地上部分：

当 $h_x < 5R_i$ 时，

$$S_{a1} \geqslant 0.4(R_i + 0.1h_x)$$

当 $h_x \geqslant 5R_i$ 时，

$$S_{a1} \geqslant 0.1(R_i + h_x)$$

②地下部分：

$$S_{e1} \geqslant 0.4R_i$$

式中：S_{a1} 为空气中的间隔距离(m)；S_{e1} 为地中的间隔距离(m)；R_i 为独立接闪杆或架空接闪线(网)支柱处接地装置的冲击接地电阻(Ω)；h_x 为被保护物或计算点的高度(m)。

屋内接地干线与防闪电感应接地装置的连接，不应少于 2 处。

⚡ 445. 第二类防雷建筑物防闪电感应有哪些措施？

(1)建筑物内的设备、管道、构架等主要金属物(不含钢筋混凝土构件内的钢筋），应就近接到防雷装置或共用接地装置上。

（2）为防止电磁感应产生火花，平行敷设的管道、构架和电缆金属等长金属物等，其相互间净距小于 100 mm 时应采用金属线跨接，跨接点的间距不应大于30 m；交叉净距小于 100 mm 时，其交叉处亦应跨接。但长金属物连接处可不跨接。

（3）建筑物内防闪电感应的接地干线与接地装置的连接，不应少于 2 处。

⚡ 446. 建筑物内部闪电电涌侵入的高电位源有哪些？

（1）第 1 种是直击雷直接击中室外的金属导线，使闪电的高电压以脉冲波的形式沿导线侵入室内；

（2）第 2 种是来自间接雷的电磁脉冲（云间或云地闪电形成的静电感应和电磁感应），在导线金属体上感应产生几千伏到几十千伏的高电位，然后以脉冲波的形式沿着导线传播而侵入室内；

（3）第 3 种是由于云地闪电击在建筑物上或建筑物附近时，因雷电流通过引下线流入接地体时，在接地体上会发生几十千伏至几百千伏的高电压，这种形式的高电位可通过电路中的零线、保护接地和综合布线中的接地线，以脉冲波的形式侵入室内，并沿着导线传播，殃及更大的范围。

高电位引入是雷电高压通过金属导线引入室内造成破坏的雷害现象。这种雷害现象占雷害的绝大部分，按《建筑物防雷设计规范》（GB 50057—2010）的规定，凡是有防雷要求的建筑物均应考虑防闪电电涌侵入。

⚡ 447. 第一类防雷建筑物低压电源线路防闪电电涌侵入有哪些措施？

（1）室外低压线路应全线采用电缆直接埋地敷设，在入户端应将电缆的金属外皮、钢管接到等电位连接带或防闪电感应的接地装置上。

（2）当全线采用电缆有困难时，应采用钢筋混凝土杆和铁横担的架空线，并应使用一段金属铠装电缆或护套电缆穿钢管直接埋地引入，架空线与建筑物的距离不应小于 15 m。

在电缆与架空线连接处，尚应装设户外型电涌保护器。电涌保护器、电缆金属外皮、钢管和绝缘子铁脚、金具等应连在一起接地，其冲击接地电阻不宜大于30 Ω。所装设的电涌保护器应选用Ⅰ级试验产品，其电压保护水平应小于或等于 2.5 kV，其每一保护模式应选冲击电流等于或大于 10 kA；若无户外型电涌保护器，应选用户内型电涌保护器，其使用温度应满足安装处的环境温度，并应安装在防护等级 IP54 的箱内。

当电涌保护器的接线形式为 GB 50057—2010 表 J.1.2 中的接线形式 2 时，接在中性线和 PE 线间电涌保护器的冲击电流，当为三相系统时不应小于40 kA，当为单相系统时不应小于 20 kA。

（3）当架空线转换成一段金属铠装电缆或护套电缆穿钢管直接埋地引入时，其埋地长度可按下式计算：

$$l \geqslant 2\sqrt{\rho}$$

式中：l 为缆铠装或穿电缆的钢管埋地直接与土壤接触的长度（m）；ρ 为埋电缆处的土壤电阻率（$\Omega \cdot$ m）。

（4）在入户处的总配电箱内需要安装电涌保护器时，电涌保护器的最大持续运行电压值和接线形式应按 GB 50057—2010 附录 J 的规定确定；连接电涌保护器的导体截面应按 GB 50057—2010 表 5.1.2 的规定取值。

⚡ 448. 第一类防雷建筑物电子系统防闪电电涌侵入的措施有哪些？

电子系统的室外金属导体线路宜全线采用有屏蔽层的电缆埋地或架空敷设，其两端的屏蔽层、加强钢线、钢管等应等电位连接到入户处的终端箱体上。

当通信线路采用钢筋混凝土杆的架空线时，应使用一段护套电缆穿钢管直接埋地引入，其埋地长度应按 447 问（3）的方法计算，且不应小于 15 m：

在电缆与架空线连接处，尚应装设户外型电涌保护器。电涌保护器、电缆金属外皮、钢管和绝缘子铁脚、金具等应连在一起接地，其冲击接地电阻不宜大于 30 Ω。所装设的电涌保护器应选用 D1 类高能量试验的产品，其电压保护水平和最大持续运行电压值应按 GB 50057—2010 附录 J 的规定确定，连接电涌保护器的导体截面应按 GB 50057—2010 表 5.1.2 的规定取值，每台电涌保护器的短路电流应等于或大于 2 kA；若无户外型电涌保护器，可选用户内型电涌保护器，但其使用温度应满足安装处的环境温度，并应安装在防护等级 IP54 的箱内。

⚡ 449. 第一类防雷建筑物架空金属管道防闪电电涌侵入的措施有哪些？

架空金属管道，在进出建筑物处，应与防闪电感应的接地装置相连。距离建筑物 100 m 内的管道，应每隔 25 m 接地一次，其冲击接地电阻不应大于 30 Ω，并应利用金属支架或钢筋混凝土支架的焊接、绑扎钢筋网作为引下线，其钢筋混凝土基础宜作为接地装置。

埋地或地沟内的金属管道，在进出建筑物处应将等电位连接到等电位连接带或防闪电感应的接地装置上。

⚡ 450. 第一类防雷建筑物输送火灾爆炸危险物质的埋地金属管道如何采取防闪电电涌侵入措施？

输送火灾爆炸危险物质的埋地金属管道，当其从室外进入户内处设有绝缘

段时,应在绝缘段处跨接符合下列要求的电压开关型电涌保护器或隔离放电间隙:

(1)选用Ⅰ级试验的密封型电涌保护器。

(2)电涌保护器能承受的冲击电流按下式($m=1$)计算:

$$I_{\text{imp}} = \frac{0.5I}{nm}$$

式中:I为雷电流,取200 kA;n为地下和架空引入的外来金属管道和线路的总数;m为每一线路内导体芯线的总根数。

(3)电涌保护器的电压保护水平应小于绝缘段的耐冲击电压水平,无法确定时,应取其等于或大于1.5 kV和等于或小于2.5 kV。

(4)输送火灾爆炸危险物质的埋地金属管道在进入建筑物处的防雷等电位连接,应在绝缘段之后管道进入室内处进行,可将电涌保护器的上端头接到等电位连接带。

⚡ 451. 第一类防雷建筑物具有阴极保护的埋地金属管道如何采取防闪电电涌侵入措施?

具有阴极保护的埋地金属管道,在其从室外进入户内处宜设绝缘段,应在绝缘段处跨接符合下列要求的电压开关型电涌保护器或隔离放电间隙:

(1)选用Ⅰ级试验的密封型电涌保护器。

(2)电涌保护器能承受的冲击电流按450问(2)的方法计算($m=1$):

(3)电涌保护器的电压保护水平应小于绝缘段的耐冲击电压水平,并应大于阴极保护电源的最大端电压;

(4)具有阴极保护的埋地金属管道在进入建筑物处的防雷等电位连接,应在绝缘段之后管道进入室内处进行,可将电涌保护器的上端头接到等电位连接带。

⚡ 452. 第二类防雷建筑物低压线路防闪电电涌侵入的措施有哪些?

(1)在电气接地装置与防雷接地装置共用或相连的情况下,应在低压电源线路引入的总配电箱、配电柜处装设Ⅰ级试验的电涌保护器。电涌保护器的电压保护水平值应小于或等于2.5 kV。每一保护模式的冲击电流值,当无法确定时应取等于或大于12.5 kA。

(2)当Yyn0型或Dyn11型接线的配电变压器设在本建筑物内或附设于外墙处时,应在变压器高压侧装设避雷器;在低压侧的配电屏上,当有线路引出本建筑物至其他有独自敷设接地装置的配电装置时,应在母线上装设Ⅰ级试验的电涌保护器,电涌保护器每一保护模式的冲击电流值,当无法确定时冲击电流应取等于或大于12.5 kA;当无线路引出本建筑物时,应在母线上装设Ⅱ级试验的电涌保护器,电涌保护器每一保护模式的标称放电电流值应等于或大于 5 kA。电涌保护器的电压保护水平值应小于或等于 2.5 kV。

(3)低压电源线路引入的总配电箱、配电柜处装设 I 级实验的电涌保护器,以及配电变压器设在本建筑物内或附设于外墙处,并在低压侧配电屏的母线上装设 I 级实验的电涌保护器时,电涌保护器每一保护模式的冲击电流值,当电源线路无屏蔽层时可按下式计算:

$$I_{\text{imp}} = \frac{0.5I}{nm}$$

当电源线路有屏蔽层时可按下式计算:

$$I_{\text{imp}} = \frac{0.5IR_s}{n(mR_s + R_c)}$$

式中:I 为雷电流,取 150 kA;n 为地下和架空引入的外来金属管道和线路的总数;m 为每一线路内导体芯线的总根数;R_s 为屏蔽层每千米的电阻(Ω/km);R_c 为芯线每千米的电阻(Ω/km)。

⚡ 453. 第二类防雷建筑物电子系统防闪电电涌侵入的措施有哪些?

(1)在电子系统的室外线路采用金属线时,其引入的终端箱处应安装 D1 类高能量试验类型的电涌保护器,其短路电流当无屏蔽层时以及当电子线路有屏蔽层时,可分别按 452 问(3)中的方程计算。其中 I 为雷电流,取 150 kA。

当无法确定时,短路电流应选用 1.5 kA。

(2)在电子系统的室外线路采用光缆时,其引入的终端箱处的电气线路侧,当无金属线路引出本建筑物至其他有自己接地装置的设备时,可安装 B2 类慢上升率试验类型的电涌保护器,其短路电流宜选用 75 A。

⚡ 454. 第二类防雷建筑物输送火灾爆炸危险物质的埋地金属管道如何采取防闪电电涌侵入措施?

输送火灾爆炸危险物质的埋地金属管道,当其从室外进入户内处设有绝缘段时,应在绝缘段处跨接符合下列要求的电压开关型电涌保护器或隔离放电间隙:

(1)选用 I 级试验的密封型电涌保护器。

(2)电涌保护器能承受的冲击电流按 450 问(2)的方法计算。其中 I 为雷电流,取 150 kA。

(3)电涌保护器的电压保护水平应小于绝缘段的耐冲击电压水平,无法确定时,应取其等于或大于 1.5 kV 和等于或小于 2.5 kV。

(4)输送火灾爆炸危险物质的埋地金属管道在进入建筑物处的防雷等电位

连接,应在绝缘段之后管道进入室内处进行,可将电涌保护器的上端头接到等电位连接带。

⚡455. 第二类防雷建筑物具有阴极保护的埋地金属管道如何采取防闪电电涌侵入措施?

具有阴极保护的埋地金属管道,在其从室外进入户内处宜设绝缘段,应在绝缘段处跨接符合下列要求的电压开关型电涌保护器或隔离放电间隙:

(1)选用 I 级试验的密封型电涌保护器。

(2)电涌保护器能承受的冲击电流按 450 问(2)的方法计算。其中 I 为雷电流,取 150 kA。

(3)电涌保护器的电压保护水平应小于绝缘段的耐冲击电压水平,并应大于阴极保护电源的最大端电压;

(4)具有阴极保护的埋地金属管道在进入建筑物处的防雷等电位连接,应在绝缘段之后管道进入室内处进行,可将电涌保护器的上端头接到等电位连接带。

⚡456. 第三类防雷建筑物低压线路防闪电电涌侵入的措施有哪些?

第三类防雷低压电源线路引入的总配电箱、配电柜处装设 I 级实验的电涌保护器,以及配电变压器设在本建筑物内或附设于外墙处,并在低压侧配电屏的母线上装设 I 级实验的电涌保护器时,电涌保护器每一保护模式的冲击电流值,当电源线路无屏蔽层时以及当电源线路有屏蔽层时,可分别按 452 问(3)中的方程计算。其中 I 为雷电流,取 100 kA。

⚡457. 第三类防雷建筑物电子系统防闪电电涌侵入的措施有哪些?

(1)第三类防雷建筑物在电子系统的室外线路采用金属线时,在其引入的终端箱处应安装 D1 类高能量试验类型的电涌保护器,其短路电流无屏蔽层时以及电子线路有屏蔽层时,可分别按 452 问(3)中的方程计算。其中 I 为雷电流,取 100 kA。

当无法确定时,短路电流应选用 1.0 kA。

(2)在电子系统的室外线路采用光缆时,其引入的终端箱处的电气线路侧,当无金属线路引出本建筑物至其他有自己接地装置的设备时,可安装 B2 类慢上升率试验类型的电涌保护器,其短路电流宜选用 50 A。

⚡458. 第三类防雷建筑物输送火灾爆炸危险物质的埋地金属管道如何采取防闪电电涌侵入措施?

输送火灾爆炸危险物质的埋地金属管道,当其从室外进入户内处设有绝缘

段时,应在绝缘段处跨接符合下列要求的电压开关型电涌保护器或隔离放电间隙:

(1)选用Ⅰ级试验的密封型电涌保护器。

(2)电涌保护器能承受的冲击电流按 450 问(2)的方法计算。其中 I 为雷电流,取 100 kA。

(3)电涌保护器的电压保护水平应小于绝缘段的耐冲击电压水平,无法确定时,应取其等于或大于 1.5 kV 和等于或小于 2.5 kV。

(4)输送火灾爆炸危险物质的埋地金属管道在进入建筑物处的防雷等电位连接,应在绝缘段之后管道进入室内处进行,可将电涌保护器的上端头接到等电位连接带。

⚡ 459. 第三类防雷建筑物具有阴极保护的埋地金属管道如何采取防闪电电涌侵入措施?

第三类防雷建筑物具有阴极保护的埋地金属管道,在其从室外进入户内处宜设绝缘段,应在绝缘段处跨接符合下列要求的电压开关型电涌保护器或隔离放电间隙:

(1)选用Ⅰ级试验的密封型电涌保护器。

(2)电涌保护器能承受的冲击电流按 450 问(2)的方法计算。其中 I 为雷电流,取 100 kA。

(3)电涌保护器的电压保护水平应小于绝缘段的耐冲击电压水平,并应大于阴极保护电源的最大端电压;

(4)具有阴极保护的埋地金属管道在进入建筑物处的防雷等电位连接,应在绝缘段之后管道进入室内处进行,可将电涌保护器的上端头接到等电位连接带。

⚡ 460. 为什么在防止闪电电涌入侵建筑物时要特别强调对高压雷电脉冲的防护?

雷电高压脉冲是雷害中损坏设备最多的,所以对雷电高压引入的防备必须予以足够重视,在工程上往往要根据设备的重要性和其对高电压的耐受能力采用一级或多级设防。其方法有:①输电线路接地法,②相线与地线间并联电容器法,③变压器隔离法等。

⚡ 461. 什么是防止高压雷电脉冲入侵建筑物的输电线路接地法?

输电线路接地法是指 380/220 V 低压架空线路防雷接地。第一级设防是把高压雷电脉冲的幅值降低,其办法是:

①中性点直接接地的低压电力网中采用接零保护时,零线宜在电源处接地;架空线路的干线和分支线的终点以及沿线每 1 km 处零线应重复接地(见图 3.29);当架空线在引入车间或大型建筑物处且距接地点超过 50 m 时,零线也应重复接地。重复接地电阻要求如下:

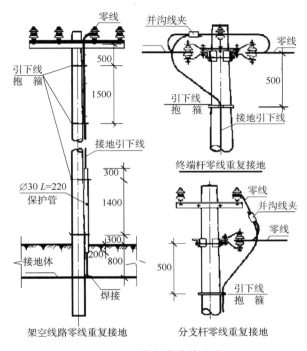

图 3.29 输电线路接地法

(a)总容量为 100 kVA 以上的变压器,其接地装置的接地电阻不应大于 4 Ω;每个重复接地装置的接地电阻不应大于 10 Ω。

(b)总容量为 100 kVA 及其以下的变压器,其接地装置的接地电阻不应大于 10 Ω;每个重复接地装置的接地电阻不应大于 30 Ω,且重复接地不应少于 3 处。零线的重复接地应充分利用自然接地体。

②为防止雷电波沿低压配电线路侵入建筑物,接户线上的绝缘子铁脚宜接地,其接地电阻不宜大于 30 Ω。公共场所(如剧场和教室)的引入线,绝缘子铁脚应接地。如低压配电线路的钢筋混凝土电杆的自然接地电阻不大于 30 Ω 时,可不另设接地装置。符合下列条件之一者绝缘子铁脚可不接地:

(a)年平均雷暴日数不超过 30 d 的地区。

(b)低压线被建筑物屏蔽的地区。

(c)引入线与低压干线接地点距离不超过 50 m 的地方。

(d)土壤电阻率在 200 Ω·m 及其以下的地区。

　　在可能的情况下,进户线应尽量采用有金属屏蔽层的电缆直接埋地或穿金属管进线。在雷电高发地区,建筑物周围为开阔地或建筑物内有精密电子设备和电子计算机时,埋地的电缆长度不应小于 $2\sqrt{\rho}$(m)(ρ 为土壤电阻率),其绝对长度不应小于 15 m。并要求从架空线转接埋地电缆的接线端,和埋地电缆进户接总配电箱的输出端,都接装避雷器。避雷器的接地端、电缆的金属屏蔽层、钢套管都必须连接到防闪电感应的接地装置上。

　　按《民用建筑电器设计规范》(JGJ/T 16—2008)要求,低压电力网中,电源中性点的接地电阻不应大于 4 Ω。由单台容量不超过 100 kVA 或使用同一接地装置并联运行且总容量不超过 100 kVA 的变压器或发电机供电的低压电力网中,电力装置的接地电阻不宜大于 10 Ω。

　　当雷电波到达电缆前端(输入端)时,避雷器被击穿,电缆外层导体与电缆芯线接通。一部分雷电流经电缆前端接地电阻流入大地;另一部分雷电流流经电缆芯。由于雷电流高频谐波相当丰富,产生集肤效应,流经电缆芯线的雷电流被排挤到电缆外层导体。同时,流经外层导体的电流在芯线中产生感应反电势,使流经电缆芯上的电流小到趋于零,这样,电缆芯的雷电流就被抑制到很小。

⚡ 462. 什么是防止高压雷电脉冲入侵建筑物的相线与地线间的并联电容器法?

　　架空电线进入建筑物处装设保护电容器对闪电感应高电压引入有良好的防护效果,但对直击雷则无能为力,原因是直击雷能量太大,电容器承受不了,其作用的原因是:

　　当天空出现雷雨云的时候,地面即感应出与它相反的电荷,显然架空电线上也感应到与地面大致密度相同的电荷。设其电量为 Q,当闪击使雷雨云与大地之间的电荷迅速中和而使雷雨云与大地之间的电场消除,由于架空线与大地之间有较大的电阻而不能及时使它上面的电荷消除,这就使架空线与大地之间形成感应高电压,该电压为:

$$V_G = \frac{Q}{C_e}$$

式中:C_e 为架空线对大地之间的电容,该电容很小,通常只有百分之几微法;Q 为导线与大地间存储的电荷。

　　如果在架空线引入建筑物的连接处与大地之间接入一个电容器 C,即使只有 1 μF,也可以使架空线路的引入高电压降低到原来的几十分之一。这时的感应电压为:

$$V_G = \frac{Q}{C_e + C}$$

如果接入电容 C 的容量再大些,感应电压将可以降到更低。

在架空电线安装并联电容器防止闪电感应的优点是时间响应为零,因为电容的瞬变电流是超前于电压的;其次是可以使雷电压波形变钝,钝波形比尖波形危害要小。

并联电容器对直击雷无能为力,但将电容器与保护间隙合并使用会得到更好的效果。因为放电间隙电流通流容量很大,从几千安到几十千安,但它有时间滞后,它们并联使用互补其短,对防止高电压引入能起到很好的作用。架空电线进户和埋地电缆进户端也可以用氧化锌避雷器来防止高电压引入。它的时间响应小于 50 ns。

当采用电容器与其他器件并联避雷时,电容器的耐受电压应高于所并联器件的残压。

⚡ 463. 什么是防止高压雷电脉冲入侵建筑物的变压器隔离法?

在电源线和信号传输线上安装变压器可以对雷电高电压引入起到有效的抑制作用,见图 3.30。

根据变压器方程:

$$E_M = 4.44 f N B_M S$$

式中: E_M 为变压器原(副)边电势(V); f 为电源(信号源)频率(Hz); N 为原(副)边线圈的匝数; B_M 为铁芯材料的磁感应强度(Wb/m²); S 为铁芯的截面积(m²)。

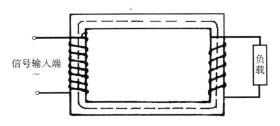

图 3.30　隔离变压器

由上式可知,当强大的雷电波输入变压器时,由于雷电波电压比变压器正常的电压高很多倍,使得激发的磁感应强度远远大于铁芯允许通过的最大磁感应强度 B_M,因而变压器铁芯饱和,变压器的磁电变换暂时失效,雷电高电压不能传输到变压器的副绕组,从而保护了用电设备。所以,凡是装了变压器的电子仪器比未装变压器的电子仪器被雷击损坏的概率小得多。

⚡ 464. 什么是电磁兼容性?

随着电子技术日益向高频率、高速度、宽频带、高精度、高可靠性、高灵敏度、高密度(小型化、大规模集成化)、大功率、小信号运用和复杂化方向发展,电磁干扰已成为系统和设备正常工作的突出障碍,因而开展电力系统、电子系统或电工设备在指定的电磁环境中按照设计要求工作的能力的研究越来越显得重要。这就是当前科技工作者关注的电磁兼容性(EMC)课题。电磁兼容性也是反映电子系统性能的重要指标之一。因此,电磁兼容性包括两个方面的含义:①电力系统、电子系统或电工设备之间在电磁环境中相互兼顾和兼容;②电力系统、电子系统或电工设备在电磁环境中,能承受干扰源的作用,按照设计要求正常工作。

465. 对电气和电子设备造成损害的干扰有哪些?

对电气和电子设备造成损害的干扰主要是电磁噪声。这种电磁噪声干扰分为自然干扰源和人为干扰源两类。

人为干扰源有操作过电压(SENP)、原子弹爆炸时产生的核致电磁脉冲(NEMP)、各种电器侵扰,如高压电源、大功率脉冲设备等所产生的无线电干扰;如空中飞行的飞机、汽车车轮与地面摩擦、人在地毯上行走或脱穿毛皮及化纤衣服都会积累静电,产生很高的静电电压;微波设备如高功率微波发射机、雷达等所辐射的电磁干扰;计算机等电子设备和系统本身也向外辐射电磁干扰信号,在电子设备内部电路中所有元器件和导线都流过大小不等的电流,周围就存在电场和磁场,变化电场产生瞬变磁场。计算机以高速度变化的脉冲形式工作,每根导线和元器件周围都存在变化的电磁场,从而形成计算机内部和设备间的电磁干扰场等。

自然干扰源主要有雷电放电、宇宙射线、银河系及超远星系的射电干扰和高能粒子、太阳黑子活动产生的太阳异常噪声和磁暴及其他天体和气象活动,如雷暴、沙尘暴、电晕放电、晴天霹雳和火山爆发等。

466. 什么是雷击电磁脉冲?

雷电是常见的大气层中强电磁干扰源。闪电干扰一方面能通过各种导线、金属体、电阻和电感及电容等阻抗耦合至电子设备的输入端,然后再进入设备。还可以通过公共接地阻抗和公共电源耦合。另一方面闪电电磁辐射还能通过空间以电磁场形式耦合到电子设备的天线上、电缆设备上。雷电干扰是造成计算机硬件损坏的主要根源之一,也是造成通信系统设备损坏的根本原因之一。在雷电发生区的计算机和其他电子设备,由雷电电磁脉冲造成的故障和损坏是常见的一种故障,大部分事故是雷电电磁脉冲经电源线和信号线侵入设备造成的。

雷雨云对地放电实质上是雷雨云中的电荷向大地的突然释放过程。一次闪电平均包含有上万个脉冲放电过程,电流脉冲平均幅值为几万安,持续时间几十到上百微秒。闪电通道大约有几百米至几千米长,在先导—主放电过程中,它们向外辐射高频和甚高频电磁能量,这就是雷电电磁脉冲。

⚡ 467. 防雷电电磁脉冲的基本原则是什么?

(1)一个信息系统是否需要防雷电电磁脉冲,应在完成直接、间接损失评估和建设、维护投资预测后认真分析综合考虑,做到安全、适用、经济。

(2)在设有信息系统的建筑物需防雷电电磁脉冲的情况下,当该建筑物没有装设防直击雷装置和不处于其他建筑物或物体的保护范围内时,宜按第三类防雷建筑物采取防直击雷的防雷措施。在要考虑屏蔽的情况下,防直击雷接闪器宜采用接闪网。

在建筑物遭受直接雷击或附近遭雷击的情况下,防雷电电磁脉冲实际上是防线路和设备过电流和过电压时产生的电涌(Surge)。

(3)在工程的设计阶段不知道信息系统的规模和具体位置的情况下,若预计将来会有信息系统,应在设计时将建筑物的金属支撑物、金属框架或钢筋混凝土的钢筋等自然构件、金属管道、配电的保护接地系统等与防雷装置组成一个共用接地系统,并应在一些合适的地方预埋等电位连接板。

这些措施实现后,以后只要合理选用和安装 SPD 以及做符合要求的等电位连接,整个措施就完善了,做起来也较容易。

(4)为了分析估计在防雷装置和做了等电位连接的装置中的电流分布,应将雷电流看成一个电流发生器,它可能会向防雷装置导体和与防雷装置做了等电位连接的装置注入可能的雷击雷电流。

⚡ 468. 对固定在建筑物上的节日彩灯、航空障碍信号灯及其他用电设备和线路可采取哪些防闪电电涌侵入的措施?

节日彩灯防雷应按下面的要求进行。图 3.31 是节日彩灯防雷设计示意。

(1)无金属外壳或保护网罩的用电设备应处在接闪器的保护范围内,不宜布置在接闪网之外,且不宜高出接闪网。

(2)从配电箱引出的配电线路应穿钢管。钢管的一端应与配电箱和 PE 线相连;另一端应与用电设备外壳、保护罩相连,并应就近与屋顶防雷装置相连。当钢管因连接设备而中间断开时应设跨接线。

(3)在配电箱内,应在开关的电源侧装设 Ⅱ 级试验的电涌保护器,其电压保护水平值不应大于 2.5 kV,标称放电电流值应根据具体情况确定。

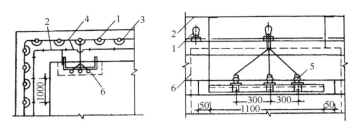

图 3.31　节日彩灯防雷设计

1—彩灯；2—接闪带；3—跨接线；4—连接线；5—接闪器；6—保护网

469. 为减少电磁干扰的感应效应,建筑物宜采取哪些基本的屏蔽措施?

建筑物和房间的外部设屏蔽措施,以合适的路径敷设线路,为了线路屏蔽,下列这些措施宜联合使用。

(1)为改进电磁环境,所有与建筑物组合在一起的大尺寸金属件都应等电位连接在一起,并与防雷装置相连,但第一类防雷建筑物的独立接闪杆及其接地装置除外,如屋顶金属表面、立面金属表面、混凝土内钢筋和金属门窗框架。

(2)在需要保护的空间内,当采用屏蔽电缆时其屏蔽层应至少在两端并宜在防雷区交界处做等电位连接,当系统要求只在一端做等电位连接时,应采用双层屏蔽,外层屏蔽按前述要求处理。

(3)在分开的各建筑物之间的非屏蔽电缆应敷设在金属管道内,如敷设在金属管、金属格栅或钢筋成格栅形的混凝土管道内,这些金属物从一端到另一端应是导电贯通的,并分别连到各分开的建筑物的等电位连接带上,电缆屏蔽层应分别连到这些带上。

(4)在建筑物或房间的大空间屏蔽是由诸如金属支撑物、金属框架或钢筋混凝土的钢筋等自然构件组成时,这些构件构成一个格栅形大空间屏蔽,穿入这类屏蔽的导电金属物应就近与其做等电位连接。

470. 室内数据处理系统可采取哪些室内屏蔽措施?

如图 3.32 所示,室内数据处理系统含四个数字设备,系统中既有电源线,又有未屏蔽和屏蔽的数据信号线,这些线路与各设备相连,同时又进出房间内外,该房间还开有门窗,房间混凝土墙中的结构钢筋及门窗的金属框尚未有效电气连接而构成完整的屏蔽笼。因此,由雷电产生的电磁脉冲能比较容易地通过电源线、信号线或通过直接辐射侵害系统中各数字设备。对于该数据处理系统可采取以下屏蔽措施:

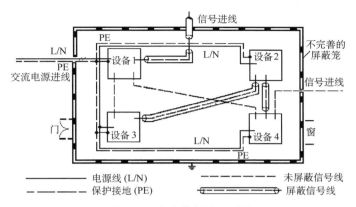

图 3.32 室内数据处理系统

（1）将房屋墙壁中的结构钢筋在相交处电气连接，并与金属门窗框焊接，如图 3.33 所示，初步构成一个带门窗开口的屏蔽笼，其中的门窗开口将是电磁脉冲进入室内的直接空间途径。

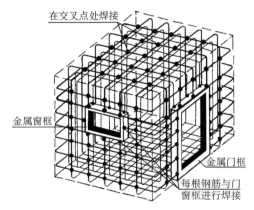

图 3.33 钢筋与金属门窗框的电气连接构成的大空间屏蔽

（2）门窗的开口尺寸对整个房间屏蔽效果的影响见图 3.34，在该图中，磁场衰弱效能指的是在房间的中央位置，为了改善房间的屏蔽效果，在门窗上分别加装金属网并与门窗框实施有效的电气连接，这样就构成了一个完整的屏蔽笼，该屏蔽笼在导体结构上虽然是稀疏的，但它毕竟可以构成对电磁脉冲辐射的初级屏蔽。

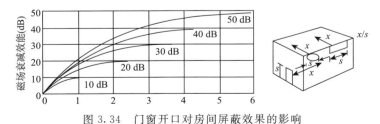

图 3.34 门窗开口对房间屏蔽效果的影响

（3）在室内沿墙壁四周再做一圈保护接地环,沿该接地环每隔一定距离与屏蔽笼上的结构钢筋进行有效的电气连接。

（4）将各数字设备的外壳就近与接地环连接,交流电源的保护地线（PE）也要与接地环相连,并保持与电源线平行。

（5）另外,将室内屏蔽信号电缆的护套与接地环和保护地线以及设备外壳等就近相连接,在未屏蔽信号线上加装短路环,短路环的两端也要与设备外壳、保护地线和接地环等相连接。

通过以上五个屏蔽措施的落实,使得室内数据处理系统有了抵抗来自室内外雷电电磁脉冲的屏蔽能力,但从综合防护的角度来看,还需要采取瞬态过电压防护措施与之相配合,即在各电源进线或信号进线的出入口处加装相应的电源或信号保护装置,在各数字设备的输入端与输出端加装保护元件,以便从整体上构成对雷电危害的系统保护。

⚡ 471. 对穿过各防雷区界面的金属物和系统应怎样进行等电位连接?

（1）所有进入建筑物的外来导电物均应在 $LPZ0_A$ 或 $LPZ0_B$ 与 LPZ1 区的界面处做等电位连接。当外来导电物、电力线、通信线在不同地点进入建筑物时,宜设若干等电位连接带,并应就近连到环形接地体、内部环形导体或此类钢筋上。它们在电气上是贯通的,并连通到接地体,含基础接地体。环形接地体和内部环形导体应连到钢筋或金属立面等其他屏蔽构件上,宜每隔 5 m 连接一次。

对各类防雷建筑物,各种连接导体的截面积不应小于表 3-9 的规定。

表 3-9 各种连接导体的截面要求（单位:mm^2）

材料	等电位连接带之间和等电位连接带与接地装置之间的连接导体,流过大于或等于25%总雷电流的等电位连接导体	内部金属装置与等电位连接带之间的连接导体,流过小于25%总雷电流的等电位连接导体
铜	16	6
铝	25	10
铁	50	16

铜或镀锌钢等电位连接带的截面积不应小于 $50\ mm^2$。当建筑物内有信息系统时,在那些要求雷击电磁脉冲影响最小之处,等电位连接带宜采用金属板,并与钢筋或其他屏蔽构件做多点连接。

（2）各后续防雷区界面处的等电位连接也应符合以上原则。穿过防雷区界面的所有导电物、电力线、通信线均应在界面处做等电位连接。应采用一局部等电位连接带做等电位连接,各种屏蔽结构或设备外壳等其他局部金属物也连到该带。

（3）所有电梯轨道、吊车、金属地板、金属门框架、设施管道、电缆桥架等大尺寸的内部导电物，其等电位连接应以最短路径连到最近的等电位连接带或其他已做了等电位连接的金属物，各导电物之间宜附加多次互相连接。

（4）信息系统的所有外露导电物应建立等电位连接网络。每个等电位连接网不宜设单独的接地装置。

⚡ 472. 在建筑物内进行电子系统布线时，如何避免出现较大环路？

建筑物内进行电子系统布线时，典型的情况就是由电源线和信号线所构成的大回路。如图 3.35a 所示，这种回路面积如果过大，雷电电磁脉冲穿过回路时将感应出很高的暂态电压，危及线路终端的设备。一种可行的方式如图 3.35b 来布置信号线和电源线，这样就大大减少了两者所构成的回路面积。同时，信号线和电源线应采用屏蔽电缆，有必要的话，还应对回路所在房间采取屏蔽措施，以抑制电磁脉冲对回路的感应作用。

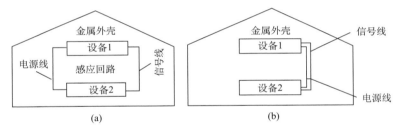

图 3.35　线路构成回路及其限制
（a）电源线与信号线构成大回路；
（b）电源线与信号线平行布置构成小回路

⚡ 473. 计算机机房防雷应采取哪些措施？

（1）在中心机房所在的建筑物应当安装独立的接闪杆、接闪网将整个中心机房所在的建筑物保护起来，将电流引入地下，现在有的建筑师把建筑物本身的钢筋作为雷电流引下线，这对于计算机通信设备较少的机房也是一种合理的方法，所有进入中心机房的金属管道、外壳、交换机柜、中心路电器应联成统一的电气整体，并与专门的统一地网相连。计算机通信电缆的芯线和电话线均应加装避雷器。

（2）电话网络的避雷，因其采用的程控交换机中大量的集成电路对过电压过电流的耐受能力不足，对于架空线路应在电杆上安装避雷器。在路端安装保护器，一旦线路受雷电冲击时，通过放电器放电，在短时间内大电流不烤断熔丝，以保证通信畅通。一旦雷击电流过大,熔丝熔断,保证设备人员安全。一般而言,雷暴日多发的地区熔丝应当略粗些,雷暴日少的地区,略细一些,若采用细裸铜丝,粗的不能超过 0.48 mm,细的应在 0.39 mm。

(3)电力入户线避雷保护,是一般在配电变压器两侧安装避雷器,在低压长线进户的最后几个基杆上进行接地,让雷电受到分流衰减,防止雷电从电力线进入。

(4)Novell 和 Ethernet 等局域网络防雷措施一般不经过 Modem,如果信号线不长,做好接地和穿好金属管就可做到相对安全了。如果信号线较长,也不应考虑使用氧化锌材料的避雷器,因为信号损失大,但可以在远程电话联网中采用。

(5)电缆的防雷,即使是埋在地下的电缆也会受到雷击,有的当时不一定引起绝缘击穿,即使击穿绝缘,也不一定马上造成通信中断,而多表现在通信信号时断时续。

(6)防雷接地是最根本的一条。但如果虽做了接地却不合格,那会为雷击创造条件;同样,当时合格并不意味着永远合格,雷雨季节前的年检必不可少,吉林省某市教育系统的许多机房直接将地线接到暖气管上,危险就在眼前,而工作人员却自认为安全,这是值得检讨的。

⚡ 474. 日常生活中的防雷误区有哪些?

一些人认为,如果附近有铁塔或高楼大厦,便不会遭到雷击,即使有雷也先击它们。其实不然,高层建筑物改变了周围的防雷环境,增加了该区域的落雷概率,一些强雷电被高层建筑物所吸引过来并吸收掉,而一些较弱雷电则在到达前被其周围的低矮建筑物所吸收,与此同时,落雷次数的增加,也就相应增加了遭受感应雷击的概率。

还有一些人认为,只要安装了避雷针(即接闪杆),便不会遭到雷击。这也是不对的,首先,避雷针有一定保护范围;其次,避雷针性能是否符合技术要求,如材料规格、接地阻值等,若因年久失修失去作用,不但起不到防雷效果,反而会增加雷击概率;再者,避雷针仅能防止直击雷,即只能保护建筑物不受雷击,而不能防止感应雷,即不能保护建筑物内部的设备和人免遭雷击。

⚡ 475. 安装了接闪杆是否还会被雷击?

雷击分直接雷击和间接雷击两种形式。直接雷击是雷电直接通过人体、建筑物、设备等对地放电产生的雷击现象;间接雷击是直击雷产生的电磁场效应和通过导体传导的雷电流,比如以雷电波侵入、雷电反击等形式侵入建筑物内,导致建筑物内设备损坏或人身伤亡的雷击现象。为有效预防两种不同形式的雷击,防雷装置也分为外部防雷装置(如接闪杆、带)和内部防雷装置(如电涌保护器),外部防雷装置用来预防直接雷击,内部防雷装置用来预防间接雷击,两种防雷装置的作用不同,不能相互代替,只有两种防雷装置安装合格后,才能有效预防雷击灾害。有人认为,建筑物只要安装了接闪杆和接闪带,建筑物内的人和设备便不会遭到雷击,这是一种误解。

房子屋面安装了接闪杆和接闪带,建筑物可以得到有效保护,但不能对室内的电子电气设备进行有效保护。室内电子电气设备常常遭到雷击损坏,并不是雷电直接打到这些设备,而是建筑物本身或是附近的建筑物、电源线路、信号线路及其他物体遭受雷击后产生的雷电波沿电源线路和信号线路侵入室内造成危害。要使室内的电子电气设备得到有效保护,不仅要在屋面安装接闪杆和接闪带,还要在电源线路、信号线路等雷电波侵入的通道安装相应的电涌保护器,才能对建筑物及室内人员和电子、电气设备进行有效的防护。

由于雷电的复杂性及其发生的随机性,有时建筑物同时安装了外部防雷装置和内部防雷装置,防雷装置却不一定能百分百保护建筑物及室内的电子、电气设备。

⚡ 476. 雷雨季节家用电器如何防雷?

通常,雷电季节影响家用电器安全的主要原因是由于雷电波侵入而引起的。对于一个家庭来说,雷电波侵入主要有四条途径:供电线、电话线、有线电视或无线电视天线的馈线、住房的外墙或柱子。其中前三条途径都是与家用电器有直接的外部线路连接,当这些线路是属于架空入室时则危害更为严重。因为强烈的闪电感应作用将在这些架空导体上产生很高的雷电电磁脉冲,电磁脉冲沿着这些导体直接进入家用电器而造成危害。目前常被人们忽略的是雷电波侵入的第四条途径,即家用电器的安装未与建筑物的外墙及柱子保持一定距离。因为当住户所在的建筑物发生直击雷或侧击雷时,强大的雷电流将沿着建筑物的外墙及柱子流入地下。在这个过程中,由于建筑物的外墙或柱子有强大的雷电流流过,便在周围的空间产生电场和磁场,如果家用电器与外墙或柱子靠得太近,则可能受到损坏。

防雷技术规范和经验告诉我们:首先,建筑物应按防雷设计规范装设直击雷防护设施,如接闪杆、引下线和接地体。它们能把雷电流的大部分引入地下泄放。其次,引入住宅的电源线、电话线、电视信号线均应屏蔽接地引入,这样部分雷电流又会泄入地下。用户为确保安全,应在相应的线路上安装家用电器过电压保护器(又名避雷器)。对一般家庭而言,需要 3 个避雷器:第一个是单相电源避雷器,第二个是电视机馈线避雷器,第三个是电话机避雷器。避雷器的作用是对从线路上入侵的雷电电磁脉冲进行分流限压,从而实现被避雷器保护的家用电器的安全。家用电器的安装位置应尽量离外墙或柱子远一点,还要注意经常定期检查家用电器所共同使用的接地线,大多数的家用电器的外壳几乎都与这条接地线相连,其主要目的是对人身安全起保护作用。当安装避雷器时,所有避雷器的接地都是与这条接地线相连的,如果这条接地线松脱或断开,家用电器的外壳就可能带电,避雷器也无法正常工作。

过去,许多人提出雷雨天不要使用家用电器,如拔下电视机的电源插头、天线插头,打雷时不要打电话。当然,这种做法是比较安全的,但有时会感到不方便,比如有人打电话来时,是接还是不接? 电冰箱、空调机拔了电源便无法工作。打雷时家里没有人怎么办? 因此,建议大家还是采取上述防雷方法。当然,目前条件不成熟时,拔掉所有插头也不失为一种应急措施。

近年来,许多厂家开发生产了一些家用电器防雷过电压保护器,有些家电厂家在产品中增加了过电压保护器件,声称能防雷击。这里要提醒广大用户,防雷需要进行系统工程建设,不是简单地加一两个元件或买一个防雷击电源插座就能解决的,为了安全可靠,还是去找各地防雷机构提供技术和产品咨询。

⚡477. 建(构)筑物综合防雷系统设计包括哪些方面?

(1)建(构)筑物防雷设计。主要指建(构)筑物上安装的接闪器、引下线、等电位连接、屏蔽设计以及接地设计。

(2)电源系统防雷。电源系统关系到整个用电系统的安全,对电源系统通常使用多级防护。电源一级避雷器安装在离进线口最近的位置,通常安装在主配电盘的负载侧,其主要作用是去掉来自外部的电涌。电源二级避雷器的作用是抑制通过一级避雷器的残压和内部发生的瞬态过电压。此外,对于敏感设备和重要设备要另外加装电源避雷器进行进一步的精细保护。

(3)信号线防雷。雷电非常容易沿信号线侵入信息处理设备,从而使各种信息处理设备不能正常运转。根据上述情况对各种网络系统、视频监控系统、电话交换系统、办公系统、工业控制系统、计算机接口和天馈线系统提供防雷保护。

(4)接地系统。接地是将连接在一起的设备接到它所处的地表面,通过低阻抗接地体将雷电流泄放到大地,从而保证人员和设备的安全。

⚡478. 新建工程的防雷设计,应收集哪些相关资料?

(1)建筑物所在地区的地形、地物状况、气象条件(如雷暴日)和地质条件(如土壤电阻率);

(2)保护物或建筑物的长、宽、高度及位置分布,相邻建筑物的高度、接地等情况;

(3)建筑物内各楼层及楼顶需保护的电子信息系统设备的分布状况;

(4)配置于各楼层工作间或设备机房内需保护设备的类型、功能及性能参数（如工作频率、功率、工作电平、传输速率、特性阻抗、传输介质及接口形式等）；

(5)电子信息系统的网络结构；

(6)电源线路、信号线路进入建筑物的方式；

(7)供、配电情况及其配电系统接地形式等。

⚡479. 建筑物综合防雷系统设计有哪些主要环节？

(1)接闪器设计。是将雷电闪击引导到危害最小的部分，按照 GB 50057—2010 的要求，目前采用的方法是滚球法和平坦面的网格法。

(2)引下线设计。是设计从接闪器与接地网之间良好的引导雷电通道，让雷电流平安地通过它散入大地，主要需要设计独立防雷装置和非独立防雷装置的引下线的数目。

(3)接地网设计。接闪器实质上是引雷，但更重要的是要将其安全地疏散，那就是要设计一个运行良好的接地网，接地网的接地电阻值要能够满足规范和长期安全使用的要求，需要解决的是接地装置的类型、接地电阻的稳定性、对跨步电压的预防措施以及接地体防腐蚀、降电阻等。

(4)等电位连接设计。做好等电位连接和内部设备的合理布置，防止雷电高电位造成反击，需要设计出足够的安全距离和各金属间的等电位连接导体。

(5)屏蔽保护措施的设计。将建筑物需要保护的设备和建筑物内部空间设计划分出几个防雷保护区，根据所设保护区采取相应的屏蔽保护措施。

(6)过电压保护的设计。防止雷击电磁脉冲通过线路引入雷电高电位电涌、防止击坏用电设备和通信器材，选择合适的电涌保护器(SPD)。

(7)电气设计。在建筑物防雷设计中，对易发生人生伤亡事故的部分，需采用安全电压、防止发生人身伤亡事故、测试土壤的电阻率、利用建筑物适宜的导电部件作防雷装置的自然部件。

(8)机械设计。考虑防雷装置各部件在自然条件下的腐蚀、在放电条件下的温升、电动力及机械强度，设计防雷装置各部件所用的材料及其尺寸。

⚡480. 通信接入网和电话交换系统应采取哪些防雷措施？

(1)有线电话通信用户交换机设备金属芯信号线路，应根据总配线架所连接的中继线及用户线的接口形式选择适配的信号线路电涌保护器；

(2)电涌保护器的接地应与配线架接地端相连，配线架接地线应采用截面不小于 16 mm² 的多股铜线接至等电位接地端子板上；

(3)通信设备机柜、机房电源配电箱的接地线应就近接至机房的局部等电位接地端子板上；

（4）引入建筑物的室外铜缆宜穿钢管敷设，钢管两端应接地。

481. 信息网络系统应采取哪些防雷措施？

（1）进、出建筑物的传输线路上，在直击雷非防护区（LPZ0$_A$）或直击雷防护区（LPZ0$_B$）与第一防护区（LPZ1）的交界处应设置适配的信号电涌保护器。被保护设备的端口处宜设置适配的信号电涌保护器。网络交换机、集线器、光端机的配电箱内，应加装电源电涌保护器。

（2）入户处电涌保护器的接地线应就近接至等电位接地端子板上；设备处信号电涌保护器接地线宜采用截面不小于 1.5 mm^2 的多股绝缘铜线连接到机架或机房等电位连接网络上。计算机网络的安全保护地、信号工作地、屏蔽接地、防静电接地和电涌保护器接地等均应与局部等电位连接网络连接。

482. 安全防范系统应采取哪些防雷措施？

（1）置于户外的摄像机的输出视频接口应设置视频信号线路电涌保护器。摄像机的控制信号线接口处（如 RS485、RS424 等）应设置信号线路电涌保护器。解码箱处供电线路就设置电源线路电涌保护器。

（2）主控机、分控机的信号控制线、通信线、各监控器的报警信号线，宜在线路进出建筑物直击雷非防护区（LPZ0$_A$）或直击雷防护区（LPZ0$_B$）与第一防护区（LPZ1）交界处设置适配的线路电涌保护器。

（3）系统视频、控制信号线路及供电线路的电涌保护器，应分别根据视频信号线路、解码控制信号线路及摄像机供电线路的性能参数来选择，信号线路电涌保护器应满足设备传输速率、带宽要求，并与被保护设备接口兼容。

（4）系统的户外的供电线路、视频信号线路、控制信号线路应有金属屏蔽层并穿钢管埋地敷设，屏蔽层及钢管两端应接地。视频信号线屏蔽层应单端接地，钢管应两端接地。

（5）系统的接地宜采用共用接地系统。主机房应设置等电位连接网络，系统接地干线宜采用多股铜芯绝缘导线，其截面积不小于 50mm^2。

483. 火灾自动报警及消防联动控制系统应采取哪些防雷措施？

（1）火灾报警控制系统的报警主机、联动控制盘、火警广播、对讲通信等系统的信号传输线缆宜在线路进出建筑物直击雷非防护区（LPZ0$_A$）或直击雷防护区（LPZ0$_B$）与第一防护区（LPZ1）交界处设置适配的信号线路电涌保护器。

（2）消防控制中心与本地区或城市"119"报警指挥中心之间联网的进出线路端口应装设适配的信号线路电涌保护器。

（3）消防控制室内所有的机架（壳）、金属线槽、安全保护接地、电涌保护器接地端均应就近接至等电位连接网络。

（4）区域报警控制器的金属机架（壳）、金属线槽（或钢管）、电气竖井内的接地干线、接线箱的保护接地端等，应就近接至等电位接地端子板。

（5）火灾自动报警及联动控制系统的接地宜采用共用接地系统。接地干线应采用铜芯绝缘线，并宜穿管敷设接至本楼层或就近的等电位接地端子板。

⚡484.　建筑设备监控系统应采取哪些防雷措施？

（1）系统的各种线路在建筑物直击雷非防护区（LPZ0$_A$）或直击雷防护区（LPZ0$_B$）与第一防护区（LPZl）交界处应装设线路适配的电涌保护器。

（2）系统中央控制室宜在机柜附近设置等电位连接网络。室内所有设备金属机架（壳）、金属线槽、保护接地和电涌保护器的接地端等均应做等电位连接并接地。

（3）系统的接地宜采用共用接地系统，其接地干线应采用铜芯绝缘导线穿管敷设，并就近接至等电位接地端子板，其截面积不小于 50 mm^2。

⚡485.　有线电视系统应采取哪些防雷措施？

（1）进、出有线电视系统前端机房的金属芯信号传输线，宜在入、出口处装设适配的电涌保护器。

（2）有线电视网络前端机房内应设置局部等电位接地端子板，并采用截面积不小于 25 mm^2 的铜芯导线与楼层接地端子板相连。机房内电子设备的金属外壳、线缆金属屏蔽层、电涌保护器的接地以及 PE 线都应接至局部等电位接地端子板。

（3）有线电视信号传输线路，宜根据其干线放大器的工作频率范围、接口形式以及是否需要供电电源等要求，选用电压驻波比和插入损耗小的适配的电涌保护器。地处多雷区、强雷区的用户端的终端放大器应设置电涌保护器。

（4）有线电视信号传输网络的光缆、同轴电缆的承重钢绞线在建筑物入口处应进行等电位连接并接地。光缆内的金属加强芯及金属护层应良好接地。

⚡486.　移动通信基站应采取哪些防雷措施？

（1）移动通信基站的雷电防护宜先进行雷电风险评估后采取雷电防护措施。

（2）基站的天线必须设置于直击雷防护区（LPZ0$_B$）区内。

（3）基站天馈线应从铁塔中心部位引下，同轴电缆在其上部、下部和经走线桥架进入机房前，屏蔽层应就近接地。当铁塔高度大于或等于 60 m 时，同轴电缆金属屏蔽层还应在铁塔中间部位增加一处接地。

（4）机房天馈线入户处应设置室外接地端子板作为馈线和走线桥架入户处的接地点，室外接地端子板应直接与接网连接。馈线入户下端接地点不应接在室内设备接地端子板上，亦不应接在铁塔一角或接闪带上。

（5）当采用光缆传输信号时，光缆的所有金属接头、金属护层、金属挡潮层、金属加强芯等，应在进入建筑物处直接接地。

（6）移动通信基站的地网应由机房地网、铁塔地网和变压器接网相互连接组成。机房地网由机房建筑基础和周围环形接地体组成，环形接地体应与机房建筑四角主钢筋焊接连通。

⚡487. 卫星通信系统应采取哪些防雷措施？

（1）在卫星通信系统的接地装置设计中，应将卫星天线基础接地体、电力变压器接地装置及站内各建筑物接地装置互相连通组成共用接地装置。

（2）设备通信和信号端口应设置电涌保护器保护，并采用等电位连接和电磁屏蔽措施，必要时可改用光纤连接。站外引入的信号电缆屏蔽层应在入户处接地。

（3）卫星天线的波导管应在天线架和机房入口外侧接地。

（4）卫星天线伺服控制系统的控制线和电源线，应采用屏蔽电缆，屏蔽层应在天线处和机房入口外接地，并应设置适配的电涌保护器保护。

（5）卫星通信天线应设置防直击雷的接闪装置，使天线处于 $LPZ0_B$ 防护区内。

（6）当卫星通信系统具有双向（收/发）通信功能且天线架设在高层建筑物的屋面时，天线架应通过专引接地线（截面积大于或等于 $25\ mm^2$ 绝缘铜芯导线）与卫星通信机房等电位接地端子板连接，不应与接闪器直接连接。

三、输电线路防护

⚡488. 什么叫三相四线制系统？

在低压配电网中，输电线路一般采用三相四线制，俗称 TN-C。电源的一点（通常是中性点）与大地直接相连，T 表示电源与大地的关系，它与系统中的其他任何接地点无直接关系；N 表示负载采用接零保护；C 表示工作零线与保护线是合一的。

如图 3.36 所示的三相四线制配线图，其中三条线路分别代表 A、B、C 三相，不分裂，另一条是中性线 N（区别于零线，在进入用户的单相输电线路中，有两条线，一条为火线，另一条为零线，零线正常情况下要通过电流以构成单相线路中电流的回路，而三相系统中，三相自成回路，正常情况下中性线是无电流的），故称三相四线制；在 380 V 低压配电网中为了从 380 V 相间电压中获得 220 V 线间电压而设 N 线,有的场合也可以用来进行零序电流检测,以便进行三相供电平衡的监控。

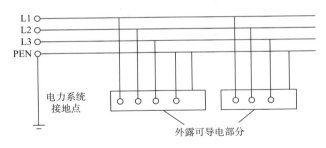

图 3.36　三相四线配线图

⚡ **489.** 什么叫三相五线制系统？三相五线制系统中的中性线(N线)和保护线(PE线)各有什么功能？

三相五线制俗称 TN-S,电源的一点(通常是中性点)与大地直接相连,T 表示电源与大地的关系;N 表示负载采用接零保护;S 表示工作零线与保护线是严格分开的,所以 PE 线称为专用保护线。

在三相四线制系统,把零线的两个作用分开,即一根线作工作零线(N),另外用一根线专作保护零线(PE),这样的供电结线方式称为三相五线制式供电方式。三相五线制包括三根相线、一根工作零线、一根保护零线。

中性线的功能是:接使用相电压的设备、用来传导三相系统中的不平衡电流和单相电流、用来减少负荷中性点的电压偏移。

PE 线的功能是:保障人身安全,防止发生触及带电外壳时的触电事故。通过保护线 PE,将设备的外露可导电部分的金属外壳接到电源中性点的接地点去。当电气设备发生单相接地时,即形成单相短路,使设备或系统的保护装置动作,切除故障设备,防止人身触电。

图 3.37 是三相五线配线图。

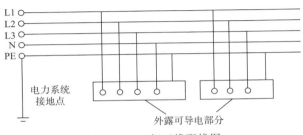

图 3.37　三相五线配线图

⚡ 490. 三相五线制系统与三相四线制系统相比,有哪些优点?用在什么场合?

三相五线制系统中 N 线和公共的保护线 PE 线是分开的,所有设备的外露可导电部分均与公共 PE 线相连。这种系统的优点在于公共 PE 线在正常情况下没有电流通过,因此,不会对接于 PE 线上的设备的防间接接触电压作用,安全性更高。这种系统多用于对安全可靠性要求较高及设备对电磁干扰要求较严的场所。

⚡ 491. 什么叫 TT 供电系统?

TT 方式是指将电气设备的金属外壳直接接地的保护系统,称为保护接地系统,也称 TT 系统。第一个符号 T 表示电力系统中性点直接接地;第二个符号 T 表示负载设备外露不与带电体相接的金属导电部分与大地直接连接,而与系统如何接地无关。在 TT 系统中负载的所有接地均称为保护接地。图 3.38 是 TT 制配线示意图。

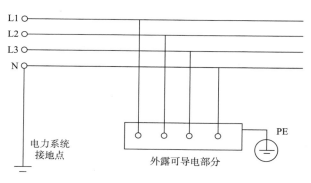

图 3.38　TT 制配线图

⚡ 492. 什么叫 IT 供电系统?

电力系统与大地间不直接连接,电气装置的外露可导电部分,通过保护接地线与接地体连接。I 表示电源侧没有工作接地,或经过高阻抗接地。字母 T 表示负载侧电气设备进行接地保护。IT 方式供电系统在供电距离不是很长时,供电的可靠性高、安全性好。一般用于不允许停电的场所,或者是要求严格地连续供电的地方,例如电力炼钢、大医院的手术室、地下矿井等处。地下矿井内供电条件比较差,电缆易受潮。运用 IT 方式供电系统,即使电源中性点不接地,一旦设备漏电,单相对地漏电电流仍小,不会破坏电源电压的平衡,所以比电源中性点接地的系统还安全。

但是,如果用在供电距离很长时,供电线路对大地的分布电容就不能忽视了。在负载发生短路故障或漏电使设备外壳带电时,漏电电流经大地形成架路,保护设备不一定工作,这是危险的。只有在供电距离不太长时才比较安全。这种供电方式在工地上很少见。图 3.39 是 IT 制配线示意图。

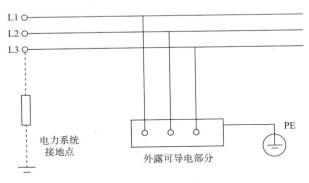

图 3.39　IT 制配线图

⚡ 493. TT 供电系统与 TN 供电系统有什么差异?

TT 供电系统的特点如下:

(1)当电气设备的金属外壳带电(相线碰壳或设备绝缘损坏而漏电)时,由于有接地保护,可以大大减少触电的危险性。但是,低压断路器(自动开关)不一定能跳闸,造成漏电设备的外壳对地电压高于安全电压,属于危险电压。

(2)当漏电电流比较小时,即使有熔断器也不一定能熔断,所以还需要漏电保护器做保护,因此,TT 系统难以推广。

(3)TT 系统接地装置耗用钢材多,而且难以回收、费工时、费料。现在有的建筑单位是采用 TT 系统,施工单位借用其电源作临时用电时,应用一条专用保护线,以减少需接地装置钢材用量。把新增加的专用保护线 PE 线和工作零线 N 线分开,其特点是:

①共用接地线与工作零线没有电的联系;

②正常运行时,工作零线可以有电流,而专用保护线没有电流;

③TT 系统适用于接地保护很分散的地方。

TN 供电系统的特点如下:

(1)一旦设备出现外壳带电,接零保护系统能将漏电电流上升为短路电流,这个电流很大,是 TT 系统的 5.3 倍,实际上就是单相对地短路故障,熔断器的熔丝会熔断,低压断路器的脱扣器会立即动作而跳闸,使故障设备断电,比较安全。

(2)TN 系统节省材料、工时,在我国和其他许多国家得到广泛应用,可见比 TT 系统优点多。TN 供电系统中,根据其保护零线是否与工作零线分开而划分为 TN-C

和 TN-S 两种。认为用地脚螺钉固定在地上就实现了接地保护,这是错误的。接地保护必须用人工接地极或自然接地极,其接地电阻必须不大于 4 Ω。而地脚螺钉的接地电阻很大,远远大于 4 Ω,起不到接地保护作用,因此是不安全的。

⚡ 494. TN 系统中,一部分电机外壳与保护零线相连,一部分电机用地脚螺钉固定在地上不再接零,是否可以?

TN 系统的电源中性点直接接地,并有中性线引出。

其次在接零保护系统中,一部分电机采取接地保护是不安全的。因为一旦接地保护的电机外壳碰相线,而在相线熔丝未断前,所有接零保护的外壳都将带电,所以这是很危险的。

⚡ 495. TN-S 系统中,N 线与变压器中性点相连,且接地,为什么还要求 N 线用绝缘导线?

因为若发生 N 线与地短路,那么在短路点前的线路就成为 TN-C 系统,给用户带来不安全因素。另一方面,若 N 线绝缘过低,会使漏电保护开关发生误动作,因此在低压线路中要求 N 线的绝缘电阻不得低于 0.5 $M\Omega$。

⚡ 496. 如何按发热条件来选择三相五线制系统中的相线、中性线(N 线)和保护线(PE 线)的导线截面积?

(1)相线截面积的选择:相线截面积 A 的导线允许载流量 I 不得小于通过相线的计算电流;

(2)中性线(N 线)截面积 A_n 的选择:

①一般三相五线制线路:$A_n \geqslant 0.5A$;

②3 次谐波电流突出的三相五线制线路:$A_n \approx A$。

(3)保护线(PE 线)截面积 A_{pe} 的选择:

①当 $A_{pe} \leqslant 16 \ mm^2$ 时,$A_{pe} \approx A$;

②当 $A_{pe} > 16 \ mm^2$ 时,$A_{pe} \geqslant 0.5A$。

但相线截面积 $A = 35 \ mm^2$ 时,$A_{pe} = 16 \ mm^2$。

⚡ 497. 某低压三相四线架空线路,在线路终端,N 线与一组接地极相连,能否断定此系统为 TN 系统?

此低压架空线路的 N 线与地再次做电气连接,称之为重复接地,在以往概念中将重复接地限于 TN 系统中,一般这样描述,"在 TN 系统中,将 PEN 线、PE

线与地再次做电气连接,称为重复接地"。这就导致大部分人误认为重复接地只局限于 TN 系统中,其实 TT 系统也可采取重复接地的措施。

重复接地的作用有如下三条:

①当系统中发生相线碰壳或接地短路时,可以降低 PEN 线或 PE 线对地电压,因为重复接地和工作接地并联,降低了接地电阻,从而降低了对地电压。

②当 PEN 线发生断裂,又出现相线碰壳或接地短路时,使 PEN 线对地的电压不致升得太高。如果无重复接地,相线碰壳就会使电气设备外壳对地电压接近于相对地电压。

③在三相照明供电线路中,如果总 N 线断裂,由于三相负载不可能平衡,就会使一部分用户因电压升高造成彩电、灯泡等烧毁,另一部分用户因电压降低造成电冰箱等烧毁事故。如果 N 线上接了重复接地,就会大大降低电压的不平衡。

上述三条作用 TN 系统全部适用,TT 系统则适用于第三条。低压共用电网,采取 TT 制式时,N 线做重复接地处理,就可减少因架空 N 线断裂造成大片用户家用电器设备损坏的事故。为此,《架空配电线路设计技术规程》(SDJ 4—2011)第 61 条做如下规定:低压配电线路,在干线和分支线终端及沿线每隔 1 km 处,应重复接地。

由以上分析可知,重复接地不仅在 TN 系统中存在,在 TT 系统中也存在,因此 N 线和接地极相连(重复接地)时,还不能判断该系统是 TN 系统。值得提醒的是,在 TT 系统中电气设备的外壳千万不能接到 N 线的重复接地线上,否则该设备就成为 TN-C 系统,是很危险的。同时,如 TT 系统采用重复接地,则其前端不能采用剩余电流开关(RCD),否则将导致 RCD 误动作。

⚡ 498. IT 系统为什么不宜配出中性线?

IT 制式的电源中性点是不接地或通过阻抗接地的系统,是属于接地保护范畴,所谓接地保护,就是系统中设备的外壳与单独的接地装置相连,该接地装置与电源系统的中性点是不连接的。

IT 系统的任何一根相线与地或系统中的设备金属外壳相碰,由于与电源系统不构成回路,不会出现危险的故障电流。要求防爆的单位,如果在 IT 系统中配出中性线,容易发生相零短路,而出现危险的电火花,因此,对 IT 系统,国际电工委员会(IEC)建议不配出中性线。

⚡ 499. 变压器中性点不直接接地能否判定是 IT 制?

IT 制规定变压器中性点是不接地或不直接接地,对 TT 制和 TN 制,规定系统中必须有一点直接接地,但未规定此点必须是变压器的中性点。

工程设计中大多数 TT、TN 系统中的变压器中性点是直接接地。但也有不少工程是在低压配电柜内直接接地,这两种接地方式都是正确的。这里需要指出的是:电力配电系统中的接地点必须按照设计的要求做,设计规定在变压器中性点接地时,必须在变压器中性点处接地;设计规定在变压器中性点处不接地,而在低配电柜内接地时,就必须在低配电柜内直接接地。

把电力系统中的一点接地,理解为必须在变压器中性点处直接接地是错误的。

如果该系统直接接地点在低压配电柜内,即在低压配电柜内把 N 排与已接地的 PE 排短接,而变压器室内,变压器的中性点不与 E 线连接,因此就理解为 IT 制,则犯了原则性的错误。

判别系统是否直接接地的方法,不是判别变压器中性点是否直接接地,而应当在断电的情况下,用万用表电阻档(R×1)测量系统的中性线(N 线)与 PE 线是否接近于短路。一般测量值在几欧之内可视为变压器中性点直接接地。

⚡ 500. 变压器中性点在什么情况下装设避雷器?

在中性点直接接地的电网中,有部分变压器的中性点采取不接地,这样在三相进行波侵入时,中性点电压最高可达进线端电压幅值的 190%,若中性点绝缘不是按线电压设计的,那么,应在变压器的中性点装一只阀型避雷器。中性点虽按线电压设计,但变电站如为单进线且为单台变压器运行时,宜应装设阀型避雷器。原因是,单进线情况下进行波入侵时,会由于反射作用使电压升高一倍,单台变压器损坏造成长时间停电影响较大。在中性点经消弧线圈接地只带单条线路的变压器,当切断两相故障时,相当于强迫切断消弧线圈的电感电流,会在消弧线圈上出现过电压,因此也应在中性点上装设阀型避雷器,以保护中性点和消弧线圈。

⚡ 501. 低压公用电网是否必须采取接零保护?

有不少人持有这样的观点:从安全角度考虑,低压公用电网应该采取接零保护。这是一种错误的观点,产生这一错误观点的根源在于,只看到 TT 制的短路故障电流比 TN 制小,从而否定 TT 制,甚至认为低压公用电网可采取 TN-C 制,这是很不安全的做法,因为一旦外线中的 PEN 线发生断裂,采取接零保护的所有设备外壳就会带电。

有人提出:为防止断裂引起带电,可在电源进户端加一组重复接地。其实很容易分析,即使重复接地的接地电阻和工作接地的接地电阻相等,在 PE 线中断时,中断点前后的所有设备外壳电位将上升到 110 V,而 TT 制中 N 线中断不会引起设备外壳带电。

TT 制短路电流小的缺点可通过加装漏电开关来补救,另外,与 TN 制相比,

TT 制的抗干扰性好,因此电脑、医疗仪器等设备采取的专用接地,也属 TT 制。

502. 在断电的情况下,如何判别该单位的接地制式?

首先检查该单位的进户方式,是高压进户还是低压进户,若是低压公用电网进户,在上海、广州和天津等地区必然采取 TT 接地制式。检查进户配电箱可发现若该单位为 TT 制式,则 N 排和 PE 排之间是绝缘的;若为 TN 制式,如果进户线为三相四线,则 N 排和 PE 排之间必须用导线连接。

如果是三相五线进户,测量 N 线与 PE 线之间的电阻,在断电情况下可用普通万用表测量,如果不能断电,则应该用 HT234E 接地电阻测试仪测试:一根探棒接 N 线,一根探棒接 PE 线,如果电阻在 $1 \sim 2 \Omega$ 之间,则为 TN-S 制,若电阻在 100Ω 以上,则为 TT 制。

若是高压进户,则检查变压器低压侧 N 线是否接地。若不接地或通过阻抗接地,则此系统为 IT 制式。在断电情况下,用万用表测量变压器低压侧中性端子和变压器外壳之间的电阻(若不能断电,则可用 PD234 带电测量),应呈绝缘状态或电阻状态。若变压器低压侧 N 排直接接地,用万用表测量变压器低压侧中性端子与变压器外壳之间呈短路状态,但这时尚不能判断接地制式,因为 TN 和 TT 制式的变压器低压侧 N 排都是直接接地的。

为了判别是 TN 制还是 TT 制,就需要检查配电箱内 N 排与 PE 排的绝缘情况。由于 N 排和 PE 排都是接地的,测量时必须注意:若是 TN 制式,则 N 排和 PE 排之间的电阻约为 1Ω;若是 TT 制式,则 N 排和 PE 排之间的电阻通常在几百欧以上。

当进入某单位施工时,若该单位无法提供其接地制式依据,则可根据上述要点进行检查判别。

503. 变电站内装设有哪些防雷设备?

为了防止直击雷对变电站的侵害,在变电站装有接闪杆或接闪线,但是,常用的是接闪杆。为了防止进行波的侵害,按照相应的电压等级装设阀型避雷器、磁吹避雷器、与此相配合的进线保护段(即架空线)、管形避雷器或火花间隙。在中性点不直接接地,系统装设消弧线圈,能减少线路雷击掉闸次数。为了防止感应过电压,旋转电机还装设有保护电容器。为了可靠地防雷,所有以上设备都必须装设可靠的接地装置。

504. 架空线路上的感应过电压是如何产生的,怎样计算?

在发生雷击先导放电过程中,在附近的杆塔、接闪线上和架空线上,会由于静电感应积聚大量与雷雨云极性相反的束缚电荷。当先导放电发展到主放电阶段而对地放电时,线路上的束缚电荷被释放而形成自由电荷,开始以光的速度向线路两侧移动,形成很高的电压,称之为感应过电压,其幅值可能达到 300 kV 至 500 kV。这对供电系统的危害是很大的,尤其是对 35 kV 及其以下的送电线路,由于其本身的绝缘水平较低,则更为危险。所以,变电所除了要有防直击雷保护之外,还应有防感应雷的保护。

当线路距离雷击点大于 65 m 时,感应过电压的近似值 U(kV)可按下式计算:

$$U \approx 25\, Ih/S$$

式中:I 为雷雨云对地放电电流幅值(kA),一般取其值≤100 kA;h 为导线对地的平均高度(m);S 为线路对直接雷击点的水平距离(m)。

从上式可以看出,感应过电压幅值的大小与雷雨云对地放电电流幅值、线路导线对地平均高度以及线路距雷击点的距离等有关。

⚡505. 10 kV 配电变压器的防雷保护有哪些具体要求?

10 kV 配电变压器的阀型避雷器或保护间隙应尽量靠近变压器安装,具体要求如下:

(1)避雷器应尽量安装在高压熔断器和变压器之间。

(2)避雷器的防雷接地引下线采用"三位一体"的接线方法,即避雷器接地引下线、配电变压器的外壳和低压侧中性点这三点连接在一起,然后,共同与接地装置相连接,其工频接地电阻不应大于 4 Ω。这样,当高压侧落雷使避雷器放电时,变压器绝缘上所承受的电压,即是避雷器的残压。

(3)在多雷区变压器低压出线处,应安装一组低压避雷器。这是用来防止由于低压侧落雷或由于正、反变换波的影响而造成低压侧绝缘击穿事故的。

⚡506. 为什么一般 35 kV 线路不采用全线架空地线?

35 kV 线路沿全线采用架空地线对于防止大气过电压起到一定的作用。但多年的运行经验证明,在距变电站进线 1～2 km 处装设架空地线及管型避雷器仍可以起到保护的目的。为了减少线路建设投资,对于 35 kV 及其以下的输电线,一般不采用全线架空地线,此时其耐雷水平不高,但单位遮断次数比较低。又因为 35 kV 系统中性点多采用消弧线圈接地,再加上线路自动重合闸装置,可使得 35 kV 线路即使不沿全线架设架空地线也能得到比较满意的防雷效果。但是,对于重要的线路,仍要采用全线架空地线。

⚡ 507. 线路侧带电时，可能经常断开的开关在防雷上有什么要求？

为了防止进行波对运行设备造成反射过电压，在雷雨季节中，可能经常断开的开关外侧应装设一组管型避雷器，并且应尽可能地靠近被保护设备。当确定有困难或缺乏适当参数的管型避雷器时，可用阀型避雷器或保护间隙来代替。停用的开关应拉开线路侧刀闸。

⚡ 508. 过电压有哪些类型？它对于电力系统有哪些危害？

一般来说，过电压的产生都是由于电力系统的电磁能量发生瞬间突变引起的。这种能量突变，如果是由于外部直击雷或雷电感应突然加到系统里的就叫作大气过电压或外部过电压；如果是系统运行中由于操作、故障或其他原因引起系统内部电磁能量的振荡、积聚和传播，从而产生的过电压，叫作内部过电压。大气过电压可分为直击雷过电压和感应雷过电压；内部过电压则分为操作过电压、弧光接地过电压和电磁谐振过电压等。

无论是大气过电压还是内部过电压，都是具有较高危险的过电压，均可能使输配电线路及电气设备的绝缘弱点发生击穿和闪络，从而破坏电力系统的正常运行。所以，过电压保护的中心任务，就在于切实采取各种技术防护措施，将过电压造成的危害降到最低限度，从而保证电力系统的安全运行。

⚡ 509. 谐振过电压如何分类？

谐振过电压一般分为：线性谐振过电压、参数谐振过电压和铁磁谐振过电压。在中性点直接接地的电力系统中，比较常见谐振过电压为铁磁谐振过电压，有以下几种：

(1)变压器供电给接有电磁式电压互感器的空载母线或空载短线路；

(2)配电变压器高压线圈对地短路；

(3)电力线路一相断线后一端接地。

按照谐振过电压的频率又可分为：

(1)谐振频率为工频的基波谐振过电压；

(2)谐振频率高于工频的高频谐振过电压；

(3)谐振频率低于工频的分频谐振过电压。

⚡ 510. 三圈变压器低压侧任一相上为什么要装一只避雷器？

当变压器高压侧有雷电波入侵时，由于绕组间的静电耦合与电磁耦合，在其低压侧也将出现过电压。三绕组变压器在正常运行时，可能存在有高、中压绕组工作,低压绕组开路的情况。此时在高压或中压侧存在雷电波的作用时,由于低压绕组对地电容较小,开路的低压绕组上的静电感应分量将使低压绕组三相的电位同时升高。故为了限制这种过电压,只要在任一相低压绕组直接出口处对地加装一组避雷器即可。中压绕组虽然也有开路的可能,但其绝缘水平较高,所以一般可以不装。

另外,所装避雷器也可以防止正常运行时系统发生不对称短路或断线等故障,由于中性点位移电压升高,在参数配合不当时,耦合回路将处于串联谐振状态,出现严重的耦合谐振过电压,从而危及低压电器设备的绝缘。

⚡ 511. 电磁式电压互感器引起谐振的原因是什么?

在中性点不接地系统中装设的电磁式电压互感器经常发生谐振过电压,其原因如下:电压互感器每相对地的电感和线路对地的电容在一定条件下发生谐振。当系统三相电压正常时,三相对地的阻抗呈三个等效的电容,电源中性点对地电位为零;当其一相发生瞬时接地时,其他两相电压升高,接地相对地保持一个等效电容,其他两相对地阻抗变为等效电感。当电压互感器铁芯饱和,其电感逐渐减小使感抗和容抗相当时,则产生谐振。

在产生谐振时,在电感和电容两端产生高电压,电路中励磁电流会增加几十倍,引起电压互感器一次侧熔断器熔断,甚至烧毁电压互感器。

⚡ 512. 什么叫作分频谐振? 什么叫作基频谐振? 什么叫作高频谐振? 从表面现象上如何区别?

在电力系统中,发生不同频率的谐振,与系统中导线对地的分布电容的容抗值 X_{c0} 与电压互感器并联运行的综合电感的感抗值 X_m 有关:

(1)当 X_{c0}/X_m 的比值较小,发生的谐振是分频谐振。因为,在这种情况下,电容比较大,则电容、电感振荡时的能量交换的时间比较长。如果在一秒之内能量交换的次数是电源频率的分数倍,如 50 Hz 的 1/2、1/3、1/4 等,这种频率的谐振称为分频谐振。

其表面现象为:①分频谐振过电压的倍数较低,一般不超过 2.5 倍的相电压;②三只相电压表的指示数同时升高,而且有周期性的摆动;线电压表的指示数基本不变。

(2)当 X_{c0}/X_m 的比值较大,发生的谐振是高频谐振。因为在这种情况下,系统导线的对地电容比较小,则电容、电感振荡时的能量交换的时间就短,如果在一秒钟之内能量交换的次数是电源频率的整数倍,如为 50 Hz 的 3、5、7 倍等,这种频率的谐振称为高频谐振。

其表面现象为：①高频谐振过电压的倍数较高；②三只相电压表的指示数同时升高，而且要比分频谐振时高得多，线电压表的指示数和分频谐振时相同；③高频谐振是过电流较小。

（3）当 X_{c0}/X_m 的比值在分频与高频之间，接近 50 Hz 时，则发生的谐振为基频谐振。发生基频谐振时，在一秒钟之内电感、电容的能量交换次数正好和电源频率相等，因此称为基频谐振。

其表面现象为：①三只相电压表中的两相指示数升高，一相降低，线电压基本不变；②谐振时，过电流很大，电压互感器有响声；③发生基频谐振时，过电压一般不超过 3.2 倍的相电压；④基频谐振与系统单相接地时的现象很相似（假接地现象）；⑤往往导致设备绝缘击穿、避雷器损坏、电压互感器熔断器的熔丝被熔断。

⚡ 513. 铁磁谐振有哪些特点？

（1）产生铁磁谐振的必要条件是铁芯电感的起始值和电感两端的等效电容组成的自振频率必须小于并接近于谐振频率。

（2）回路参数平滑地变化时，谐振电压、电流会产生跃变。

（3）谐振时产生反倾现象，即谐振后电感上的电压降由原来与电源电势相同变为相反，电容上的电压降由原来与电源电势反向变为同向。

（4）谐振频率必须是由电源频率基波和它的简单分数倍分频或整数倍高频。

（5）谐振后可自保持在一种稳定状态。

⚡ 514. 中性点非直接接地的电力网，在哪些情况下可能会产生铁磁谐振过电压？ 有哪些防止铁磁谐振过电压的措施？

（1）中性点非直接接地的电力网，在下列情况下可能会产生铁磁谐振过电压：

①变压器供电给接有电磁式电压互感器的空载母线或空载短线路。

②配电变压器高压绕组对地短路。

③用电磁式电压互感器在高压侧进行双电源定相。

④送电线路一相断线后，一端接地以及断路器的非同期动作、熔断器的非全相熔断。

⑤经过熔断器断口电容对空载母线上的电磁式电压互感器供电。

（2）防止铁磁谐振过电压的措施有：

①选用励磁特性较好的电磁式电压互感器或采用电容式电压互感器。

②在电磁式电压互感器二次侧的开口三角形绕组装设消谐器或接 220 V、

500 W 的白炽灯泡。

　　③在 10 kV 及其以下的母线上,可装设一组中性点接地的星形连接电容器组,或用一段电缆代替架空线,减小对地容抗。

　　④选择消弧线圈的安装位置时,尽量避免使电网一部分失去消弧线圈运行的可能性。

　　⑤采取临时切断措施,如先投入事先规定好的某些线路或设备等。

　　⑥特殊情况下,可改为中性点瞬间经电阻接地或直接接地。

⚡ 515. 哪些电气设备的金属外壳及构架要进行接地或接零?

　　为了保证人身和设备的安全,对于下列电气设备的金属外壳及构架,需要进行接地或接零:电机、变压器、开关及其他电气设备的底座和外壳。

　　(1)室内、外配电装置的金属构架及靠近带电部分的金属遮栏、金属门。

　　(2)室内、外配线的金属管。

　　(3)电气设备的传动装置,如开关的操作机构等。

　　(4)配电盘与控制操作台等的框架。

　　(5)电流互感器、电压互感器的二次线圈。

　　(6)电缆接头盒的外壳及电缆的金属外皮。

　　(7)架空线路的金属杆塔。

　　(8)民用电气的金属外壳,例如扩音机、电风扇、洗衣机、电冰箱等。

⚡ 516. 哪些电气装置不需设置接地或接零保护?

　　实践证明,在一定的条件下,有些电气装置不做接地或接零保护,也能够进行安全运转,它们分别是:

　　(1)在不良导电地面的干燥房间内,如试验室、办公室和民用房间,当电力装置的交流额定电压在 380 V 及以下,直流额定电压在 400 V 及以下,其设备外壳可以不接地。

　　(2)在一切干燥场所,交流额定电压 127 V 及以下,直流额定电压 110 V 及以下的电力装置可以不接地。但另有规定者除外。

　　(3)安装在配电盘、控制屏和配电装置上的测量仪表、继电器和其他低压电器的外壳以及发生绝缘损坏时也不会引起危险电压的绝缘子金属件,可不接地。

　　(4)安装在已接地的金属构架上的设备,控制电缆的金属外皮,蓄电池室内的金属构架和发电厂、变电所内的运输轨道,与已接地的机床相连接的电动机外壳等均可以不接地。

⚡ 517. 接零系统中,弱电设备为什么允许接地保护?

《民用建筑电气设计规范》(JGJ/T 16—2008)规定:在同一低压配电系统中,当全部采用 TN 系统确有困难时,也可部分采用 TT 系统的接地形式。但采用 TT 系统,供电部分均应装设能自动切除接地故障的装置(包括漏电电流动作保护装置)或经由隔离变压器供电。工程中当设备为弱电设备时,采取的专用接地即为接地保护。

⚡ 518. 正在施工的项目,接地线中出现大电流的原因有哪些?

正在施工的项目,电源投入运行后,用钳形电流表测量各层楼 PE 总干线,发现几乎每一层楼面的 PE 线中都存在大电流,有的楼面高达 20 A。

接地线中的电流,一般情况下是由下述原因产生的:

(1)施工配电箱采用四线制。施工配电箱采用四芯电缆,PE、N 合用一根线,此时原在 N 线中流动的电流,一部分会通过设备外壳流入到大楼的 PE 线中,使 PE 线中出现大电流。国家标准明确规定:施工现场配电箱必须采用五线制,但有些地区的施工单位仍采用四线制,因为不符合安全规定,应立即责令停止使用。

(2)N 线和 PE 线接反。由于并非所有的电气设备都采用漏电开关保护,例如照明灯大多数不采用漏电开关保护,而是采取外壳接地保护,在干燥场所甚至接地保护也可省去,此时若发生 N 线和 PE 线接反,照明等设备照常工作,于是 PE 线中就有工作电流流动。如果设备采用漏电开关保护,若发生 N 线和 PE 线接反,漏电开关会跳闸,但若同时存在 N 线和 PE 线短接时,漏电开关不仅不会跳闸,而且发生漏电时也不会跳闸,这也会造成 PE 线带电。

(3)焊接回路电流流入 PE 线。焊接规程规定:焊接用的搭铁线,必须采用绝缘线,但不少单位不仅使用绝缘已严重破损的搭铁线,甚至用大楼的 PE 线作为搭铁线,此时 PE 线中就有焊接电流流动,其电流是波动的,若 PE 线中的电流基本恒定,则不是焊接电流。

(4)单相或三相插座,N 桩头误接 PE 线。这是 TN-S 制和 TT 制中不允许发生的,施工单位必须全数检查,不允许存在。

(5)接地极未与基础桩的钢筋直接相连,由铜包铁接地极引出的接地线(E 线)是绝缘线,接地线的一端与铜包铁接地极相连,接地线的另一端通过电气设备有和钢筋相连的可能性,铜和铁之间的电位差为 0.7 V,当铜接地极中有漏电电流时,同接地极的电位进一步升高,导致接地线两端的电位进一步加大,此电位就会产生大电流。如果采用基础桩作为接地极,铜包铁接地极与基础桩在地下相连,那么在接线两端的电位差就不会产生。

⚡ 519. 电力线路及变配电装置的防雷措施有哪些？应注意什么？

电力线路及变配电装置的防雷措施主要是接闪杆、接闪线、避雷器及保护间隙并保证其接地电阻值的要求。雷电活动特别强烈的地区，还要根据当地运行经验和雷击史，适当加强防雷措施，其年平均雷暴日数应以当地气象台站的资料为准。

电力线路及变配电装置的防雷应按工厂的规模特点、电压等级、容量大小、运行方式、线路形式、进户方式、负荷级别、土壤电阻率、进线段杆型等设置，详见电气设计规范及上述有关各问内容。

一般情况下，35 kV 以上的架空线路应设接闪线，进入变配电装置时应设管形避雷器或保护间隙，必要时应在进线的隔离开关或断路器处设避雷器；电缆进线时，电缆与架空线连接处应设阀型避雷器且接地端应与电缆金属外皮连接，必要时可在与母线连接处设避雷器；变电所的每组母线应设阀型避雷器，每组出线应设避雷器，变压器的两侧应设避雷器；柱上断路器的两侧（经常开路的）、进线侧（经常闭合的）应设阀型避雷器或保护间隙；电力电容器处应设避雷器；在多雷区或易受雷击地段，直接与架空线连接的电能表处应设低压氧化锌避雷器。

⚡ 520. 雷电反击对设备有什么危害？怎样避免？

当雷电击到接闪杆时，雷电流通过接地装置进入大地。若接地装置的接地电阻过大，那么，它通过雷电流时电位将升得很高，因此，与接地装置相连的杆塔、构架或设备外壳将处于很高的地电位。这很高的地电位同样也作用于线路或设备的绝缘上，可使绝缘发生击穿。由此可见，接地导体由于地电位升高可以反过来向带电导体放电，这种现象就叫"反击"。

为了控制防雷接地装置上的地电位升高，防止发生接闪杆通过雷电流的反击现象，接闪杆必须具有良好的接地，并使接闪杆与电气设备之间保持一定的距离。对于独立接闪杆，接闪杆与配电装置的空间距离不得小于 5 m（条件许可时，这个距离可以适当加大）；接闪杆的接地装置与变电站最近的接地网之间的地中距离，应大于 3 m；接闪杆与经常通行的道路的距离，应大于 3 m。对于连接到接地网上的接闪杆，接闪杆在接地网上的引入点与变压器在接地网上的连接点沿地线的距离不得小于 15 m。这是考虑到接闪杆在落雷时，其引入点的电位较高，雷电流经 15 m 地线散流之后，到变压器处的地电位一般可保证变压器不发生反击。

⚡ 521. 消雷器的作用原理及应用前景如何？

从接闪杆到消雷器经历了很长的发展时期，接闪杆原意是避免雷击，但实际上,大多数场合下,它是将雷电引向自身,从而保护了附近的设施。而消雷器则是基于消除雷击而设计的,基本思想是利用消雷器的多针发散系统向雷雨云释放出大量的电荷,中和或排斥雷雨云的电荷,消除或减小雷雨云的放电电场强度,消除大气中雷电的发生。

近些年来,关于消雷器能否消雷的问题一直在讨论和争论,但由于是有源设备,消耗较大的能量,造价比较贵,安装不方便,以及近来一些消雷器在防雷中出现的问题,使人们对消雷器的防雷效果始终存在疑问。

⚡522. 大型电动机的防雷措施有哪些?

电动机与架空线路直接连接时,应按电动机的容量、雷电活动的强弱及对运行可靠性的要求来确定其防雷措施。

一般条件下,60000 kW 以上的电动机不应与架空电力线路直接连接;300 kW 以上的直配电动机应按容量的大小从五个方面进行保护:架空进线段的首尾设避雷器或接闪线,首尾长度应大于 100 m;与架空线连接的进线电缆的金属外皮应多点接地,且电缆头外壳接地,电缆长度应大于 100 m;断路器进口处设避雷器并串接电抗器;电动机进线口处设避雷器和电容器;电动机中性点引出处设避雷器。同时,电缆两端的所有接地点采用集中接地,接地电阻不大于 5 Ω。300 kW 及其以下的直配电动机可在电源进户处设避雷器和电容器,进户杆上设保护间隙且绝缘子铁脚接地,否则应采用上述的五种保护。

与厂区线路或经配电室配电装置连接的大型电动机,一般不单设防雷装置,但在多雷区或雷电活动频繁且有雷击史的重要大型电机则应单设保护,一般采用避雷器或保护间隙。

保护电机的避雷器一般为磁吹避雷器,且应靠近电机装设(电机出线口);保护电机的接闪线,对边线的保护角不应大于 30°;保护电动机的电容器一般为0.25～2.0 μF。

四、人身防护

⚡523. 当打雷时人若在户外,应注意哪些问题?

(1)不宜停留在山顶、山脊或建(构)筑物顶部;

(2)不宜停留在小型无防雷设施的建筑物、车库、车棚附近;

(3)不宜停留在铁栅栏、金属晒衣绳、架空金属体以及铁路轨道附近;

(4)不宜停留在游泳池、湖泊、海滨或孤立的树下;

(5)应迅速躲入有防雷保护的建(构)筑物内,或有金属顶的各种车辆及有金属壳体的船舶内；

(6)不具备上述条件时,应立即双膝下蹲,向前弯曲,双手抱膝。

524. 若打雷时您正在有防雷设施的建筑物附近,如何避免雷击?

(1)不在建筑物朝天平面(天面)上活动。因为当朝天平面发生直接雷击时,强大的雷电流可导致人员伤亡。

(2)不在有防雷设施的建筑物附近的空地活动。

(3)迅速躲入有防雷保护的建(构)筑物内,关闭门窗,防止侧击雷和球形雷侵入。

525. 若打雷时人在室内,应该注意哪些问题?

(1)电视机的室外天线在雷雨天要与电视机脱离,而与接地线连接。

(2)雷雨天气应关好门窗,防止球形雷窜入室内造成危害。

(3)雷暴时,人体最好离开可能传来雷电侵入波的线路和设备 1.5 m 以上。也就是说,尽量暂时不用电器,最好拔掉电源插头;不要打电话;不要靠近室内的金属设备如暖气片、自来水管、下水管;要尽量离开电源线、电话线、广播线,以防止这些线路和设备对人体的二次放电。

(4)不要穿潮湿的衣服,不要靠近潮湿的墙壁。

(5)不宜使用淋浴器。因为水管与防雷接地相连,雷电流可通过水流传导而致人伤亡。

526. 在室外如何判断雷电的来临?

如果你身处室外,看见天空中的云体开始变大、变黑、变低时,就有可能发生雷电,应尽快离开。已有雷电发生时,在闪电与伴随的雷声之间会有一定的间隔时间,可用秒表或心算来测出闪电与雷声之间的这个间隔时间,再乘以声音传播的速度(340 m/s),即可算出雷电发生地与观测者的距离。如,看见闪电后 5 秒钟就听见雷声,则雷电离自己为 $340 \times 5 = 1700$(m);看见闪电后 1 秒钟(一眨眼的时间)就听见雷声,则雷电离自己为只有 $340 \times 1 = 340$(m)说明比较危险了。当你处在电闪雷鸣的环境中,感觉到自己的头发竖起或皮肤有异样感觉(蚂蚁爬走感)时,那很可能就将受到雷击,此时,要立即采取措施,进行自我保护。

距离最后一次听到雷声超过 30 分钟后,再也没有出现打雷现象,说明已经处在一个相对安全的环境里,可以放心进行室外活动了。

527. 雷雨来临时,人们要遵循哪些原则进行避雷? 为什么?

(1)不要使自己成为尖端,也就是说,要尽量降低自身高度,不应该把铁锹、锄头、高尔夫球棍等带有金属的物体扛在肩上高过头顶,因为这样会增加闪电直接击中的机会。如果四周没有比自己高的物体,那么举着雨伞将是很危险的。

(2)要尽量缩小人体与地面的接触面,以减少跨步电压的伤害。根据第一个要求看,似乎人平躺在地面上比较安全,可是,这样会增大人体与地面的接触面,从而增加了跨步电压的危险。最好的办法是寻找一个沟谷或凹地,不得已时就在平地上双脚并拢蹲下,既降低了高度,又可防止跨步电压。

(3)在市郊地区,最好躲入一栋装有金属门窗或设有接闪杆的建筑物内,也可躲进有金属车身的汽车内。一旦这些建筑物或汽车被雷击中,它们的金属构架或避雷装置或金属本身会将闪电电流导入地下。

(4)在稠密树林中,最好找一块林中空地,选与四周树木差不多远的地方,双脚并拢蹲下。在大树下躲雷雨是极不安全的,因为这种高大物体易受雷击,雷击产生旁侧闪络、接触电压和跨步电压,严重者可致人死亡。

(5)孤立的草棚、茅草屋、亭子等的导电性能都很差,如遇雷击很易起火或震塌。发生雷电时应远离这些处所,以防不测。野外工作者在山间,如路遇山洞也可进入避雷。在洞内站立,并拢双脚,身体任何部位均不能触及洞壁或洞顶。因为山洞是地表的一部分,一旦落雷,接触电压和跨步电压都可能致人死亡。

(6)最好不要到湖泊、河海等处钓鱼和划船,也不要去游泳,因为这些导电体容易引雷。更不要靠近或接触避雷设备的任何部分,以防旁侧闪络、接触电压和跨步电压。

(7)雷电期间,在平坦的开阔地带,最好不要骑马、骑自行车、驾驶摩托车或敞篷拖拉机,因为此时你可能成为周围环境的突出物体而招引雷击。

(8)雷电来临,在室内相对比较安全,但也不乏被雷击伤亡的事例。多数户内死伤是由于雷电引发的大火所致。另外,不少人被雷击是由于他们靠近或触摸了室内的金属管道,如水管、抽水马桶以及通到家用电器的室内电气线路等。当雷电袭击没有安装避雷装置的房间,闪电电流通常沿电话线、照明电线或户外的电视天线的引入线入室,并沿水管或电气线路入地,人体触碰以上物体时,他们的身体就成为闪电电流的部分通路。当室内的某些金属管道接地不好时,闪电电流有时会从这些导体通过空气间隙向人的身体放电。如果室内地板和电气线路潮湿,闪电电流就会在潮湿处漏电。正如人站在遭雷击的树木近旁有可能受到旁侧闪络和接触电压作用一样,在室内受雷击的大多数情况也是由于闪电通过空气间隙向人体放电所引起的。因此,在雷电期间最好尽量远离室内浴室水管、洗涤槽、电话、家用电器以及连到室外的任何金属物体。在雷电多发地区,或有条件的住宅及办公楼、车间、厂房、实验室等处,可在户内安装雷电保护器。

⚡528. 家庭防雷应注意哪些问题？

（1）平时要安装好防雷击的配套设施，应将电线穿于金属管内，以实现可靠的屏蔽保障。另外，在雷雨季节，要请有关人员对防雷设施、消防设备、通信系统等进行定期检查，及时消除可能招致雷击的各种隐患；

（2）打雷时，尽可能地关闭各类家用电器，并拔掉电源插头，以防雷电沿电源线入侵，造成火灾或人员触电伤亡；

（3）发生雷电时，应关闭电视机、电脑，更不能使用电视机的室外天线，若雷电击中电视天线，雷电就会沿着电缆线传入室内，损坏电器，威胁人身安全；

（4）打雷时，不要开窗户，不要把头或手伸出户外，更不要用手触摸窗户的金属架，以防受到雷击；

（5）电闪雷鸣时，勿打手机或有线电话，以防雷电沿通信信号入侵，造成人员伤亡；

（6）若有人遭到雷击，停止呼吸时，应及时进行人工呼吸和外部心脏按压，并迅速送往医院进行救治，以防造成伤亡。

⚡529. 雷电是如何致人伤亡的？

雷电对人的伤害，归纳起来有四种形式：直接雷击、接触电压、旁侧闪击和跨步电压。

直接雷击：在雷电发生时，闪电直接袭击到人体，因为人是一个很好的导体，高达几万到十几万安的雷电电流，由人的头顶部一直通过人体到两脚，流入到大地，人因此而遭到雷击，严重的甚至死亡。

接触电压：当雷电电流通过高大的物体（如高的建筑物、树木、金属构筑物等）泄放下来时，强大的雷电电流，会在这些物体上产生高达几万到几十万伏的电压，人不小心触摸到这些物体时，会发生触电事故。

旁侧闪击：当雷电击中一个物体时，强大的雷电电流通过物体泄放到大地，一般情况下，电流是通过电阻小的通道流动的，人体的电阻很小，如果人就在被雷电击中的物体附近，雷电电流就会把人与物体之间的空气击穿，从侧面使人遭受袭击。

跨步电压：当雷电从云中泄放到大地时，就会产生一个电位场，电位的分布是越靠近地面雷击点的地方电位越高；远离雷击点的电位就低。如果在雷击时，人的两脚站的地点电位不同，就会有电流通过人的下肢，人就会被击伤。

⚡530. 雷击人体的死亡机理是什么？

雷击致人于死的最主要原因，一方面是电流流经心脏致使心室纤维性颤动，心脏失去供血功能造成全身缺血缺氧而死；另一方面是电流流经脑下部的呼吸中枢时，使呼吸中枢麻痹失控，引起呼吸停止，造成全身缺氧致死。但是这种由于电击造成的心室纤维颤动和呼吸中枢麻痹往往是暂时性的，如果电流切断后能够继续供给它的血液和氧气是有可能自行恢复的，可惜的是当雷击过后受害者的心脏已不能供血，肺部停止呼吸无法供氧，这种情况叫作假死。如果没有外界支持，使受害者身体内持续得不到供血和没有充足的氧气供给，那么假死就会发展为真死了。相反，如果通过外界使受害者血液继续循环，呼吸系统继续工作，受害者就会度过难关，心室纤维颤动消失，呼吸中枢麻痹得以恢复，病人就得救了。

⚡531. 雷击对人体的伤害有哪些？遭雷击后的人身上是否带电？

人被雷击中后，会对人体造成三种致命伤害：

一是伤害神经和心脏。强大的雷电脉冲电流通过心脏时，受害者会出现血管痉挛、心搏停止，严重时心脏会停止跳动；雷电电流伤害大脑神经中枢时，也会使受害者停止呼吸。

二是烧伤。强大的雷电流通过人的肌体时会造成电灼伤、肌肉闪电性麻痹甚至烧焦。

三是雷电冲击波造成的内伤。这种伤害是迟发性的，可能表面看着没什么事，其实已经有颅骨骨折和内脏损伤，就算自我感觉没事，也最好去医院做检查，确认是否有内脏、骨骼损伤。

雷击还可能使伤者的衣服着火。但是，遭雷击后的人身上不带电，可以及时进行现场抢救。如果伤者衣服着火，马上让他躺下，使火焰不致烧及面部。也可往伤者身上泼水，或者用厚外衣、毯子把伤者裹住以扑灭火焰。

⚡532. 雷击急救的具体方法有哪些？

对雷击（包括电击）假死，急救最重要、最有效的措施是迅速进行人工呼吸和心脏按压。

(1)人工呼吸。人工呼吸是利用人工的力量帮助病人进行被动呼吸，使病人得到氧气，排除二氧化碳，同时刺激呼吸中枢，达到恢复自主呼吸的目的。常用的人工呼吸法有三种，即口对口吹气法、仰卧人工呼吸法和俯卧人工呼吸法。

(2)心脏按压。呼吸、心跳是人体最重要的两种生命活动。如果呼吸停止了，氧气供应中断，废气无法排出，即使心脏未停，也会因缺氧而很快停止跳动。同样，如果心跳先停，呼吸尚存，氧气也无法送到全身，二氧化碳不能运出，呼吸也会很快停止。所以，在病人生命危急的时候，呼吸与心跳几乎是同时停止的，此时，既要赶快做人工呼吸，也要对停跳的心脏采取急救措施，即要同时进行心脏按压。

心脏按压是用人工的方法帮助心脏复跳,恢复正常血液循环的一种简便方法。

原理:心脏的前方有胸骨、肋软骨和肋骨,后倚脊柱,心外有心包,使心脏不易向周围移动。由于胸骨与肋骨交界处是肋软骨,使前胸富于弹性,用力压迫胸骨下部时,能使胸骨下陷 2~3 cm,从而挤压心脏,把血液压出去。当压力除去时,下陷的胸骨由两侧肋骨支持而恢复原来的位置,心脏因去掉压力而又处于舒张状态,促使静脉血液流回到心脏。所以,肋骨下部受到一压一松而收到心脏"收缩"和"舒张"的效果。但是,心脏的解剖,位置确实是胸部正中偏左,如果压迫左胸部则不但不易挤压着心脏,而且容易压断肋骨,造成人为的损伤。因此,心脏按压的正确部位应是胸骨下部,而不是胸骨左侧。

⚡533. 人工呼吸的注意事项有哪些?

(1)抢救时必须把病人移到空气流通的地方,松开衣扣、腰带,注意避免受凉。

(2)清除病人口中的痰液、血块、泥土和假牙等。

(3)必要时用纱布将舌拉出,防止舌后倒而堵塞呼吸道,将病人的头偏于一侧,以利口内分泌物的流出。

(4)人工呼吸要均匀而有节奏,每分钟以 12~15 次为宜。

(5)人工呼吸须连续进行,不可中断。时间过久,可由数人轮流操作。

(6)绝不可使病人坐起。

(7)施行人工呼吸时,可以肌肉或皮下注射兴奋剂,如 25% 尼可刹米 1~2 ml 或苯甲酸钠咖啡因 0.5 g。

(8)病人有极微弱的自主呼吸时,人工呼吸应和患者自主呼吸节律相一致,不可相反。

(9)病人呼吸恢复正常后才能停止人工呼吸,但应仔细观察呼吸是否再停止。如呼吸再度停止,则应再施行人工呼吸。

(10)只有尸斑出现后确实证明患者已死亡,或受害者已完全恢复自主呼吸后,才可放弃人工呼吸。

⚡534. 人工呼吸的操作方法有哪些步骤?

(1)口对口吹气法:此法操作简单,效果可靠,能维持有效的气体交换量。

①使病人仰卧,头下垫一软枕,使头尽量后仰。

②救护者跪在病人的一侧,用手帕或纱布盖住病人的口鼻。

③救护者先吸一口气,随后将口对病人的口或鼻吹气。在对口(或鼻孔)吹

气时要捏住(或遮住)鼻孔(或口),以免漏气。吹气次数每分钟 16～18 次。每吹入一次后,可用手帕压迫病人胸部,帮助气体呼出。

(2)仰卧压胸法:此种体位和方法对于胸部创伤等伤员不宜采用,操作方法是:

①伤员取仰卧位,即胸腹朝上。

②救护人员屈膝跪于伤员大腿两侧,两手分别放于乳房下面(相当于第六、七对肋骨处),大拇指向内,靠近胸骨下端,其他四指向外,放于胸廓肋骨上。

③救护人员用力向下稍向前推压,其动作要领、速度均与俯卧压背法相同。在施行此法时,应注意勿使病人舌后倒而阻塞呼吸道,故需将舌头拉出。

(3)俯卧压背法:

①使病人俯卧,头偏一侧,一臂弯曲垫于头下。

②救护者跨过病人的大腿部,跪在地上,两臂伸直,两手掌放在病人胸廓下部最低的一对肋骨上,手指分开,然后使自己的体重通过两上肢,从病人的后下方压向前上方,持续几秒钟。

③救护者将上身伸直,两手松开,使胸廓自然扩张而吸入空气,两秒钟后重复施行,每分钟以 12～15 次为宜。

本办法也适用于溺水者,因俯卧时,舌以本身的重力而坠向前,不致阻塞呼吸道,有利于口腔分泌物的排出。

病人为老人或儿童时,用力不宜过猛,避免发生肋骨骨折。

⚡535. 心脏按压的注意事项有哪些?

(1)心脏按压与口对口吹气应同时进行,做一次口对口吹气就挤压心脏 4～5 次。如只有一个人进行抢救,可先对伤员的嘴或鼻孔吹一口气,然后做 4～5 次心脏按压。

(2)按压心脏力量之大小,应依伤者健康与发育情况而定。如身体健康,发育良好者,力量宜大些;对幼儿,不宜用力过猛,一般只需用大拇指挤压即可;对儿童和瘦弱者一般用单手挤压、避免胸骨过分下陷。

(3)按压心脏的动作要稳健有力,速度均匀,重力应在手掌根部,着力点仅在胸骨下部。用力过猛或挤压范围很大时,都容易引起肋骨骨折。

(4)注意防止因按压部位过低而将胃内容物压出,并容易误入气管,故应将伤者的头部适当放低(可在背部垫一枕头),并偏向一侧。

(5)在受害人胸部有严重创伤等情况时,不宜采用本法,应由医务人员酌情做开胸心脏按压术。采用人工呼吸和心脏按压抢救雷电袭击致假死的受害者有时需要 20 多小时甚至 30 多小时才能使之脱险,千万不要半途而废。参加抢救的人员体力消耗是非常大的,所以应尽量多动员年轻力壮的人员,以便接力。有条件的应尽快调用人工呼吸机和心脏按压器参加抢救工作。

536. 心脏按压的操作方法有哪些步骤?

(1)让病人仰卧在木板上,才能使心脏按压取得良好效果,如果躺在柔软而有弹性的床上,挤压效果就差。

(2)救护人员在病人一侧,双手重叠的放在前胸正中,相当于胸骨下二分之一处,约在两乳头连线之中点。

(3)用力向下挤压,有使胸骨下陷的感觉,一般以下压 2～3 cm 为宜,然后放松。如此反复有节奏地进行,每分钟 60～80 次左右。一般认为,当挤压效果较为满意时,在伤员颈动脉或股动脉处可摸到搏动。

第四部分 雷电监测和预警

⚡537. 什么是雷电监测？雷电监测方法有哪些？

对发生在地球大气中雷电天气现象进行跟踪探测的专门业务,称之为雷电监测。目前雷电监测的主要方法有目测、照相、声探测器、闪电计数器、电场仪、脉冲电压记录仪、光谱仪、卫星闪电探测器、雷达探测等。

⚡538. 旋转(场磨)式大气静电场仪的结构和观测原理是什么？

旋转(场磨)式大气静电场仪由定片和动片组成。动片:由间距形状相似的 4 叶片的金属片组成。定片:动片之下,固定不动的金属片。如图 4.1 所示。

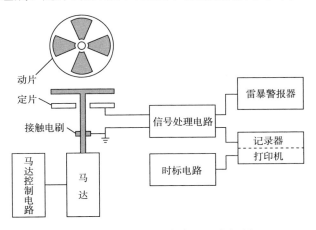

图 4.1 地面大气电场仪原理方框图

当动片旋转时,定片便交替地暴露在大气电场中,由此产生交变电信号,信号的大小与大气电场强度成正比。

⚡539. 大气电场探空仪的原理和结构是什么？

大气电场探空仪用于研究积雨云或其他云中大气电场分布和云中电荷分布。由双球式大气电场感应器、发射机、地面接收系统三部分组成。双球式大气电场感应器由两个相隔一定距离、绕水平轴旋转的金属球体组成。在强大气电场中,两金属球分别感应大小相等、极性相反的交变电荷,其幅值与平行于两旋转球所形成平面的大气电场分量成正比,双球式大气电场感应器输出信号,经发射机传送到地面。

地面接收系统由天线、接收机、数据处理系统和显示装置组成。天线接收的大气电场和温湿信号,通过接收机和数据处理系统,最后输出探测结果。此外探空仪还携带有温度、湿度和测风仪。

540. 闪电单站定位仪系统的原理是什么?

闪电单站定位仪系统是利用闪电电磁场相位差和闪电天、地波到达时间差的原理而制作的。可以测量 250 km 范围内地闪的方位、距离、强度和极性。

541. 闪电的多站定位测量方法有哪些?

(1)磁定向跟踪法(MDF),又称定向法;
(2)闪电信号到达时间(TOA)定位法,又称时差法;
(3)磁定向(MDF)和信号到达时间(TOA)综合法又称时差测向混合法。

542. 多站定位算法中测向法的原理是什么?

测向法,又称为磁定向法,源于无线电测向技术。当发生闪电回击时,向空间辐射很强的电磁波,采用南北、东西方向正交放置的两个环形磁场天线分别探测回击电磁场信号在两个方向上的分量,根据这两个分量可以计算出闪电方位角。中心站根据两个探测仪测得的闪电方位角进行方向交汇定位处理,计算出闪电的位置、强度等参数。由于闪电探测仪的南北、东西方向的天线不能做到严格垂直,以及在传播时电磁波发生折射,所以测向法的误差较大。

543. 时差法的定位原理是什么?

时差法的定位原理是:每个雷电探测仪探测每次闪电回击辐射的电磁波到达各探测仪的绝对时间,这样,每两个探测仪之间有一条时差双曲线,多个探测仪会形成多条时差双曲线,这些双曲线的交点就是闪电回击发生的位置。

544. 时差测向混合法的原理是什么?

结合测向法和时差法就形成了时差测向混合法。其定位原理是:每个雷电探测仪既探测回击发生的方位角,又探测回击辐射的电磁波到达探测站的时间。若有两个探测仪接收到电磁波信号,采用一条时差双曲线和两个方位角的混合算法计算回击位置;若有三个探测仪接收到电磁波信号,在非双解区域,采用时差法,在双解区域,先采用时差法得出双解,然后利用测向法去除假解;若有四个或四个以上探测仪接收到数据时,先取三个探测仪的数据用三站算法进行定位,然后根据最小二乘法,利用其他探测仪的数据校正误差,从而提高三站探测的定位精度。

⚡ 545. 气象台站是如何对雷电进行人工观测和记录的?

近年来,利用闪电电位仪开始对雷电进行监测。在没有使用闪电电位仪以前,气象台站采用人工进行雷电的观测和记录。对雷电的人工观测,一般通过耳听、目测,注意雷电发生的方位,记录大致方向,同时记录第一次闻雷时间为开始时间,最后一次闻雷时间为终止时间。两次闻雷时间相隔 15 分钟或其以内,应连续记载;如两次间隔时间超过 15 分钟,需另记起止时间。如仅闻一声雷,只记开始时间。方向的记录,按东、东南、南、西南、西、西北、北、东北八方位记载。以第一次听见雷声的所在方位为开始方向,最后一次听见雷声的所在方位为终止方向。若雷暴经过天顶,则记天顶;若雷暴起止方向之间达到 180°或者 180°以上,要按雷暴的行径,在起止方向间加记一个中间方向;当起止方向不明或多方闻雷而不易判别系统时,则不记方向。若雷暴始终在一个方位,只记开始方向。

⚡ 546. 什么叫人工引雷?

人工引发雷电是在一定的雷暴条件下向云体发射拖带细金属丝的专用小火箭以人工诱发雷电的专门技术。人工引发雷电使得自然界中随机发生的雷电变得在时间和空间上可知、可控,从而也使人类利用雷电、控制雷电的梦想部分地变成了现实。

向雷雨云发射拖带接地的细金属丝火箭的人工引雷方式称为传统触发方式。这种方式引发的雷电类似于地面高建筑物激发的上行雷。

火箭发射前的地面电场值一般在 4～10 kV/m 之间,火箭触发高度一般在 200～400 m。当火箭离开地面上升时,在其拖带的细金属丝末端会激发起上行先导(一种击穿空气过程),在适宜的环境电场下,上行先导将以 10^5 m/s 的速度向雷雨云底部传输。当它到达雷雨云底部的电荷区时,就在雷雨云和大地之间建立了放电通道,并激发起持续时间数十至数百毫秒的连续电流,称为初始连续电流过程。

在雷雨云底部为正电荷集中区的情况下,人工引发雷电一般在初始连续电流过程之后即行终止,放电的峰值电流一般在千安上下;但在雷雨云底部为负电荷的情况下,初始连续电流过程之后,放电的峰值电流可达数十千安。这些过程和自然闪电的同类过程是完全相似的。

20 世纪 90 年代以来,又进一步发展完善了所谓"空中触发"技术,即火箭拖带细金属丝的下端不直接接地,而是通过一段数十至数百米的绝缘尼龙线再和地面连接。

这样当细金属丝被火箭带到空中后,在其上端及下端与尼龙线的连接处会在雷雨云电场作用下分别激发起上行和下行先导,它们在环境电场作用下分别向雷雨云和地面双向传输,进而产生类似自然闪电回击一样的强烈放电过程。用空中触发方式引发的雷电其性质更接近于自然雷电,更适宜于研究雷电和地面目标物相互作用的机理和过程。

⚡547. 什么是雷电监测和预警?

雷电监测和预警是指使用雷电探测的仪器设备测量地球大气中发生的闪电电场、闪电发生的时间和位置、闪电的频次、闪电发生区域、闪电电流、闪电回击峰值电流、地面电流,以及使用天气雷达和气象卫星探测闪电天气的雷达回波参数、卫星图像及其相关参数,检测雷电天气现象的发生发展和演变。结合常规地面高空观测的雷电天气发生发展资料,综合分析判断雷电天气未来短时间内持续、加强、减弱和移动方向、位置的预报。

⚡548. 什么是雷电监测和预警系统?

雷电监测系统是由雷电探测和雷电探测信息收集处理两大部分组成。大气电场仪、闪电定位仪等组成雷电探测和探测信息发送部分,对闪电信号进行连续观测记录,并自动把记录信号发送到雷电探测收集处理中心,进行强度、定位、极性、频次等处理,分发给用户。

雷电预警系统是把从雷电探测收集处理中心的雷电探测信息与天气雷达、气象卫星以及常规的地面、高空探测资料进行有机组合、统计、分析判断,做出未来 15 分钟到 1 小时的雷电发生的概率预报,给出强度不同的预警信号。

雷电监测系统和雷电预警系统总是结合在一起的,称之为雷电监测和预警系统。

⚡549. 雷电监测预警的目的和意义是什么?

雷电监测预警在雷电的研究、探测和防护中具有重要的地位。首先,雷电监测预警能提供长期的、大范围的、准确的闪电位置、闪电强度等参量,这些闪电参量可用于进一步研究闪电放电过程和闪电活动的气候规律,从而增加人们对雷电的认识,促进了雷电科学的发展。目前,美国、加拿大、巴西、委内瑞拉、法国、英国、新加坡、日本和澳大利亚等国都建立了雷电监测定位网,积累了丰富的闪电参量的观测资料,有关闪电活动规律的研究十分活跃。

其次,雷电监测预警通过实时监测闪电的发生发展情况,判断出雷暴的移动方向及速度并发出预警。可以应用于常规气象业务预报,或对一些需要重点防雷的区域进行监测预警,如为森林、航空航天、电力系统、建筑施工、风景区和娱乐场所以及矿区提供雷暴的监测和预警,减小雷电所带来的损失。例如,建立雷电监测预警系统之前,美国曾多次发生运载火箭遭雷击的事故。后来,美国建立了国家闪电监测网(NLDN)和 KSC 发射场的雷电监测预警系统,综合地面电场仪、雷电探测仪的探测数据以及气象资料进行雷电预警,有效地减少了雷击事故的发生。中国西昌卫星发射中心也建立了雷电监测定位系统,用于实时监测预警雷电。在雷雨季节进行发射活动时,同时利用雷电监测定位系统和地面电场仪进行雷电预警,保障了火箭发射的安全。

最后,闪电监测定位资料的积累和闪电活动规律的研究,可为合理设计雷电防护过程提供参考。如在对电力、电信、铁路和建筑等设施进行选址和规划时,应该尽量避开闪电活动频繁的地区,或者增强设施的雷电防护等级。

由此可见,建立雷电监测预警系统,具有巨大的理论价值和经济效益。能促进雷电科学的发展;能指导人们及时有效地做好雷电防护工作,减少雷电危害,为经济和国防建设提供服务。

⚡ 550. 雷电监测预警系统的主要功能是什么?

雷电监测预警系统的两大主要功能是实现雷电的监测定位和雷电的预警。雷电监测定位包括测定雷击点的位置和发生时间,实时探测闪电参数及实时监测闪电活动。从雷电探测的内容看,它可以探测闪电每次回击过程的时间、位置、极性、峰值强度、波形特征参量(陡点时间、峰点时间、波形半周过零点时间等)、陡点值,通过 Maxwell 方程组还可导出放电电荷量、闪电辐射功率等参数。

⚡ 551. 如何根据雷电谚语进行雷暴预警?

民间群众常根据雷声预测天气,"雷公先唱歌,有雨也不多",这条谚语指的是未下雨之前就雷声隆隆,表明这次下雨常是局部地区受热不均等热力原因形成的,又叫热雷雨,雨量不大,时间很短,局地性强,常出现"夏雨隔条河""大雨隔牛背"的现象。"先雨后雷下大雨,不紧不慢连阴雨""雷声水里推磨,下雨漫满河"。这几条谚语指先下雨,雨后静风、闷热,雨势越来越猛,雷声不绝,预示要降暴雨;如在降雨过程中,雷声不紧不慢,打打停停,预示会出现连续阴雨。"西南雷轰隆,大雨往下冲",指西南方位起雷暴,来得慢,雨势猛,时间长。"西北雷声响,雹时水滴滴",西北方雷雨来得快,结束快,风力大,有红云时还会降冰雹。

"东北方响雷,雨量不大"、"东南雷声响,不见雨下来",也是根据打雷的方向判定雨量的大小。

⚡552. "冬雷震"是不祥之兆吗?

"冬雷震"现在有人认为这种现象很不吉利。不仅是"冬雷震",其他一些反常的自然天气现象也被人们作为不祥之兆,这是迷信。冬天天气如果特别暖和,使积雨云发展起来的话,在某个高度上就可能生成雷电,而打雷与否就取决于气象状况的改变,和那种迷信的观点毫无关系。反常的自然现象视为不祥之兆的观念是错误的,天气现象的变化是由自然界的规律决定的,出现反常的自然天气现象和许多因素有关,有些因素现在不是很清楚,但随着科学的发展、研究的深入总是会搞清楚的。

⚡553. 如何获取雷电预警信息?

(1)收看电视天气预报节目。
(2)收听电台广播。
(3)查阅报纸。
(4)上网查询。
(5)电话查询。

⚡554. 雷电预警信号及其防护措施是什么?

雷电预警信号共分为黄、橙、红三个等级,逐级增强。6小时内可能发生雷电活动,可能会造成雷电灾害事故的为黄色级别。2小时内发生雷电活动的可能性很大,或者已经受雷电活动影响,且可能持续,出现雷电灾害事故的可能性比较大的为橙色级别。2小时内发生雷电活动的可能性非常大,或者已经有强烈的雷电活动发生,且可能持续,出现雷电灾害事故的可能性非常大的为红色级别。

不同级别的雷电预警信号,采取的防御措施也不一样。对于市民来说,收到黄色级别的预警信号,要尽量避免户外活动,在户外且附近没有安全庇护场所的人员应尽快返回,游乐场所尽快安排停运户外设施,并把游人安置到安全场所,注意接收后续天气预报预警信号。升级为橙色预警后,除停止户外活动外,不要在树木、塔吊、变压器下及孤立的棚子和小屋里避雨。收到雷电红色预警信号后,人员应当尽量躲入有防雷设施的建筑物或者汽车内,并关好门窗;切勿接触天线、水管、铁丝网、金属门窗、建筑物外墙,远离电线等带电设备和其他类似金属装置;尽量不要使用无防雷装置或者防雷装置不完备的电视、电话等电器;密切注意雷电预警信息的发布；在空旷场地不要打伞，要切断危险电源，远离电线、变压器等带电设备，远离铁塔、烟囱、电线杆、旗杆、各种天线等高大物体，远离建筑物的接闪杆及其引下线等。如图 4.2 为三种不同级别的雷电预警符号。

雷电黄色预警符号　　　　　雷电橙色预警符号　　　　　雷电红色预警符号

图 4.2　三种不同级别的雷电预警符号图

第五部分　雷电灾害调查鉴定和风险评估

⚡ 555. 什么是雷电灾害？

雷电灾害泛指雷击或者雷电电磁脉冲侵入和影响造成人员伤亡或财产受损、部分或全部功能丧失，酿成不良的社会和经济后果的事件。雷电灾害的损失包括直接的人员伤亡和经济损失，以及由此衍生的经济损失和不良社会影响。

⚡ 556. 雷电灾害划分为几个级别？

雷击后果可能造成四种情况，一是人受到伤害，物也遭受损失；二是人受到伤害，而物没有遭受损失；三是人没有伤害，物遭受损失；四是人没有伤害，物也没有遭受损失，只有间接的经济损失。根据雷击造成的后果，重庆市 2006 年颁布的《雷电灾害调查与鉴定技术规范》将雷电灾害划分为四个级别：

特别严重灾害，指一次雷击造成某一区域一次死亡、重伤 20 人以上（含 20 人），或直接经济损失 500 万元以上的雷电灾害；

严重灾害，指一次雷击造成某一区域一次死亡、重伤 5～19 人，或因雷击造成严重威胁人民群众生命安全的衍生事故或造成直接经济损失 50 万元以上的雷电灾害；

较重灾害，指一次雷击造成某一区域一次死亡、重伤 1～4 人，或造成电力、交通、通信等基础设施损毁，严重影响威胁人民群众的生活、生产的电击灾害，或造成直接经济损失 10 万元以上的雷电灾害。

一般灾害，除上述三种以外的雷电灾害事故。

⚡ 557. 地区雷暴日等级是如何划分的？

《建筑物电子信息系统防雷技术规范》（GB 50343—2012）中规定，地区雷暴日等级根据年平均雷暴日数划分为少雷区、中雷区、多雷区和强雷区。其中，年平均雷暴日在 25 天及以下的地区为少雷区；年平均雷暴日大于 25 天，不超过 40 天的地区为中雷区；年平均雷暴日大于 40 天，不超过 90 天的地区为多雷区；年平均雷暴日超过 90 天的地区为强雷区。

⚡ 558. 爆炸危险场所是如何划分的？

《建筑物防雷设计规范》(GB 50057—2010)中划分防雷类别时,涉及爆炸危险场所的类别。其中,0区是指连续出现或长期出现或频繁出现爆炸性气体混合物的场所。1区是指在正常运行时可能偶然出现爆炸性气体混合物的场所。2区是指在正常运行时不可能出现爆炸性气体混合物的场所,或即使出现也仅是短时存在的爆炸性气体混合物的场所。20区是指以空气中可燃烧性粉尘云持续地或长期地或频繁地短时存在于爆炸性环境中的场所。21区是指正常运行时,很可能偶然地以空气中可燃烧性粉尘云形式存在于爆炸性环境中的场所。22区是指正常运行时,不太可能以空气中可燃烧性粉尘云形式存在于爆炸性环境中的场所,如果存在仅是短暂的。

⚡ 559. 如何进行雷电灾害调查？

雷电灾害调查是掌握整个雷击事故发生原因、过程、人员伤亡和经济损失情况的重要工作,它根据调查结果分析事故责任,提出处理意见和事故预防措施,并撰写雷电灾害调查报告书。调查工作需要按照一定程序进行,主要包括组成调查组、制定调查计划、现场勘察、人员调查询问及雷电灾害鉴定等,并收集各种物证、人证和事故事实材料(包括人员、作业环境、设备、管理和事故过程的材料)。调查结果是进行雷电灾害分析的基础材料。

⚡ 560. 雷电灾害分析方法主要有几种？

雷电灾害分析方法分为直接分析法和逻辑分析法。逻辑分析法包括事故树分析法、事件树分析法、故障假设/安全检查表分析法、失效模式与影响分析法、原因—结果分析法等方法。在雷电灾害调查实际中,由于种种原因不能及时赶赴雷击事故现场调查,第一现场可能破坏,导致无法采用直接分析方法,这种情况下,逻辑分析法则成为雷电灾害调查的主要方法。

⚡ 561. 什么是雷电灾害鉴定？

雷电灾害鉴定是指通过对雷击事故现场勘察中发现并收集的各种痕迹与物证的审查、分析、检验和鉴定,并根据这种痕迹物证的本质特征,分析它的形成条件及与雷击的联系,从而判定是否是雷击所造成。

⚡ 562. 什么是雷电灾害调查鉴定中的痕迹与物证？

痕迹与物证是指一切能够证明雷击发生的痕迹和物品,包括由于雷击发生而使现场上原有物品产生的一切变化和变动。痕迹与物证是事故调查的重要证据之一,尤其是在缺少证人证言的现场勘察中更能起到决定性作用。雷击过程是一个复杂的物理、化学过程,事故现场常见的痕迹物证有炭化痕迹、熔化与变形痕迹、破裂痕迹、变形痕迹和人体灼伤痕迹等。

⚡ 563. 雷电灾害调查鉴定方法有哪些?

雷电灾害调查鉴定主要有化学分析鉴定、物理分析鉴定、模拟试验、直观鉴定和法医鉴定等方法。其中物理分析鉴定是对物质物理特性的测定,包括金相分析、剩磁检验、力学性能测定和断面观察等方法。

⚡ 564. 如何使用剩磁检验法进行雷电灾害调查鉴定?

剩余磁感应强度是指磁体从磁化至技术饱和并去掉外磁场后,所保留的磁感应强度。剩磁数据是指铁磁体被导线短路电流及雷电流形成的磁场化后所保留的磁性数据,单位为毫特斯拉(mT)。处于磁场中的铁磁体被磁化后保持磁性的大小与电流的大小和距离有关。在雷电灾害现场中,当怀疑灾害是由雷击引起,而又无熔痕可作依据时,则采用对导线及雷击周围铁磁体进行剩磁检测的方法,依据剩磁的有无和大小判定是否出现过短路及雷击现象,为认定灾害原因提供技术依据。

使用剩磁检验法判定时,在接闪杆杆尖端剩磁数据为 0.6~1.0 mT;雷电通道的杂散铁件、钉类、钢筋及金属管道的剩磁数据为 1.0~1.5 mT;雷电流垂直通过 1 m×2 m 铁板,铁板四角剩磁数据为 2.0~3.0 mT;当接闪线上流过20 kA电流时,接闪线上预埋支架、U 形卡子剩磁数据为 2.0~3.0 mT。当现场中处于不同部位的相同设施上均有电气线路通过时,测量线路附近设施上金属构件剩磁数据,通过对比所测剩磁数据的有无,可判定设施上通过的导线是否发生过短路。测量时如能发现剩磁值由强到弱的变化规律,再结合所测数据,可进一步判定该导线是否曾发生过短路。

⚡ 565. 什么是雷击灾害风险评估?

灾害风险评估是指为了评估风险而对特定风险做评价与估算的一个过程。

一般采用两类方法进行评估灾害风险,即相对值法和绝对值法。灾害风险评估的关键是评估体系(评估结构)和评估参数(评估指标)。灾害风险评估包括定性评估和定量评估。

雷击灾害风险评估就是对与雷击相关联的损失进行估计,具体地说,就是根据已掌握的统计资料确定损失发生的概率及严重程度,确定种种潜在损失可能对经济、单位、个人或家庭造成的影响。风险评估是具体的统计上的计算和分析,是对雷击风险损失可能性及损失程度的定量化的研究。例如,计算雷击风险事件可能发生的次数、每次雷击可能造成损失的金额及年度总的可能损失金额等,即必须确定雷击风险事件损失发生的概率分布和严重程度。

⚡ 566. 雷击灾害风险评估的意义是什么?

雷电灾害被国际十年减灾委员会确定为对人类生活影响最严重十大自然灾害之一。雷击灾害是一种典型的自然风险。

雷击灾害风险评估是确定一个建筑物、一个工程项目、一个单位要不要进行雷电防护,按照什么样的标准进行工程设计,能不能够设计出科学、合理、经济、安全的防雷工程的重要依据。有了雷击风险评估结果,就可以考虑如何有效地控制和处理雷击风险,即选择应采取的各种避免损失和控制损失的对策,分析各对策的成本及后果,根据本单位的经济状况及风险管理的总方针和特定目标,确定各种对策的最佳组合,达到以最小费用开支获得最大防范和应对风险发生的目的,保护人们的生命财产安全,推进和谐社会健康发展。因此,雷电灾害风险评估是有效地控制和处理雷击风险的依据,是防雷减灾工作的重要内容。

⚡ 567. 雷击灾害风险评估中需要统计哪些计算参数?

雷击灾害风险评估中需要统计计算的参数主要包括雷击次数 N、雷击概率 P、雷灾损失 D、雷灾风险 R 和雷电防护级别与防护效率 E 共 5 类基本参数,所有参数共同形成一个评估参数体系。

⚡ 568. 雷击灾害风险损害源和损害类型有哪些?

雷击灾害风险损害源(S)包括雷击建筑物(S1)、雷击建筑物附近(S2)、雷击服务设施(S3)和雷击服务设施附近(S4)。雷击损害的类型(D)包括生物伤害(D1),物理损害(D2)和电气、电子系统失效(D3)。

⚡ 569. 雷击灾害风险的损失类型和损失风险有哪些?

雷击引起的损失类型(L)有:人员生命损失(L1)、公众服务损失(L2)、文化遗产损失(L3)和经济损失(L4)。雷击损坏风险(R)包括人员生命损失风险(R1)、公众服务损失风险(R2)、文化遗产损失风险(R3)和经济损失风险(R4)。

⚡ 570. 雷击灾害风险如何计算?

雷击灾害风险(R)是各风险分量(R_x)的总和,在计算风险值时,一般是按照雷击灾害损害源和损害类型把风险分为各种分风险,计算各个分风险的公式为:$R_x = N_x \times P_x \times L_x$。其中,$N_x$ 为每年危险事件的次数,P_x 为损害概率,L_x 为间接损失。总风险 $R = \sum R_x$。

571. 雷电灾害风险评估的基本原则是什么?

(1)必须保证雷电灾害风险评估依据的历史资料的完整性和可靠性;

(2)必须保证评估使用的现场勘测资料的完整性和可靠性;

(3)认真调查评估对象被雷击的历史并认真进行分析;

(4)根据评估对象,选择评估标准;

(5)重视风险承担者的参与;

(6)评估报告包含风险控制对策。

572. 雷电灾害风险评估的基本程序是什么?

(1)接受委托,确定评估对象,明确评估范围;

(2)收集资料,包括雷电环境资料、地理信息资料、建设工程土建资料以及设备资料;

(3)进行工程分析,主要对以上资料进行分析;

(4)进行现场勘测与调研;

(5)选择评估标准,包括评估体系、评估指标及其基准值,确定评价方法,包括评估公式,指定评估方案;

(6)进行分析与评估;

(7)提供评估结论,包括评估等级,编制评估报告,报告内需提出适当的对策与相应的措施;

(8)提交报告给用户。

第六部分　防雷减灾管理

⚡573. 我国哪一部现行法律明确规定了防雷工作的组织管理部门是各级气象主管机构？

自 2000 年 1 月 1 日起施行的《中华人民共和国气象法》。

⚡574.《中华人民共和国气象法》中对雷电灾害防护装置是如何规定的？

《中华人民共和国气象法》第三十一条规定："安装的雷电灾害防护装置应当符合国务院气象主管机构规定的使用要求。"

第三十七条规定："违反本法规定，安装不符合使用要求的雷电灾害防护装置的，由有关气象主管机构责令改正，给予警告。使用不符合使用要求的雷电灾害防护装置给他人造成损失的，依法承担赔偿责任。"

⚡575. 根据防雷装置设计审核和竣工验收规定，防雷装置的设计实行什么制度？

防雷装置的设计实行审核制度。防雷装置设计审核制度的主管机构负责本行政区域内的防雷装置的设计审核。

设计审核符合要求的，由负责审核的主管机构出具核准文件；不符合要求的，负责防雷装置设计审核的主管机构提出整改要求，退回申请单位修改后重新申请设计审核。未经审核或者未取得核准文件的设计方案，不得交付施工。

⚡576. 根据防雷装置设计审核和竣工验收规定，防雷装置的竣工实行什么制度？

防雷装置实行竣工验收制度。防雷装置实行竣工验收的主管机构负责本行政区域内的防雷装置的竣工验收。

负责防雷装置实行竣工验收的主管机构接到申请后,应当根据具有相应资质的防雷装置检测机构出具的检测报告进行核实。符合要求的,由负责主管机构出具验收文件。不符合要求的,负责验收的主管机构提出整改要求,申请单位整改后重新申请竣工验收。未取得验收合格文件的防雷装置,不得投入使用。

⚡ 577. 根据防雷减灾管理规定,已投入使用后的防雷装置的检测实行什么制度?

投入使用后的防雷装置实行定期检测制度。防雷装置应当每年检测一次,对爆炸和火灾危险环境场所的防雷装置应当每半年检测一次。

防雷装置检测机构对防雷装置检测后,应当出具检测报告。不合格的,提出整改意见。被检测单位拒不整改或者整改不合格的,防雷装置检测机构应当报告当地主管机构,由当地主管机构依法做出处理。

⚡ 578. 防雷产品的使用,应当接受什么机构的监督检查?

防雷产品的使用,应当接受省、自治区、直辖市主管机构的监督检查,禁止使用未经认可的防雷产品。

⚡ 579. 哪些建设工程项目应当进行雷电灾害风险评估?

防雷减灾管理规定:大型建设工程、重点工程、爆炸和火灾危险环境、人员密集场所等项目应当进行雷电灾害风险评估,以确保公共安全。

⚡ 580. 雷电灾害调查和鉴定工作由什么部门负责?

《防雷减灾管理办法》规定,雷电灾害调查、鉴定和评估工作由各级气象主管机构负责。遭受雷电灾害的组织和个人,应当及时向当地气象主管机构报告,并协助当地气象主管机构对雷电灾害进行调查和鉴定。

⚡ 581. 防雷工程专业设计、施工资质实行等级管理制度,资质等级共分为几级? 各由什么机构认定? 受理时间有何规定? 防雷工程专业资质的认定应遵循什么原则?

防雷工程专业设计、施工资质等级共分为甲、乙、丙三级。国务院主管机构负责全国防雷工程专业资质的监督管理工作。省、自治区、直辖市主管机构负责本行政区域内防雷工程专业资质的管理和认定工作。防雷工程专业资质的受理时间为每年的 3 月和 11 月。

防雷工程专业资质的认定应当遵循公开、公平、公正以及便民、高效和信赖保护的原则。防雷产品生产、经销、研制单位不得申请防雷工程专业设计资质。防雷工程专业设计或者施工单位,应当按照有关规定取得相应的资质证书后,方可在其资质等级许可的范围内从事防雷工程专业设计或者施工。禁止无证或者超出资质等级的单位承担防雷工程专业设计或者施工。

⚡582. 国家对从事防雷工程及检测的单位及个人是如何规定的?

对从事防雷工程专业设计、施工和防雷检测的单位实行资质认定,对从事防雷专业技术的人员实行资格认定。从事防雷工程专业设计、施工和防雷检测的单位,应当按照有关规定取得省级以上主管机构颁发的防雷工程专业设计、施工和检测资质证后,方可在其等级许可的范围内从事防雷工程专业设计、施工和检测工作。

从事防雷工程设计、施工和检测的个人,必须经省级以上主管机构或其他有关部门认可的组织进行专业培训和考核,取得相应的资格证书。

⚡583. 防雷工程专业设计和施工资质的有效期是如何规定的? 跨地区如何施工?

防雷工程专业设计和施工资质的有效期为三年。在有效期满三个月前,申请单位应当向原认定机构提出延续申请。原认定机构根据年检记录,在有效期满前一个月内做出是否延续的决定,并办理相关手续。

取得资质的单位如果发生分立、合并、更名的,应当在工商行政管理部门批准后三十个工作日内,向原认定机构办理资质证的注销或者变更手续。

取得资质的单位,需要承接本省、自治区、直辖市行政区域外防雷工程的,应当到工程所在地的省、自治区、直辖市气象主管机构备案,并接受当地气象主管机构的监督管理。

⚡584. 防雷减灾宗旨是什么? 实现防雷减灾宗旨应该做好哪些方面的工作?

防雷减灾宗旨是加强雷电灾害防御工作,保护国家利益和人民生命财产安全,维护公共安全,促进经济建设和社会发展。实现防雷减灾宗旨应该做好雷电监测和预警、雷电防护工程设计审核、防雷工程设计和施工、防雷装置检测、雷电灾害调查及鉴定和评估、防雷产品生产制造等方面的工作。

⚡585. 防雷减灾对防雷装置是如何定义的?

防雷减灾管理所称防雷装置,是指接闪器、引下线、接地装置、电涌保护器及其他连接导体的总称。

⚡586. 外国组织和个人在中华人民共和国领域和中华人民共和国管辖的其他海域从事防雷减灾活动,我国相应政策是如何规定的?

外国组织和个人在中华人民共和国领域和中华人民共和国管辖的其他海域从事防雷减灾活动,应当经国务院气象主管机构会同有关部门批准,并在当地省级气象主管机构备案,接受当地省级气象主管机构的监督管理。

⚡587. 防雷工程检测单位的工作职责是什么?

防雷工程检测单位应根据防雷检测的单位资质认定,取得省、自治区、直辖市主管机构颁发的防雷检测单位资质;对单位或者个人已安装防雷装置,按照国家有关标准和规范,进行认真检测,并保证防雷检测的真实性、科学性、公正性;对隐蔽工程进行逐项检测,并对检测结果负责;检测完成后写出检测报告,检测报告作为竣工验收的技术依据,不合格的,提出整改意见。被检测单位拒不整改或者整改不合格的,报告当地主管机构责令其限期整改;接受当地主管机构和当地人民政府安全生产管理部门的管理和监督检查。

⚡588. 申请防雷装置设计审核应当提交哪些材料?

(1)《防雷装置设计审核申请书》;

(2)总规划平面图;

(3)设计单位和人员的资质证和资格证书的复印件;

(4)防雷装置初步设计说明书、初步设计图纸及相关资料;

需要进行雷电灾害风险评估的项目,应当提交雷电灾害风险评估报告。

⚡589. 申请防雷装置竣工验收应当提交哪些材料?

(1)《防雷装置竣工验收申请书》;

(2)《防雷装置设计核准意见书》;

(3)施工单位的资质证和施工人员的资格证书的复印件;

(4)取得防雷装置检测资质的单位出具的《防雷装置检测报告》;

(5)防雷装置竣工图纸等技术资料;

(6)防雷产品出厂合格证、安装记录和符合国务院气象主管机构规定的使用要求的证明文件。

⚡ 590. 防雷工程设计的一般程序是什么?

(1)了解用户需求;

(2)现场勘查;

(3)依据技术标准编制方案;

(4)部门内部技术论证;

(5)技术方案报送当地气象主管机构审查。

⚡ 591.《防雷减灾管理办法》规定了防雷装置的检测周期,其理由是什么?

《防雷减灾管理办法》规定了防雷装置的检测周期,是因为:①安全工作责任重大,必须做到万无一失。防雷工作是安全工作的一部分,也必须做到万无一失。②防雷设施经过一段时间的使用,会发生氧化、锈蚀,会遭受自然或人为机械力的破坏,设施本身经常受到雷电冲击,也会出现局部熔断、损毁。失效的防雷设施比没有防雷设施更危险。为确保防雷设施真正起到防雷作用,必须严格按规定对防雷设施进行定期检测,发现问题及时整改。

⚡ 592. 建设项目防雷工程验收人员的职责要求是什么?

(1)熟悉国家和政府的各项防雷政策法规。

(2)掌握相关的防雷知识及验收要求。

(3)熟悉相关的防雷规范。

(4)熟悉建设项目防雷工程审核、检测及验收流程。

(5)能够看懂各类防雷施工图纸。

(6)严格执行各项政策法规和防雷标准。

(7)严格执行气象部门公开办事制度、廉政制度,做到文明服务。

(8)取得市防雷办颁发的上岗资格证书。

⚡ 593. 防雷工程专业乙级资质单位可以从事哪些防雷工程项目的设计或施工?

《建筑物防雷设计规范》规定的第二、三类防雷建筑物,包括建(构)筑物直击雷防护工程、整改工程及新增防直击雷工程项目。

除可进行丙级感应雷防护工程外,还可承担的工程项目有:无线寻呼台,移动通信中继站,中型电视台,一般雷达站、微波站、导航站,闭路电视监控系统、中型自动控制系统、中型程控电话,中型计算机网络等中型防雷工程项目。

⚡594. 对违反防雷减灾工作中哪些行为,防雷减灾主管机构应给予处罚?

(1)不具备防雷检测、防雷工程专业设计或者施工资质,擅自从事防雷检测、防雷工程专业设计或者施工的;

(2)超出防雷工程专业设计或者施工资质等级从事防雷工程专业设计或者施工活动的;

(3)防雷装置设计未经当地气象主管机构审核或者审核未通过,擅自施工的;

(4)防雷装置未经当地气象主管机构验收或者未取得合格证书,擅自投入使用的;

(5)应当安装防雷装置而拒不安装的;

(6)使用不符合使用要求的防雷装置或者产品的;

(7)已有防雷装置,拒绝进行检测或者经检测不合格又拒不整改的。

⚡595. 申请防雷工程专业设计或者施工资质的单位必须具备哪些基本条件?

(1)企业法人资格;

(2)有固定的办公场所和防雷工程专业设计或者施工的设备和设施;

(3)从事防雷工程专业的技术人员必须取得《防雷工程专业设计资格证》;

(4)有防雷工程专业设计或者施工规范、标准等资料并具有档案保管条件;

(5)建立质量保证体系,具备安全生产基本条件和完善的规章制度。

⚡596. 申请甲级防雷工程专业设计或者施工资质必须具备哪些条件?

(1)企业法人资格;

(2)有固定的办公场所和防雷工程专业设计或者施工的设备和设施;

(3)从事防雷工程专业的技术人员必须取得《防雷工程专业设计资格证》;

(4)有防雷工程专业设计或者施工规范、标准等资料并具有档案保管条件;

(5)建立质量保证体系,具备安全生产基本条件和完善的规章制度。

(6)注册资本人民币一百五十万元以上;

(7)三名以上防雷相关专业高级技术职称人员,六名以上中级技术职称人员,并具有一定数量的辅助技术人员;

(8)近三年完成二十个以上第二类建(构)筑物综合防雷工程,防雷工程总营

业额不少于八百万元,至少有一个防雷工程项目的营业额不少于一百五十万元;

(9)所承担的防雷工程,必须经过当地气象主管机构的设计审核和竣工验收;

(10)已取得乙级资质,近三年年检连续合格。

⚡ 597. 申请丙级防雷工程专业设计或者施工资质的单位必须提供哪些申报材料?

(1)申请报告;

(2)《防雷工程专业设计资质申请表》或者《防雷工程专业施工资质申请表》;

(3)《企业法人营业执照》、《税务登记证》(国税和地税)和《法人组织代码证》正、副本的原件及复印件;

(4)《专业技术人员简表》,高级、中级技术人员职称证书和《防雷工程资格证书》的原件及复印件;

(5)企业质量管理手册和防雷工程质量管理手册。

⚡ 598. 建设单位办理防雷工程审核登记后,审核单位应在多长时间内出具审核意见?

建设单位办理防雷工程审核登记后,审核单位应当在受理之日起二十个工作日内完成审核工作。

防雷装置设计文件经审核符合要求的,颁发《防雷装置设计核准意见书》;不符合要求的,出具《防雷装置设计修改意见书》,申请单位进行设计修改后,按照原程序重新申请设计审核。

⚡ 599. 验收单位收到齐全的申请验收材料后,应在多长时间内出具验收意见书?

验收单位收到齐全的申请验收材料后,主管机构应当在受理之日起十个工作日内做出竣工验收结论。

防雷装置经验收符合要求的,出具《防雷装置验收意见书》;验收不符合要求的,当出具《防雷装置整改意见书》。整改完成后,按照原程序重新申请验收。

⚡ 600. 如何理解《气象灾害防御条例》第二十四条中依法取得建设工程设计、施工资质的单位,可以在核准的资质范围内从事建设工程雷电防护装置的设计、施工?

一是所从事的雷电防护装置设计、施工应与其建设工程设计、施工等级和业

务范围相对应,不得超越资质等级或者业务范围从事建设工程雷电防护装置的设计、施工;

二是所设计、施工的雷电防护装置必须是其承担的建设主体工程的相应雷电防护装置,并与建设主体工程的设计、施工同时进行。

如果需要从事非自身承担的建设主体工程或跨资质范围的雷电防护装置的设计、施工,必须具备规定的条件,并取得国务院主管机构或者省、自治区、直辖市主管机构颁发的资质证。

参考文献

陈家斌. 2003. 接地技术与接地装置. 北京:中国电力出版社.

陈渭民. 2003. 雷电学原理. 北京:气象出版社.

川濑太郎. 2001. 接地与接地系统. 冯允平译. 北京:科学出版社.

川濑太郎,高桥健彦. 2003. 接地技术. 马杰译. 北京:科学出版社.

杜辉,伏建国,等. 2003. 对流风暴内的闪电频数和闪电类型(1)——结果和讨论//许小峰,郭
　　虎,廖晓农,等. 国外雷电监测和预报研究. 北京:气象出版社:610-621.

广东省防雷中心,广州市防雷减灾办公室编译. 2001. 国际防雷技术标准规范汇编.

郭昌明. 1992. 关于大气电学的若干问题//叶笃正. 地球科学:进展、趋势、发展战略研究. 北
　　京:气象出版社:322-324.

郭虎,陈鲜艳,等. 2003. 对流风暴内的闪电频数和闪电类型(2)——观测结果和方法论//许小
　　峰,郭虎,廖晓农,等. 国外雷电监测和预报研究. 北京:气象出版社:600-609.

李秀连,杜辉,蔡晓云,等. 2003. 强风暴的起电//许小峰,郭虎,廖晓农,等. 国外雷电监测和预
　　报研究. 北京:气象出版社:579-581.

梁丰,陈鲜艳,等. 2003. 对流风暴内的闪电频数和闪电类型(1)——模式简介//许小峰,郭虎,
　　廖晓农,等. 国外雷电监测和预报研究. 北京:气象出版社:591-599.

刘继. 1982. 电气装置的过电压保护. 北京:电力工业出版社.

梅卫群,江燕如. 2003. 建筑防雷工程与设计. 北京:气象出版社.

苏邦礼,等. 1996. 雷电与避雷工程. 广州:中山大学出版社.

孙景群. 1987. 大气电学基础. 北京:气象出版社.

孙景群. 1995. 大气电学手册. 北京:科学出版社.

宛霞,李强,等. 2003. 新墨西哥州雷暴的起电//许小峰,郭虎,廖晓农,等. 国外雷电监测和预
　　报研究. 北京:气象出版社:582-590.

汪道洪,郄秀书,郭昌明. 2000. 雷电与人工引雷. 上海:上海交通大学出版社.

王振华. 2003. 雷电灾害与雷电预警防雷避雷技术操作标准规范. 北京:银声音像出版社.

肖稳安,张小青. 2006. 雷电与防护技术基础. 北京:气象出版社.

许小峰,郭虎,廖晓农,等. 2003. 国外雷电监测和预报研究. 北京:气象出版社.

虞昊,臧庚媛,张勋文,等. 1995. 现代防雷技术基础. 北京:清华大学出版社.

张蔷. 2003. 与雷暴(日)定义有关的几个问题//许小峰,郭虎,廖晓农,等. 国外雷电监测和预
　　报研究. 北京:气象出版社:60-66.

张纬钹,何金良,高玉明. 2002. 过电压防护及绝缘配合. 北京:清华大学出版社.

张小青. 2000. 建筑物内电子设备的防雷保护. 北京:电子工业出版社.

张小青. 2003. 建筑防雷与接地技术. 北京:中国电力出版社.

中国气象局发布. 2001. 中华人民共和国气象行业标准:QX 2—2000 新一代天气雷达站防雷
　　技术.

中国气象局发布. 2001. 中华人民共和国气象行业标准:QX 3—2000 气象信息系统雷击电磁

脉冲防护规范.

中国气象局发布. 2001. 中华人民共和国气象行业标准:QX 4—2000 气象台(站)防雷技术规范.

中华人民共和国国家质量技术监督局、中华人民共和国建设部联合发布. 2000. 中华人民共和国国家标准:GB 50057—94 建筑物防雷设计规范.

中华人民共和国国家质量监督检验检疫总局发布. 2003. 中华人民共和国国家标准:GB/T 19271. 1—2003/IEC 61312-1:1995 雷电电磁脉冲的防护 第一部分:通则.

中华人民共和国国家质量监督检验检疫总局、中国国家标准化管理委员会发布. 2008. 中华人民共和国国家标准:GB/T 21714. 1—2008/IEC 62305-1:2006 雷电防护 第一部分:总则;
　　GB/T 21714. 2—2008/IEC 62305-2:2006 雷电防护 第二部分:风险管理;
　　GB/T 21714. 3—2008/IEC 62305-3:2006 雷电防护 第三部分:建筑物的物理损坏和生命危险;
　　GB/T 21714. 4—2008/IEC 62305-4:2006 雷电防护 第四部分:建筑物内部电气和电子系统.

中华人民共和国铁道部发布. 2003. 中华人民共和国铁道行业标准:TB/T 3074—2003 铁道信号设备雷电电磁脉冲防护技术条件.

周壁华,陈彬,石立华. 2003. 电磁脉冲及其工程防护. 北京:国防工业出版社.

周泽存,沈其工,方喻,等. 2004. 高电压技术. 北京:中国电力出版社.

Bazelyan E M, Raizer Yu P. 2000. *Lightning Physics and Lightning Protection*. Bristol and Philade Lphia:Institute of Physics Publishing.

Crabb J A, Latham J. 1974. Corona from colliding drops as a possible mechanism for triggering of lightning. *Q J R Meteorol Soc*, **100**:191-202.

Few A A. 1974. Lightning sources in severe thunderstorms. Preprints of the Americas Meteorological Society Conference on Cloud Physics (Tucson):387-390.

Golde R H. 1982.雷电(上、下卷). 周诗健,孙景群译. 北京:电力工业出版社.

Golde R H. 1983.雷电. 李文恩,李福寿译. 北京:水利电力出版社.

Hasse P. 2005. 低压系统防雷保护(第二版). 傅正才,叶蓥誉译. 北京:中国电力出版社.

Krider E P. 1989. Electric field changes and cloud electric structure. *J Geophys Res*, **94**:13145-13149.

Stenhoff M. 1999. *Ball Lightning:An Unsolved Problem in Atmospheric Physics*. New York:Kluwer Academic/Plenum Publishers.

Vladimir A R, Martin A U. 2003. *Lightning:Physics and Effects*. Cambridge University Press.

Wallace J M, Hobbs P V. 1981.大气科学概观. 王鹏飞等译. 上海:上海科技出版社.